Unsere

Modernen Mikroskope

und deren

sämtliche Hilfs- und Nebenapparate

für

wissenschaftliche Forschungen.

Ein Handbuch

für

Histologen, Geologen, Mediziner, Pharmazeuten, Chemiker, Techniker und Studierende

von

Otto Bachmann,

königl. Lehrer an der Kreis-Ackerbauschule in Landsberg a. L.

Mit 175 Abbildungen im Text.

München und Leipzig.

Druck und Verlag von R. Oldenbourg.

1883.

Vorwort.

Kurze Zeit nach dem Erscheinen meines *„Leitfaden zur Anfertigung mikroskopischer Dauerpräparate“* erhielt ich von verschiedenen Seiten Zuschriften, in welchen dem Bedauern darüber Ausdruck gegeben war, dafs ich in dem genannten Buche die Kenntnis der Theorie des Mikroskopes sowie das Verständnis für die Prüfung und den Gebrauch des zusammengesetzten Mikroskopes und seiner Nebenapparate vorausgesetzt, und bezüglich der hier einschlägigen Materie lediglich auf die Werke von Harting, Dippel und Merkel verwiesen habe. — Ich habe dies damals gethan, weil ich einerseits von der Annahme ausging, dafs der angehende Mikroskopiker auf dem fraglichen Gebiete hinreichend orientiert sei, und weil andererseits die eingehende und umfassende Behandlung dieses Stoffes einen derartigen Umfang angenommen haben würde, dafs dadurch der spezielle Zweck des Leitfadens in den Hintergrund gedrängt worden wäre.

Wenn ich mich nachträglich entschlossen habe, die oben erwähnte Materie gesondert zu behandeln, so war ich mir dabei wohl bewufst, dafs dieses nur dann mit Erfolg geschehen könne, wenn ich neben dem bewährten Alten auch die Errungenschaften der neuen und neuesten

Zeit sowohl auf optischem wie auf mechanischem Gebiete in möglichster Vollständigkeit in den Rahmen meines Buches einbeziehe, und hierfür zugleich eine Form der Darstellung wähle, welche, ohne streng wissenschaftliche Tendenz und mathematische Beweisführung, auf der Basis der vergleichenden Entwicklung fufsend, den einschlägigen Stoff in möglichst gründlicher und dem praktischen Bedürfnisse Rechnung tragender Weise behandelt.

Die erste Voraussetzung zur Erreichung des gesteckten Zieles war eine wohlwollende Unterstützung des Unternehmens von Seite sämtlicher Mikroskopverfertiger, und ist mir dieselbe auch in so ergiebiger und zuvorkommender Weise zu teil geworden, dafs gegenwärtiges Buch in Rücksicht auf Vollständigksit und Reichhaltigkelt des behandelten Materiales auch umfangreichere, ähnliche Zwecke verfolgende Werke weit übertrifft. Allen Firmen, die in so freundlicher Weise mir ihre Instrumente und Apparate sowie Abbildungen derselben zur Verfügung stellten, sei an dieser Stelle hierfür der beste Dank ausgesprochen.

Ein Verzeichnis der bei Abfassung des Buches benutzten Literatur ist am Schlusse beigegeben. Wenn ich auch mit Vergnügen konstatiere, dafs mehrere der dort erwähnten Bücher mir grofse Dienste geleistet haben, so glaube ich doch hoffen zu dürfen, dafs mit Rücksicht auf die Darstellungsweise sowie die Einbeziehung der neuesten Erfindungen und Verbesserungen an Instrumenten und Hilfsapparaten, gegenwärtiges Buch Anspruch auf Originalität machen kann und daher von allen Freunden mikroskopischer Forschung mit Vorteil in Gebrauch genommen werden wird.

Schliefslich möchte ich den geehrten Leser noch besonders auf den der Schrift beigefügten Anhang aufmerksam machen, in welchem ein vollständiges Verzeichnis der bei mikroskopischen Untersuchungen zur Verwendung gelangenden Reagentien, Tinktions- und Imprägnationsmittel, Einbettungs- und Verschlufsmittel mit Angabe ihrer Herstellungsweise beziehungsweise Zusammensetzung und ihrer speziellen Verwendung bei histologischen Untersuchungen in übersichtlicher Weise niedergelegt ist.

Landsberg am Lech, im Mai 1883.

Otto Bachmann.

Inhaltsverzeichnis.

Seite

Das optische Vermögen des Mikroskopes.

Das Zeichnen mikroskopischer Objekte.

Die Mikroskope der Gegenwart.

Seite

Gebrauch des Mikroskopes.

Allgemeine optische Grundsätze.

I. Brechung der Lichtstrahlen.

Nach den Gesetzen der Optik ändert bekanntlich ein Lichtstrahl seine Richtung nicht, so lange er sich in einem und demselben Medium fortbewegt; er bewegt sich in demselben in gerader Richtung weiter. Dieser Satz bleibt auch richtig, wenn ein Lichtstrahl in ein Medium von veränderter Dichtigkeit übertritt, falls er zur Begrenzungsfläche beider Medien normal steht. Tritt aber ein Lichtstrahl in ein Medium von anderer Dichtigkeit in nicht normaler Richtung ein, so bewegt er sich in dem neuen Medium zwar auch noch in gerader Richtung weiter, er erfährt jedoch bei seinem Eintritt in das neue Medium eine Ablenkung von seiner bisherigen Richtung, er wird, wie man sich auszudrücken pflegt, »gebrochen«. Die Richtigkeit dieses Satzes kann man sich leicht durch folgenden einfachen Versuch veranschaulichen. Zieht man auf einem Blatte Papier eine gerade Linie und bedeckt dieselbe teilweise mit einer Glasplatte, so wird man bei senkrechtem Daraufschauen wahrnehmen, daſs die durch das Glas betrachtete Linie die Fortsetzung des direkt gesehenen Teiles derselben bildet, während beim Betrachten in schräger Richtung sich die Linie an der Grenze des Glases unterbrochen zeigt, sie erscheint seitwärts gerückt. Die Abweichung wird um so gröſser, je mehr die Richtung, in welcher wir nach der Linie blicken, von der senkrechten Richtung abweicht und je dicker die Glasplatte ist. Die Gesetze, nach welchen diese veränderte Richtung oder »Brechung« der Lichtstrahlen stattfindet, sollen in nachstehendem eine, dem vorwürfigen Zwecke entsprechende kurze Erläuterung finden.

Ist *ABCD* in Fig. 1 der Durchschnitt einer dicken Glasplatte oder einer anderen durchsichtigen Substanz, welche dichter als die Luft ist, so wird jeder Lichtstrahl, welcher in der Richtung *lo* auf die Glasplatte fällt, ungebrochen hindurch gehen, also im Glase seine Richtung *ol'* unverändert fortsetzen und auch bei *l'* ungebrochen wieder aus dem Glase heraustreten, weil die Richtung dieser Strahlen normal zu

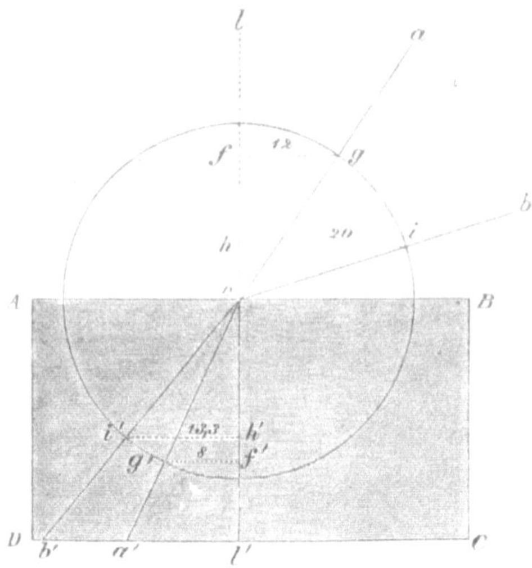

Fig. 1.
Brechung der Lichtstrahlen beim Gang aus einem dünneren Medium in ein dichteres, und umgekehrt.

den trennenden Flächen *AB* und *CD* steht. Alle anderen Strahlen aber, welche in schiefer Richtung auf die Oberfläche *AB* treffen, wie *ao* und *bo*, werden bei ihrem Eintritte von der Luft in ein dichteres Medium von ihrer Richtung abweichen und nach der normalen Richtung, dem Einfallslote *ll'*, hingelenkt werden, wobei sie übrigens in derselben Ebene verbleiben. Die genannten Strahlen werden also im Glase ihren Weg etwa in der Richtung *oa'* und $o\,b'$ fortsetzen. — Treten Lichtstrahlen dagegen aus einem dichteren Medium in ein dünneres über, dann werden sie vom Einfallslote abgelenkt, welches Gesetz Fig. 1 gleichfalls veranschaulicht, wenn man die Lichtstrahlen $a'\,o$ und $b'\,o$ in umgekehrter Richtung bei ihrem Übertritte von Glas in Luft nach $o\,a$ und $o\,b$ verfolgt.

Gewöhnlich drückt man dieses Gesetz so aus, dass man sagt: der Strahl wird dem Einfallslote genähert oder von demselben entfernt, je nachdem er aus einem dünneren in ein dichteres Medium übergeht, oder umgekehrt. Hierbei ist jedoch zu bemerken, daſs diese Ausdrucksweise nicht unter allen Umständen streng richtig ist, weil es bisweilen vorkommt, daſs ein weniger dichtes Medium doch stärker brechend wirkt. So ist z. B. das spezifische Gewicht des Wassers grösser als das des Benzols und doch wird ein durch Benzol gehender Lichtstrahl stärker gebrochen.

Gelangt ein Lichtstrahl von einem dünneren Medium in ein dichteres mit parallelen Begrenzungsflächen und aus diesem wieder in das ursprüngliche Medium, so wird er bei seinem Eintritte in das dichtere Medium ebenso stark zum Einfallslote hingelenkt, als er bei seinem Austritte aus letzterem von demselben abgelenkt wird, so daſs er seinen Weg parallel zu seiner ursprünglichen Richtung fortsetzt, wie dies Fig. 2 veranschaulicht. Da aber das Auge nicht im stande

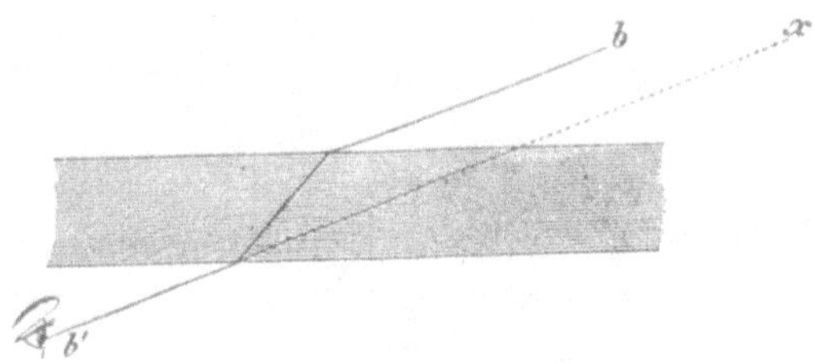

Fig. 2.
Gang der Lichtstrahlen durch Körper mit parallelen Begrenzungsflächen.

ist, diese Brechung aufzufassen, so scheint demselben ein solcher parallel zu seiner ursprünglichen Richtung doppelt gebrochener Strahl eine gerade Linie zu bilden, so daſs das

Auge bei b' den Eindruck empfängt, als käme der Lichtstrahl nicht aus b, sondern aus x. Das Gleiche ist der Fall, wenn die Strahlen durch mehrere durchsichtige Körper, welche mit parallelen Flächen aneinandergrenzen, hindurchgehen, bevor sie wieder in die Luft gelangen.

Die Ablenkung der Lichtstrahlen von der anfänglichen Richtung ist um so stärker, je schiefer sie auffallen. So stark diese Brechung aber für die einzelnen Strahlen auch sein mag, so besteht doch zwischen jedem einfallenden und dem dazu gehörigen gebrochenen Strahl, so lange es sich um die nämlichen Medien handelt, ein bestimmtes, konstantes Verhältnis.

Beschreibt man in Fig. 1 von dem Punkte o aus, in welchem die Lichtstrahlen das stärker brechende Medium treffen, einen Kreis von beliebigem Radius und zieht von den Schnittpunkten dieser Kreislinie mit den einfallenden und gebrochenen Strahlen senkrechte Linien nach dem Einfallslot $l\,l'$, so stellen die Strecken $f\,g$ und $h\,i$ die Sinuse der Einfallswinkel, und die Strecken $f'\,g'$ und $h'\,i'$ die Sinuse der Brechungswinkel der Lichtstrahlen $a\,o\,a'$ und $b\,o\,b'$ dar. Der Quotient aus dem Sinus des Einfallswinkels und dem Sinus des Brechungswinkels irgend eines schief auffallenden Lichtstrahls ist nun, so lange es sich um dieselben beiden Medien handelt, eine konstante Gröfse und wird Brechungsindex oder Brechungsexponent genannt. So ist z. B. in Fig. 1 für den Strahl $a\,o\,a'$ der Sinus des Einfallswinkels $f\,g = 12$ mm, der Sinus des Brechungswinkels $f'\,g' = 8$ mm, also der Quotient beider $\frac{12}{8} = \mathbf{1{,}5}$. Für den Strahl $b\,o\,b'$ ist der Sinus des Einfallswinkels $h\,i =$ 20 mm, der Sinus des Brechungswinkels $h'\,i' = 13{,}33\ldots$ mm, also der Quotient beider $\frac{20}{13{,}33\ldots} = \mathbf{1{,}5}$.

Ermittelt man den Brechungsexponenten für den Übergang des Lichtes aus dem luftleeren Raum in irgend ein Medium, so erhält man den absoluten Brechungsexponenten. Da aber die Differenz der Brechung sehr gering ist, ob ein Lichtstrahl aus dem luftleeren Raum oder aus der atmosphärischen Luft in ein anderes Medium eintritt, so betrachtet man den Brechungsexponenten für den Übergang des Lichtes aus der Luft in eine brechende Substanz meist ohne weiteres als den absoluten Brechungsexponenten, welcher übrigens durch Multiplikation mit 1,000294 auf den Exponenten für den luftleeren Raum reduziert werden kann.

Nachstehend folgen die Brechungsexponenten einiger in der Mikroskopie zur Anwendung gelangenden Stoffe:

Kronglas (Natronkalkglas)	1,500	bis 1,534
Flintglas (Kalibleiglas)	1,588	„ 1,664
Bergkrystall	1,563	
Diamant	2,270	
Kanadabalsam	1,532	„ 1,549
Wasser	1,336	
Glycerin	1,470	
Alkohol	1,372	
Anisöl	1,811	
Zitronenöl	1,527	
Nelkenöl	1,580	
Terpentinöl	1,476	
Mohnöl	1,463	
Schwefelkohlenstoff	1,680	
Zinkchlorid (Destillat) wässerige Lösung	1,504	
Kadmiumchlorid in Glycerin	1,504	
Zinksulphakarbolat in Glycerin	1,504	
Kopaivabalsamöl	1,504	
Zedernholzöl	1,504	

Betrachten wir nun den Gang der Lichtstrahlen durch ein Medium, dessen Grenzflächen nicht parallel zu einander sind, so ist zunächst der Satz festzuhalten, dafs der gebrochene Strahl im dichteren Medium zum Einfallslot hingelenkt, im weniger dichten dagegen von demselben abgelenkt wird.

In Fig. 3 stellt *A B* den Durchschnitt eines Glasstückes dar, auf welches von oben her die unter sich parallelen Lichtstrahlen $a\,a'$, $b\,b'$, $c\,c'$ und $d\,d'$ fallen, die in den Punkten a', b', c', d' die Oberfläche des Glases treffen. Hier werden dieselben, und zwar die unter spitzeren Winkeln auf die Trennungsfläche fallenden äusseren Strahlen $a\,a'$ und $d\,d'$ stärker, als die mehr senkrecht auffallenden inneren Strahlen $b\,b'$ und $c\,c'$, zum Einfallslot gebrochen und gehen in den Richtungen $a'\,a''$, $b'\,b''$, $c'\,c''$, $d'\,d''$ durch das Glas, welches sie in den Punkten a'', b'', c'', d'' wieder verlassen, um bei ihrem Wiedereintritte in die Luft vom Einfallslot gebrochen zu werden, worauf sie die stark konvergierenden Richtungen $a''\,a'''$, $b''\,b'''$, $c''\,c'''$, $d''\,d'''$ annehmen und sich ziemlich nahe bei einander schneiden. — In gleicher Weise läfst sich, lediglich gestützt auf das oben ausgesprochene Gesetz der Brechung, nachweisen, dafs parallele Lichtstrahlen, welche auf eine hohl geschliffene Glasplatte auffallen, nach ihrem Durchgange durch das Glas divergieren müssen.

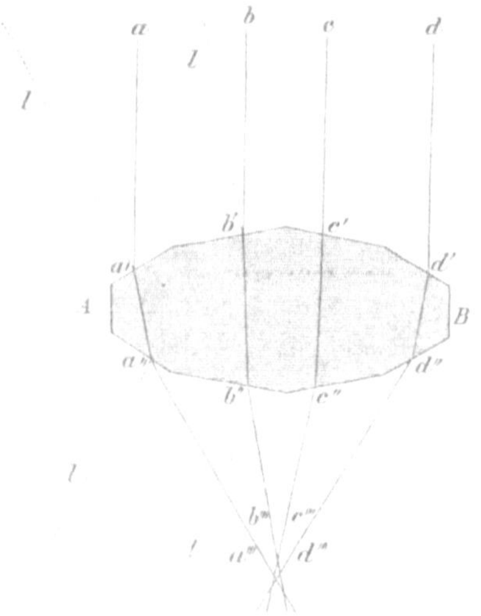

Fig. 3.
Gang der Lichtstrahlen durch einen Körper mit nicht parallelen Begrenzungsflächen.

II. Wirkung der Linsen.

Wird ein Stück Glas, oder ein anderer durchsichtiger Körper, so geschliffen, dafs eine oder auch beide Seiten gewölbt sind, und die gewölbten Oberflächen Teile von Kugeln oder Hohlkugeln bilden, so hat man ein optisches Instrument, das man mit dem Namen Linse bezeichnet. Fig. 4 zeigt eine solche von der Fläche und Seite gesehen. Mit Rücksicht auf die Richtung, welche die Lichtstrahlen nach ihrem

Durchgang durch eine Linse annehmen, zerfallen die Linsen in zwei Hauptabteilungen. Bei der einen Gruppe, welche man Sammellinsen nennt, werden die Lichtstrahlen (einen einzigen Fall ausgenommen) konvergierend, bei der zweiten Gruppe, den Zerstreuungslinsen dagegen werden sie divergierend; erstere sind in der Mitte, letztere am Rande am dicksten.

Fig. 4.
Sammellinse.

Sammellinsen sind:

1. Die bikonvexe Linse (Fig. 5[1]), die beiden Flächen können gleich oder verschieden stark gekrümmt sein.

2. Die plankonvexe Linse (Fig. 5[2]), sie kann gleichsam als halbe bikonvexe Linse betrachtet werden.

3. Die konkavkonvexe Linse oder der konvergierende Meniskus (Fig. 5[3]), sie setzt voraus, dafs die konkave Kugelfläche einen grösseren Radius hat als die konvexe.

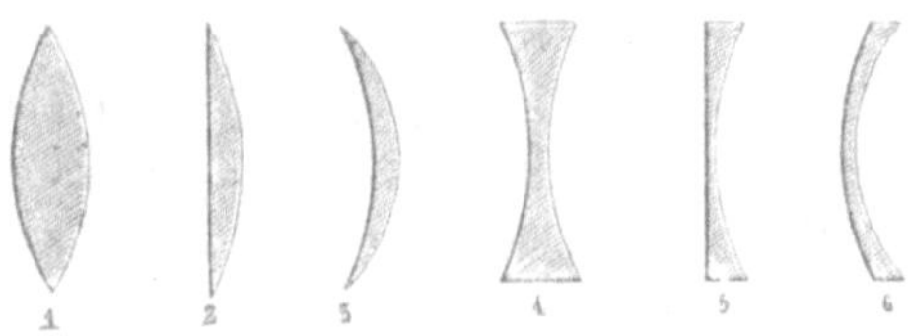

Fig. 5.
Sammel- und Zerstreuungslinsen.

Zerstreuungslinsen sind:

4. Die bikonkave Linse (Fig. 5[4]), auch bei ihr können die beiden Flächen gleich oder verschieden stark gekrümmt sein.

5. Die plankonkave Linse (Fig. 5[5]), sie kann als halbe bikonkave Linse betrachtet werden.

6. Die konvexkonkave Linse oder der divergierende Meniskus (Fig. 5[6]), bei derselben hat die konvexe Kugelfläche einen gröfseren Radius als die konkave.

Die gerade Linie, welche durch die Mitte einer Linse geht und normal zu beiden Linsenoberflächen steht, heifst die optische Achse der Linse. Die Linsen sämtlicher optischen Instrumente, ganz besonders aber die des Mikroskopes, müssen genau zentriert sein, d. h. die beiden Punkte, in denen die optische Achse die beiden Linsenoberflächen schneidet, müssen gleich weit von allen Randpunkten der Linse abstehen.

Sämtliche Lichtstrahlen, welche von einem unendlich fernen leuchtenden Punkte, z. B. von der Sonne, kommen und parallel mit der optischen Achse auf eine Sammellinse fallen, werden bei ihrem Eintritt in das Glas zum Einfallslot hingelenkt, bei ihrem Austritte aus demselben dagegen vom Einfallslot abgelenkt und schneiden sich infolgedessen hinter der Linse. Fasst man den Ort des Strahlenschnittes zunächst als Punkt auf, was er in Wirklichkeit allerdings nicht ist, so nennt man denselben den Brennpunkt (Fokus) der Linse, und den Abstand desselben vom optischen Mittelpunkt, d. i. vom Mittelpunkte der Linse, die Brennweite (Fokalweite) der Linse. Die Grösse der Brennweite hängt von der Krümmung der Linsenoberflächen und von dem Brechungsexponenten des benutzten Mediums ab. Für Glas mit dem Brechungsexponenten 1,5 ist bei einer plankonvexen Linse die Brennweite gleich dem Durchmesser einer Kugel, welcher die Wölbung der Linse als Teil angehört. Bei einer bikonvexen Linse mit gleichstarken Krümmungsflächen ist die Brennweite nur halb so gross, ihr Brennpunkt liegt also im Zentrum einer solchen Kugel.

Die Zerstreuungslinsen haben, weil die durch dieselben gegangenen Lichtstrahlen divergieren, selbstverständlich keinen Brennpunkt, doch verdient bei denselben ein ähnlich liegender Punkt eine gewisse Bedeutung; es ist dies nämlich der in Fig. 6 mit x bezeichnete Punkt, in welchem sich die aus der Linse austretenden Strahlen in ihrer rückläufigen

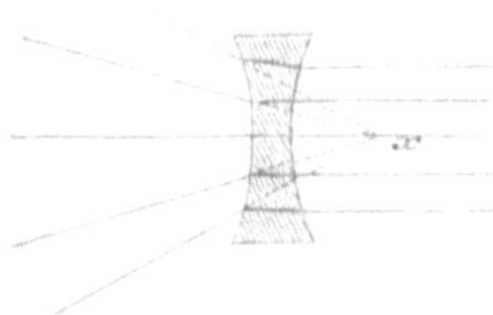

Fig. 6. Zerstreuungspunkt (x) einer Zerstreuungslinse.

Verlängerung schneiden würden, man nennt ihn Zerstreuungspunkt.

Bisher wurden zur Erklärung des Ganges der Lichtstrahlen durch Linsen nur solche Strahlen betrachtet, welche parallel zu einander auf die Linse gelangen, also von einem Punkte herkommen, welcher sich in unendlicher Entfernung von der Linse befindet. Bei dem Mikroskope handelt es sich aber gröfstenteils um Strahlen, welche von der Linsenoberfläche sehr nahe gelegenen Punkten ausgehen. In diesem Falle entsendet jeder leuchtende Punkt einen Strahlenkegel, welcher den leuchtenden Punkt zur Spitze und die Linsenöffnung zur Basis hat. Mit Rücksicht auf die Stellung, welche der leuchtende Punkt gegenüber dem Brennpunkte der Linse hat, sind hier drei Fälle zu unterscheiden.

1. Der leuchtende Punkt befindet sich im Brennpunkte der Linse. In diesem Falle werden die

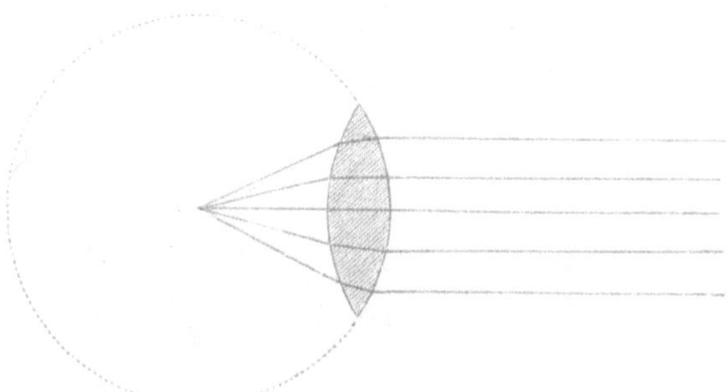

Fig. 7.
Gang der Lichtstrahlen, welche von dem Brennpunkt einer Sammellinse aus auf dieselbe fallen.

Strahlen, wie Fig. 7 zeigt, nach ihrem Durchgang durch die Linse parallel zu einander und zu der optischen Achse ihren Weg fortsetzen.

2. Der leuchtende Punkt befindet sich zwischen dem Brennpunkte und der Linsenoberfläche. In diesem Falle treffen die von dem leuchtenden Punkte ausgehenden Strahlen stark divergierend auf die Linsenoberfläche, werden bei ihrem Eintritte in die Linse

zwar derart gebrochen, daſs sich ihre Divergenz vermindert, welche Verminderung sich durch die abermalige Brechung beim Austritte aus der Linse noch steigert, aber immerhin bleiben dieselben, wie aus Fig. 8 ersichtlich ist, noch divergierend. Der Grad der Divergenz ist um so geringer, je näher der leuchtende Punkt gegen den Brennpunkt rückt, und um so grösser, je mehr sich derselbe der Linsenoberfläche nähert.

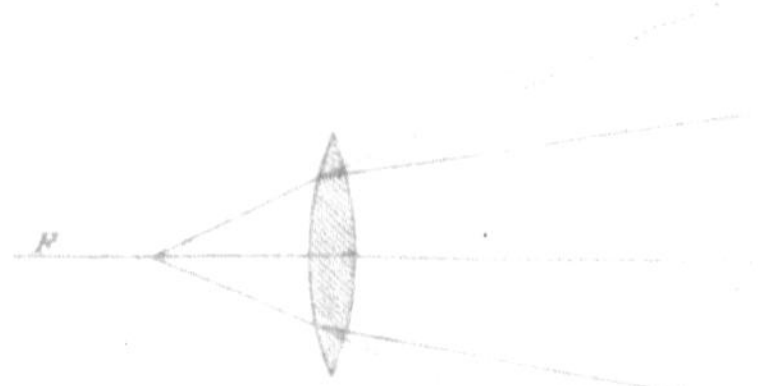

Fig. 8.
Gang der Lichtstrahlen, welche von einem zwischen Brennpunkt und Linsenfläche liegenden Punkte aus auf eine Sammellinse gelangen.

3. Der leuchtende Punkt befindet sich auſserhalb des Brennpunktes der Linse. In dieser Lage werden die divergierend auf die Linse fallenden Strahlen bei ihrem Durchgang durch dieselbe derart gebrochen, daſs sie konvergierend werden, also sich in irgend einem Punkte der optischen Achse vereinigen. Ist *a* in Fig. 9 der

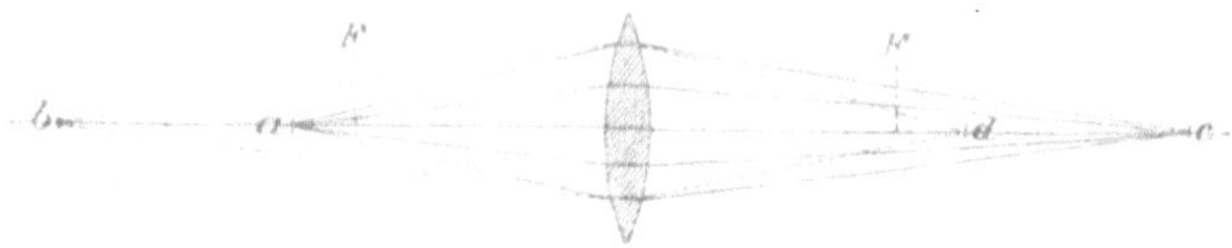

Fig. 9.
Gang der Lichtstrahlen, welche von einem auſserhalb des Brennpunktes liegenden Punkte aus auf eine Sammellinse fallen.

leuchtende Punkt, so werden sich die von demselben ausgehenden Strahlen nach ihrem Gange durch die Linse in *c* vereinigen, während die von einem zweiten, der Linsenoberfläche ferner liegenden Punkt *b* ausgehenden Strahlen in *d* ihre Vereinigung finden. Man ersieht hieraus, daſs der Schnittpunkt der gebrochenen Strahlen der Linse um so näher rückt, je weiter sich der leuchtende Punkt über den

Brennpunkt *F* hinaus von der Linse entfernt. Hierbei mufs sich eine Stellung ergeben, bei welcher die auffallenden und gebrochenen Strahlen von gleicher Länge sind, der Vereinigungspunkt der letzteren also eben so weit hinter der Linse liegt, als sich der leuchtende Punkt vor derselben befindet. Es ist dies der Fall, wenn der leuchtende Punkt um die doppelte Brennweite von der Linse entfernt ist.

Von Objekten, welche sich vor einer Linse befinden, gehen indessen fast alle Strahlen von Punkten aus, welche seitwärts der optischen Achse liegen. Die Vereinigung solcher Strahlen erfolgt dann in einem Punkte auf der entgegengesetzten Seite der optischen Achse. Ist *L L'* in Fig. 10 eine

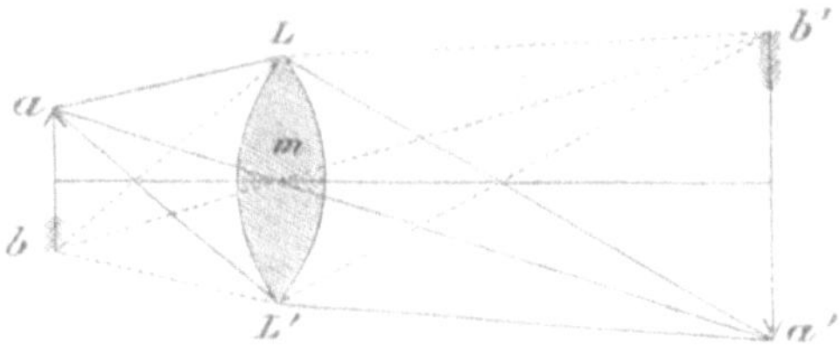

Fig. 10.
Bilderzeugung durch eine Sammellinse.

Sammellinse und vor derselben das Objekt *a b* so aufgestellt, dafs es zwar aufserhalb des Brennpunktes der Linse, aber noch innerhalb der doppelten Brennweite liegt, dann haben die von *a* ausgehenden Strahlen nach ihrem Durchgang durch die Linse in *a'*, und die von *b* ausgehenden Strahlen in *b'* ihre Vereinigung. Da aber auch alle Strahlen, welche von Punkten des Objektes ausgehen, die zwischen *a* und *b* liegen, sich nach ihrer Brechung irgendwo zwischen *a'* und *b'* treffen müssen, so entsteht dort ein vergröfsertes und verkehrtes Bild des Gegenstandes. Die Gröfse des Bildes, sowie seine Entfernung von der Linse nehmen zu, je mehr sich das Objekt dem Brennpunkte der Linse nähert; entfernt man dasselbe dagegen vom Brennpunkte, so nimmt die Gröfse des Bildes sowie dessen Abstand von der Linse ab, und sobald die Entfernung des Objektes von der Linse der doppelten Brennweite gleichkommt, sind Objekt und Bild gleich grofs und auch gleich weit von der Linse entfernt. Wird die Entfernung des Objektes von der Linse noch weiter vergröfsert, so erscheint das Bild kleiner als das Objekt und nähert sich dabei mehr und mehr der Linsenoberfläche, so dafs, bei Umkehrung der bisher für die Fig. 10 vorausgesetzten Verhältnisse, das Objekt *a' b'* das Bild *a b* liefern würde.

III. Öffnungswinkel und Aberration.

Jede Linse läfst um so mehr Licht hindurchtreten, je gröfser ihre Oberfläche ist, d. h. je gröfser der Bruchteil wird, den die Oberfläche der Linse von der gesamten Kugeloberfläche bildet. Mit dem Namen Öffnungswinkel oder Öffnung bezeichnet man jenen Winkel, welchen zwei, von gegenüberliegenden Punkten des Linsenrandes nach dem Brennpunkte gezogene, Strahlen mit einander einschliessen. Sonach stellt der Winkel *o* in Fig. 11 den Öffnungswinkel der Linse dar. Je kleiner dieser Winkel wird, desto mehr verlieren die Bilder an Licht. Nun hängt aber die Grösse dieses Winkels, wie leicht einzusehen ist, in geradem Verhältnisse von dem Durchmesser der Linse und in umgekehrtem Verhältnisse von dem Krümmungshalbmesser der Linse ab, so dafs sowohl durch Vergröfserung des Linsendurchmessers, als auch durch Verkleinerung des Krümmungsradius der Öffnungswinkel einer Linse vergröfsert werden kann. Die Öffnung, welche man einer Linse geben darf, unterliegt jedoch, mit Rücksicht auf die hierdurch hervorgerufene Undeutlichkeit des Bildes, gewissen Beschränkungen.

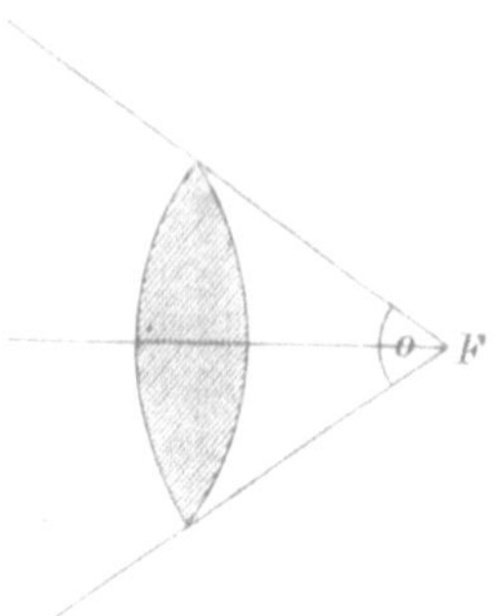

Fig. 11.
Oeffnungswinkel *(o)* einer Sammellinse.

Die Deutlichkeit des Bildes ist nämlich dadurch bedingt, dafs die von jedem Punkte des Objektes ausgehenden

Lichtstrahlen wiederum genau in einem einzigen Punkte des Bildes vereinigt werden. Diese Bedingung wird aber infolge zweier allen Linsen anhaftenden Fehler, der sphärischen und chromatischen Aberration, nur unvollkommen erfüllt.

Die sphärische Aberration äufsert sich darin, dafs wegen der gekrümmten Linsenoberflächen nicht sämtliche von einem leuchtenden Punkte ausgehenden Strahlen gleich stark gebrochen werden, sich nach der Brechung also auch nicht in einem einzigen Punkte vereinigen, vielmehr in einer grofsen Anzahl hintereinanderliegender Vereinigungspunkte zusammentreffen und dadurch nur undeutliche und verwirrte Bilder erzeugen. Diese störende Erscheinung ist in dem Umstande begründet, dafs die dem Linsenrande zunächst liegenden Lichtstrahlen stärker gebrochen werden, als die in der Nähe der optischen Achse durchgehenden. Fig. 12 stellt die Wirkung dieser Aberration dar. In *a a'*

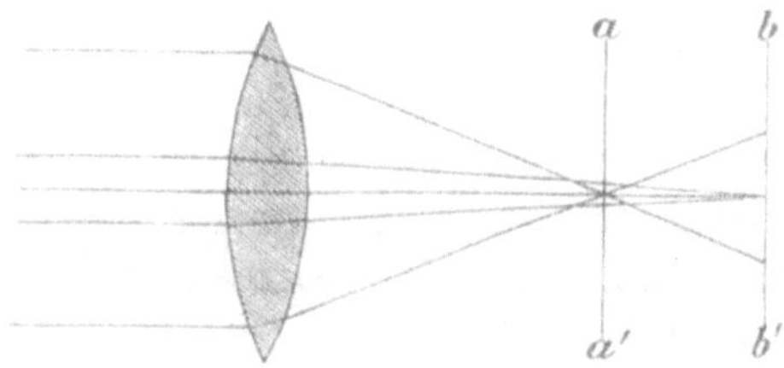

Fig. 12.
Undeutlichkeit des Bildes hervorgerufen durch die sphärische Aberration.

erscheint infolge derselben das Bild der stärker gebrochenen Randstrahlen, in *b b'* das der weniger stark gebrochenen zentralen Strahlen. Es ist aus der Figur leicht ersichtlich, dafs das Bild *a a'* verwirrt erscheint unter dem Einflusse der noch nicht zur Vereinigung gelangten zentralen Strahlen, während die Betrachtung des Bildes *b b'* unter dem störenden Einflusse der bereits wieder zerstreuten Randstrahlen leidet. Nun hat man sich aber die Zahl der von einem leuchtenden Punkte ausgehenden Strahlen unendlich grofs zu denken, wodurch zwischen die beiden extremen Bilder *a a'* und *b b'* eine Menge Vereinigungspunkte von Lichtstrahlen treffen, welche zwischen den äufsersten Randstrahlen und den zentralen Strahlen auf die Linse fallen. Die Entfernung der beiden äufsersten Bilder *a a'* und *b b'* bezeichnet man als Länge der sphärischen Aberration.

Die Erfahrung hat nun gezeigt, dafs die Gröfse dieser Aberration sich mit der Verschiedenheit der gekrümmten Linsenoberflächen ändert, und dafs es für Objekte, welche nahe an der Linse liegen — wie dies beim Mikroskop jederzeit der Fall ist — vorteilhaft ist, dem Objekte die weniger stark gewölbte Linsenoberfläche zuzukehren, auch wurde ein Krümmungsverhältnis beider Oberflächen ausfindig gemacht, wobei diese Aberration so gering ausfällt, dafs sie auf die Schärfe des Bildes keinen merkbaren Einflufs ausübt. Bei einer Glaslinse mit dem Brechungsexponenten 1,5 wird dies erreicht, wenn die Krümmung der einen Oberfläche einen 6mal gröfseren Radius hat, als die Krümmung der anderen. Man nennt eine solche Linse eine Linse der besten Form. Ein weiteres Mittel den störenden Einflufs der sphärischen Aberration zu vermindern besteht darin, dafs man mehrere schwächere Linsen zu einem System von Linsen vereiniget, so dafs sie zusammen gleich einer einzigen stärker gekrümmten Linse wirken, wovon später die Rede sein wird.

Eine nicht minder lästige Unvollkommenheit der Linsen resultiert aus dem Umstande, dafs die verschiedenfarbigen Strahlen des Sonnenlichtes ungleich stark gebrochen werden, wodurch die Linsenbilder einen farbigen Rand zeigen, der ihre Betrachtung stört. Man bezeichnet diese Eigentümlichkeit mit dem Namen chromatische Aberration.

Das farblose Sonnenlicht wird bekanntlich durch gewisse lichtbrechende Flächen in seine einzelnen Bestandteile zerlegt, welche in der Reihenfolge: rot, orange, gelb, grün, blau, indigo, violett, erscheinen und an ihren Anschlufsstellen teilweise ineinander übergehen. Die Strahlen der einzelnen Farben werden nun in der Art ungleich stark gebrochen, dafs violett die stärkste, rot die schwächste Brechung erleidet.

In Fig. 13 sind zwei parallel zur optischen Achse einfallende Lichtstrahlen gezeichnet, welche beim Durchgang durch die Sammellinse in die Farben des Spektrums zerlegt werden; die kräftigen Striche (*r*) deuten die Lage der roten,

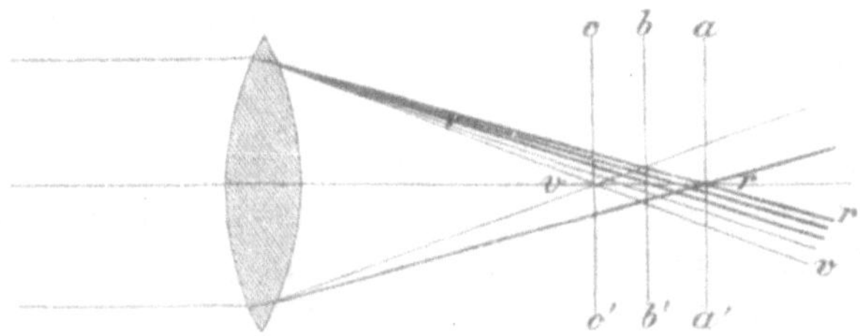

Fig. 13.
Zerlegung eines farblosen Lichtstrahles beim Durchgang durch eine Sammellinse in die Farben des Spektrums. Die kräftigen Striche bezeichnen die Lage der roten, die schwächeren die der violetten Strahlen.

die schwächeren (*v*) die der violetten Strahlen an. Die von farblosem Lichte herrührenden Strahlen werden also nach der Brechung nicht zu einem Bilde vereinigt, sondern es bilden die roten Strahlen das am weitesten von der Linse abstehende Bild *a a'*, und die violetten das der Linse zunächst liegende Bild *c c'*; zwischen beiden aber wird noch eine grofse Anzahl verschiedener gefärbter Bilder liegen, wie z. B. das Bild *b b'*, welches von Strahlen mittlerer Brechbarkeit gebildet wird. Infolge dieser Farbenzerstreuung kann an keiner Stelle ein klares und deutliches Bild erhalten werden, weil sich ja an jeder Stelle neben den sich schneidenden Strahlen auch noch nicht zur Vereinigung gelangte oder bereits divergierende anders gefärbte Strahlen an der Entstehung des Bildes beteiligen und dadurch dessen Schärfe und Deutlichkeit wesentlich beeinträchtigen.

Um die Art und Weise, durch welche der schädliche Einflufs der chromatischen Aberration beseitigt werden kann, zu verstehen, hat man sich zunächst die Wirkung der nämlichen Aberration beim Gange des Lichtes durch eine Zerstreuungslinse zu vergegenwärtigen. Aus dem früher gesagten geht hervor, dafs die stärker brechbaren violetten Strahlen nach dem Austritt aus einer Zerstreuungslinse stärker divergieren, als die weniger stark brechbaren roten Strahlen, dafs sonach hier die Lagerung der Strahlen verschieden starker Brechbarkeit gerade umgekehrt ist gegenüber der durch eine Sammellinse bewirkten. Durch Vereinigung einer Sammellinse mit einer passenden Zerstreuungslinse ist also die Möglichkeit geboten die chromatische Aberration zu verbessern.

Nun haben eingehende Untersuchungen ergeben, dafs verschiedene Glassorten die Farben in verschiedenem Grade zerstreuen; so ist z. B. das Zerstreuungsvermögen des harten Kronglases nur etwa halb so grofs als das des weichen Flintglases. Verbindet man daher, wie Fig. 14 veranschaulicht,

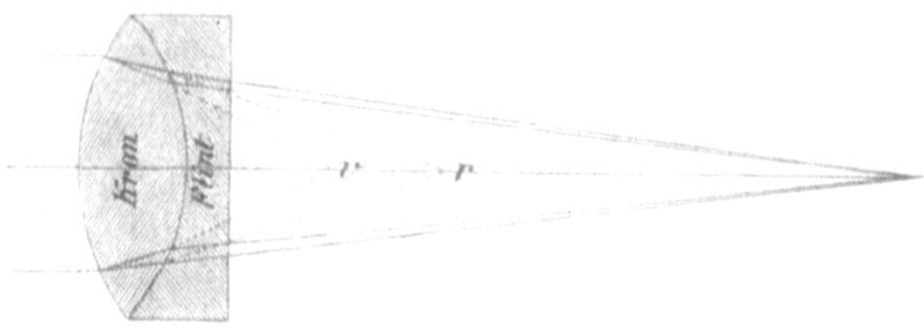

Fig 14.
Wirkungsweise einer achromatischen Doppellinse.

eine bikonvexe Kronglaslinse mit einer plankonkaven Flintglaslinse, so wird dadurch unter allen Umständen die chromatische Aberration bedeutend vermindert, ja bei zweckentsprechender Auswahl der beiden Linsen so weit reduziert, dafs sie der Farblosigkeit fast gleich kommt.

Die Wirkung einer solchen Doppellinse beruht in folgendem: die bikonvexe Kronglaslinse zerlegt das durchgehende farblose Licht in der Weise, dafs der Vereinigungspunkt der stärker brechbaren violetten Strahlen in *v* (Fig. 14), jener der weniger stark brechbaren roten Strahlen in *r* liegt. Durch die unmittelbar hinter der Kronglaslinse angebrachte plankonkave Flintglaslinse wird aber die sammelnde Wirkung der ersten Linse zum Teil aufgehoben, die Vereinigungspunkte der Lichtstrahlen also weiter hinausgerückt. Da aber durch die Zerstreuungslinsen die violetten Strahlen am stärksten, die roten am wenigsten nach aussen gelenkt werden und überdies die Flintglaslinse ein stärkeres Zerstreuungsvermögen besitzt als die Kronglaslinse, so werden sich die sämtlichen Strahlen des Spektrums wieder so weit sammeln, dafs sie sich nahezu in einem gemeinsamen Punkte vereinigen und dadurch ein fast vollständig farbloses Bild erzeugen. Eine solche Vereinigung von Linsen nennt man eine achromatische Doppellinse. Die beiden Linsen werden gewöhnlich mit Kanadabalsam zusammengekittet, dessen Brechungsvermögen jenem des Kronglases nahe kommt, und dessen Zerstreuungsvermögen in der Mitte zwischen beiden Glassorten liegt, wodurch ein Lichtverlust, der aufserdem durch Reflexion an den Oberflächen beider Linsen eintreten würde, vermieden wird.

Das Verhältnis der Zerstreuung im Kron- und Flintglas ist niemals bei allen gefärbten Lichtstrahlen vollkommen das nämliche, es kann daher durch eine solche Doppellinse niemals eine vollkommene Beseitigung der chromatischen Aberration erreicht werden. Die durch eine solche Doppellinse betrachteten Bilder werden also an ihren Rändern immerhin noch Spuren der nicht vollkommen vereinigten mittleren farbigen Strahlen zeigen und in einem schwach grünlich gelben Ton erscheinen. Da jedoch diese Färbung dem Auge unangenehm ist, so gibt man beim Anfertigen mikroskopischer Objektivlinsen entweder der Flintglaslinse ein kleines Übergewicht, wodurch der Rand der Bilder einen zarten bläulichen Saum erhält, und nennt eine solche Linse eine überverbesserte Doppellinse, oder man gibt der Kronglaslinse ein kleines Übergewicht, wodurch die Bilder mit einem zarten roten Saum umgeben erscheinen und nennt solche Linsen unterverbesserte Doppellinsen. Ist bei Herstellung einer achromatischen Doppellinse zugleich Rücksicht auf thunlichste Beseitigung der sphärischen Aberration genommen, so nennt man sie aplanatische Linsen.

Optische Kraft des menschlichen Auges.

IV. Das Sehen mit unbewaffnetem Auge.

Da die Wahrnehmung und richtige Beurteilung mikroskopischer Objekte meist von den Funktionen des unbewaffneten Auges abhängig ist, so ist in erster Linie nötig, diese letzteren näher kennen zu lernen und namentlich die Grenzen zu ermitteln, welche dem Sehen mit blofsem Auge unter verschiedenen Umständen gesteckt sind. Die Art und Weise, wie die Bilder auf der Netzhaut unseres Auges entstehen, wird hierbei als bekannt vorausgesetzt.

Bekanntlich sehen wir einen Gegenstand überhaupt nur dann deutlich und scharf, wenn das Bild desselben genau auf die Netzhaut fällt, die von dem Gegenstande ausgehenden Lichtstrahlen sich also auf der Netzhaut vereinigen. Streng genommen kann dieses indes nur bei einer bestimmten Entfernung des Gegenstandes vom Auge der Fall sein, doch besitzt ein normales Auge die Fähigkeit, sich der Entfernung innerhalb gewisser Grenzen anzupassen; man nennt dieses das Accommodationsvermögen des Auges. Man kann diese Fähigkeit des Auges leicht durch folgenden Versuch nachweisen.

Nähert man einen feinen Gegenstand, z. B. eine Nähnadel, dem Auge und beobachtet dabei stets die Spitze derselben, so wird man bald eine Entfernung ausfindig machen, in welcher die Nadelränder nicht mehr ganz scharf erscheinen; das Bild fällt jetzt nicht mehr auf die Netzhaut sondern hinter dieselbe, und auf die Netzhaut selbst gelangen nur konvergierende Strahlen, die das Auge nicht mehr zu einem deutlichen scharfbegrenzten Bilde zu vereinigen vermag. Der Grenzpunkt, an welchem das Bild gerade noch deutlich wahrgenommen wird, heifst der Nahepunkt. Dem Fernsichtigen liegt dieser Punkt entfernter als zum gewöhnlichen Sehen wünschenswert ist; er kann diesen Fehler des Accommodationsvermögens seines Auges durch eine Brille mit konvexen Gläsern verbessern, wodurch den in das Auge dringenden Lichtstrahlen etwas mehr Konvergenz zu teil wird, so dafs das Bild des Gegenstandes noch auf die Netzhaut fallen kann. Bei einem Kurzsichtigen dagegen ist der Nahepunkt dem Auge viel näher gerückt als bei einem Normalsichtigen, aus welchem Umstande demselben mancherlei Vorteil erwächst, da, wie bald gezeigt werden wird, es für das Sehen um so günstiger ist, je mehr der Nahepunkt an das Auge heranrückt.

Entfernt man nunmehr die Nadel immer weiter vom Auge, so wird dieselbe bald an einem Punkte anlangen, wo die von ihr ausgehenden Strahlen sich nicht mehr auf der Netzhaut, sondern vor derselben zu einem Bilde vereinigen, so dafs auf die Netzhaut nur divergierende Strahlen fallen, wodurch gleichfalls ein diffuses Bild entsteht. Diese äufserste Grenze, an welcher das Bild gerade noch deutlich wahrgenommen werden kann, nennt man den Fernpunkt. Bei einem Fernsichtigen liegt dieser Punkt viel weiter vom Auge entfernt als bei einem Kurzsichtigen, und will letzterer das Accommodationsvermögen seines Auges in die Ferne verbessern, so bedient er sich einer Brille mit konkaven Gläsern, wodurch den in das Auge tretenden Lichtstrahlen eine grössere Divergenz erteilt wird, so dafs das Bild wieder auf die Netzhaut gelangt.

Man spricht häufig von einer Entfernung des Auges vom Gegenstande, bei welcher das Sehen am deutlichsten ist und nennt diese Entfernung die Sehweite des Auges. In der That existiert eine solche Sehweite nicht; denn innerhalb der Grenzen der Accommodationsfähigkeit eines Auges werden die Gegenstände überhaupt deutlich gesehen. So verschieden also die Accommodationsfähigkeit eines Auges sein kann, so verschieden kann auch die Sehweite sein. Etwas bestimmter jedoch läfst sich dieser Begriff fassen, wenn man auf bestimmte Personen Rücksicht nimmt. Von Jugend auf gewöhnt sich jedermann daran, beim Lesen oder Schreiben, oder bei Ausführung feiner Handarbeiten, die Gegenstände, welche genau gesehen werden sollen, in eine gewisse Entfernung vom Auge zu halten, und ist auch diese Entfernung keine genau bestimmte, so schwankt sie doch nur innerhalb enger Grenzen. Dieser Entfernung hat sich das Auge am leichtesten accommodiert und durch Gewohnheit ist sie ihm die natürlichste geworden; man bezeichnet sie als mittlere Sehweite. Da sich die Berechnung des Vergröfserungsvermögens eines Mikroskopes auf diese mittlere Sehweite stützt, so mufs dafür, obwohl sie ganz individueller Natur ist, eine feste Zahl angenommen werden. Gegenwärtig wird für dieselbe von den meisten Theoretikern und Praktikern des Kontinentes die Gröfse von 250 mm angenommen.

Die scheinbare Gröfse, in welcher wir einen Gegenstand sehen, ist von dem Gesichtswinkel oder Sehwinkel abhängig. Wir verstehen hierunter jenen Winkel, welcher durch die von den Enden eines Gegenstandes ausgehenden und im Auge sich schneidenden Strahlen gebildet wird. Je gröfser dieser Winkel ist, desto gröfser erscheint uns der Gegenstand. In Fig. 15 erzeugt das Objekt *d e* auf der Netzhaut unseres Auges das Bild $d^1 e^1$. Ein gleich grofses Bild

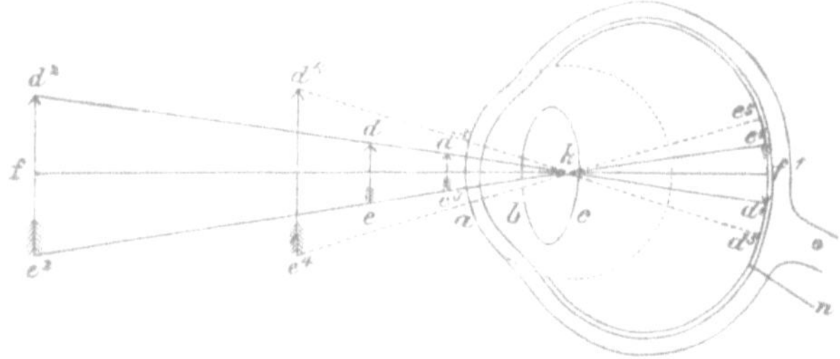

Fig. 15.
Netzhautbilder verschieden grofser Objekte unter gleichem Sehwinkel, und Netzhautbilder gleich grofser Objekte unter verschieden grofsen Sehwinkeln.

liefert auch das Objekt $d^2 e^2$, obwohl es gröfser, und das Objekt $d^3 e^3$, obwohl es kleiner ist als das Objekt *d e*, denn die Bilder der drei genannten Objekte erscheinen im Auge unter dem nämlichen Gesichtswinkel *d k e*. Überhaupt werden alle Objekte, deren Enden die Strahlen $k d^2$ und $k e^2$, oder deren Verlängerungen, berühren, im Auge gleichgrofse Bilder erzeugen. Rückt man dagegen das Objekt $d^2 e^2$ näher an das Auge, etwa nach $d^4 e^4$, so erscheint uns dasselbe gröfser, denn sein Bild gelangt jetzt unter dem gröfseren Sehwinkel $d^4 k e^4$ in das Auge und erzeugt das Bild $d^5 e^5$.

Sinkt der Gesichtswinkel unter eine gewisse Gröfse herab, so vermögen wir von dem betreffenden Gegenstande keinen deutlichen oder auch gar keinen Gesichtseindruck mehr aufzunehmen. Die Grenze, bei welcher dieses stattfindet, ist gleichfalls nicht für alle Augen die nämliche; ein Kurzsichtiger vermag Gegenstände noch unter einem weit kleineren Gesichtswinkel zu erkennen als ein Normalsichtiger oder gar ein Weitsichtiger. Übrigens üben bei sehr kleinen Gegenständen Farbe, Gestalt und Beleuchtung derselben einen grofsen Einflufs auf deren Sichtbarwerden aus. Man kann annehmen, dafs ein normales Auge Bilder von Gegenständen, deren Lichtstrahlen das Auge unter einem kleineren Winkel als 30 Bogensekunden treffen, nicht mehr zu unterscheiden vermag.

V. Das Sehen durch die Lupe.

Bringen wir irgend einen Gegenstand, innerhalb der Grenzen des deutlichen Sehens, dem Auge immer näher und näher, so scheint uns derselbe, da sich hierdurch der Gesichtswinkel und mit ihm das Netzhautbild vergröfsert, immer gröfser und gröfser zu werden. Man ersieht hieraus, dafs dem Auge selbst ein gewisses Vergröfserungsvermögen zukommt. Gestattete das Accommodationsvermögen eine unbegrenzte Annäherung des Objektes an das Auge, so würde der Gebrauch von Lupen und teilweise selbst von Mikroskopen überflüssig werden. Nun wird aber bei Überschreitung des Nahepunktes das Bild eines Objektes diffus, weil in diesem Falle der Vereinigungspunkt der Lichtstrahlen hinter die Netzhaut fällt, auf diese also konvergierende Strahlen gelangen. Die zu mikroskopischen Untersuchungen dienenden Objekte sind aber ausnahmslos von so geringer Gröfse, dafs selbst für ein kurzsichtiges

Auge ihr Nahepunkt viel zu weit vom Auge entfernt liegt, als dafs von diesen Objekten ausgehende Lichtstrahlen schon auf der Netzhaut zur Vereinigung gelangen könnten. Man schaltet daher zwischen Objekt und Auge eine Sammellinse, eine Lupe, ein, welche die von dem kleinen Objekte ausgehenden, stark divergierenden Strahlen dergestalt abändert, dafs sie fast parallel oder doch nur wenig divergierend ins Auge gelangen, also dieselbe Richtung annehmen wie Strahlen, die von einem Objekte ausgehen, das sich in einer dem deutlichen Sehen entsprechenden Entfernung vom Auge befindet. Bezeichnet P in Fig. 16 einen sehr nahe am Auge

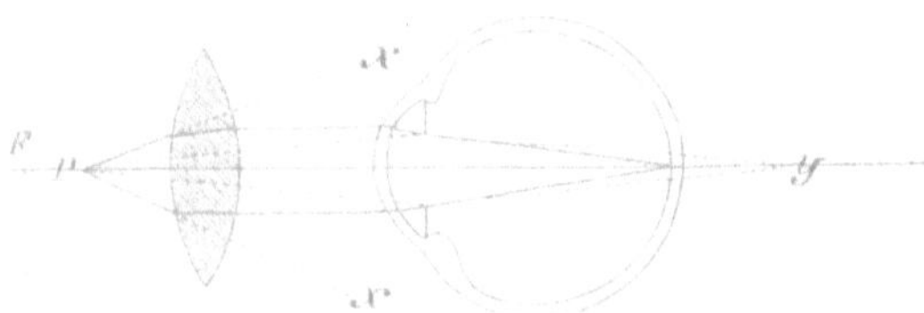

Fig. 16.

Wirkung einer Sammellinse auf die Erzeugung des Netzhautbildes aus Strahlen, welche von einem nahe am Auge liegenden Gegenstand ausgehen.

liegenden Gegenstand, so gelangen ohne Einschaltung einer Sammellinse die von demselben ausgehenden Lichtstrahlen in der durch die punktierten Linien angedeuteten Richtung in das Auge, kommen also nicht auf der Netzhaut, sondern erst in einem hinter derselben liegenden Punkte y zur Vereinigung. Schaltet man aber zwischen Objekt und Auge eine Lupe ein, so werden durch dieselbe die Strahlen so stark gebrochen, dafs sie, wie dies durch die ausgezogenen Linien angedeutet ist, fast parallel zu einander in das Auge eintreten und der optische Apparat des Auges im stande ist, sie auf der Netzhaut zu vereinigen.

Der Vorteil einer zwischen Objekt und Auge anzubringenden Sammellinse besteht aber nicht allein darin, dafs sie überhaupt ein deutliches Bild des Gegenstandes auf der Netzhaut zu stande kommen läfst, sondern auch darin, dafs der Gesichtswinkel, unter welchem das Bild erscheint, gröfser ist, als er ohne dieselbe sein würde, daſs uns also das betrachtete Objekt vergröſsert erscheint. Auf welche Weise durch die Benutzung einer Sammellinse die Vergröſserung des Objektes erreicht wird, veranschaulicht Fig. 17 *A* und *B*.

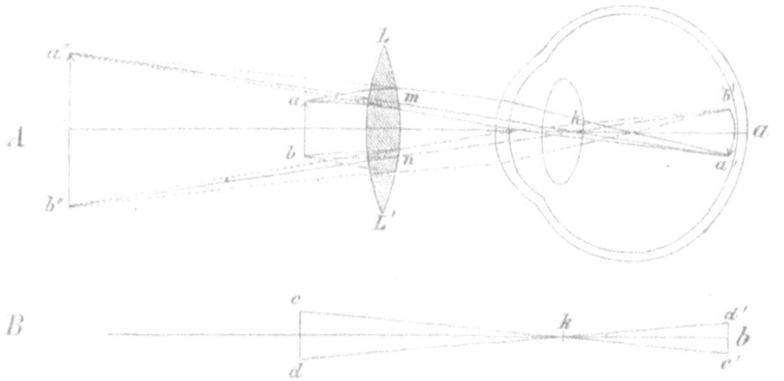

Fig. 17.
Vergröſserung des Bildes eines Objektes durch Anwendung einer Sammellinse.

In ersterer Figur befindet sich vor der Sammellinse *L L'* das Objekt *a b*. Die von allen Punkten desselben ausgehenden Strahlenbündel (in der Figur sind, der Einfachheit halber, lediglich die von den beiden Endpunkten des Objektes ausgehenden angedeutet) sind stark divergierend, werden aber durch die Sammellinse einander genähert, ohne jedoch ihre Divergenz vollständig zu verlieren, und erzeugen, unter Mitwirkung des optischen Apparates des Auges, auf der Netzhaut das umgekehrte Bild *a' b'*. Da aber das Auge, wie dies schon bei Besprechung der einfachen Brechungserscheinungen dargethan und in Fig. 2 abgebildet ist, die gebrochene Richtung eines Strahles nicht aufzufassen vermag, so erzeugen dieselben im Beobachter die Vorstellung, als befinde sich der betrachtete Gegenstand in *a'' b''*, d. h. an der Stelle, wo sich die von einem Punkte des Objektes ausgehenden und durch die Sammellinse gebrochenen Lichtstrahlen in ihrer rückläufigen Verlängerung schneiden würden. Die Richtungslinien *k m* und *k n* bestimmen die Gröſse des Gesichtswinkels, unter welchem uns das durch die Lupe betrachtete Bild erscheint. Da dieser Winkel gröſser ist als der in Fig. 17 *B* gezeichnete Winkel *c k d*, unter welchem das Bild im Auge erschiene, wenn man es ohne Lupe betrachtete, so ist klar, daſs das durch die Lupe gesehene Bild gröſser ist.

Durch eine Lupe sehen wir also den betrachteten Gegenstand selbst gar nicht, wir erblicken vielmehr nur ein Phantasiegebilde, welches durch die Gesetze der Strahlenbrechung hervorgebracht wird, und welches dem Auge entfernter erscheint als der Gegenstand und vergröſsert ist. Die Richtigkeit des Gesagten läſst sich auch sehr einfach experimentell erweisen. Betrachtet man nämlich durch eine Lupe mit nicht zu groſser Brennweite einen Gegenstand, etwa die Ecke eines Blattes Papier, und versucht mit einer Nadel oder einem Stifte diesen Rand zu berühren, so wird man regelmäſsig in einiger Entfernung hinter dem Objekte die Berührungsstelle suchen, weil man eben die Stelle zu berühren sucht, wohin die durch den Eindruck des Auges hervorgerufene Vorstellung das Bild versetzt hat.

Das scheinbare Bild, welches man durch eine einfache Lupe sieht, liegt aber nicht in einer Ebene, sondern ist gekrümmt; infolge dessen liefern nur die mittleren Partien des Gesichtsfeldes, wenn auf diese eingestellt, ein scharfes und tadelloses Bild, wobei die Randteile desselben stets an Schärfe und Bestimmtheit verlieren, während umgekehrt bei genauer Fixierung der peripherischen Teile die zentralen verschwommen erscheinen. Es ist diese Krümmung des Gesichtsfeldes nicht identisch mit der durch die sphärische Aberration hervorgerufenen Verzerrung des Bildes, sie hat vielmehr darin ihren Grund, daſs Strahlen, welche von nahe am Zentrum des Objektes liegenden Punkten ausgehen, nach dem Passieren der Linse stärker divergieren als jene, welche von Punkten ausgehen, welche nahe an der Peripherie des Objektes liegen, weil diese letzteren dem optischen Mittelpunkte ferner liegen. Dieser störende Fehler läſst sich zwar durch Benutzung der für die Verbesserung der beiden Aberrationen angeführten Mittel einigermaſsen verringern, doch nie beseitigen. Weiteres hierüber bei der Prüfung des optischen Vermögens eines Mikroskopes.

Um die Vergröfserung einer Lupe zu erhöhen, ohne dafs die sphärische Aberration in gleichem Verhältnisse zunimmt, vereinigt man zwei oder mehrere Linsen zu einem Linsensystem. Lupen aus 2 Linsen nennt man Doublete, solche aus 3 Linsen Triplete. In der Regel ist dabei die Stellung der einzelnen Linsen zu einander genau in einer gemeinsamen Fassung fixiert (Fig. 18), oder sie sind einzeln in Messing, Hartgummi, Horn oder Elfenbein gefafst, zwischen Schalen einschlagbar (Fig. 19). Zur Erleichterung des Arbeitens mit der Lupe ist dieselbe häufig an einem Stative, durch Gelenke beweglich, befestigt. Tritt zu einer in einer Hülse gefassten Lupe noch ein Spiegel, um das auffallende Tageslicht, oder auch künstliches Licht, in einer gewünschten Richtung weiter zu leiten, ein Tischchen als Unterlage für die zu untersuchenden Objekte und eine Schraube zum Einstellen der Lupe, so nennt man dieselbe einfaches Mikroskop, auch Präparier-Mikroskop.

Fig. 18.
Durchschnitt einer aus zwei fest vereinigten Linsen bestehenden Lupe.

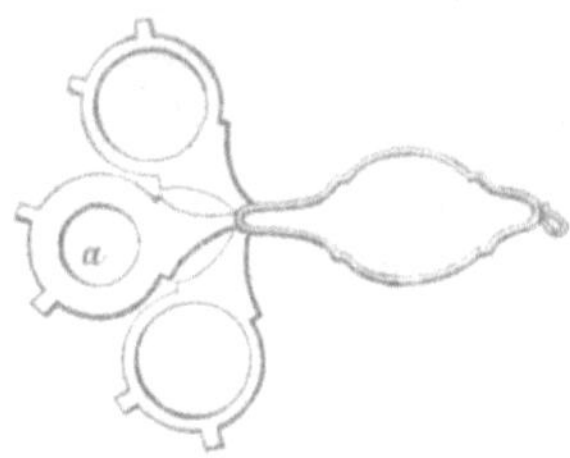

Fig. 19.
Dreifache Lupe zum Einschlagen zwischen Schalen.

Fig. 20 zeigt ein derartiges Instrument nach Zeifs in Jena. Bei demselben erhebt sich auf einer massiven Metallplatte das Stativ *St*, das an seinem oberen Ende in rechtwinkeligem Ansatze

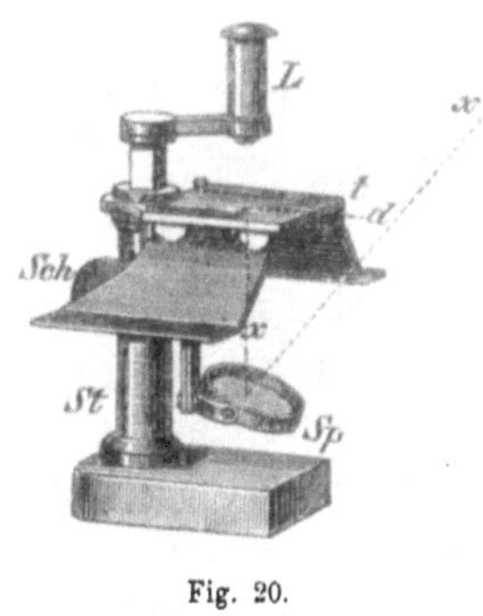

Fig. 20.
Einfaches Mikroskop von Zeifs in Jena.

die Lupe *L* trägt. Unterhalb der Lupe trägt das Stativ eine horizontale Metallplatte, den Objekttisch *t*, der von einer runden Öffnung, dem Diaphragma *d* durchbohrt ist und seitlich zwei abnehmbare, zur Auflage für die Hand bestimmte, Stützplatten trägt. Unter dem Objekttisch trägt das Stativ ein Gelenk für den Spiegel *Sp*, der in der Regel auf einer Seite plan, auf der anderen konkav ist. Der Spiegel wird so gestellt, dafs das einfallende Tageslicht in der Richtung *x x* in das Diaphragma des Objekttisches geleitet wird. Der Objekttisch kann mittels der Schraube *Sch* der Lupe genähert oder von derselben entfernt werden. Das zu betrachtende Objekt liegt auf einer Glasplatte über dem Diaphragma. Der optische Apparat solcher einfacher Mikroskope besteht gewöhnlich aus 2 oder 3 achromatischen Triplets mit grofsem Vokalabstand, welche eine 10 bis 40-fache Vergröfserung gestatten. (Preis 50 ℳ.)

Fig. 21 stellt das in neuester Zeit von Hartnack in Potsdam konstruierte einfache Mikroskop (Einfaches Dissektions-Mikroskop) dar. Dasselbe trägt an der Säule Zahn

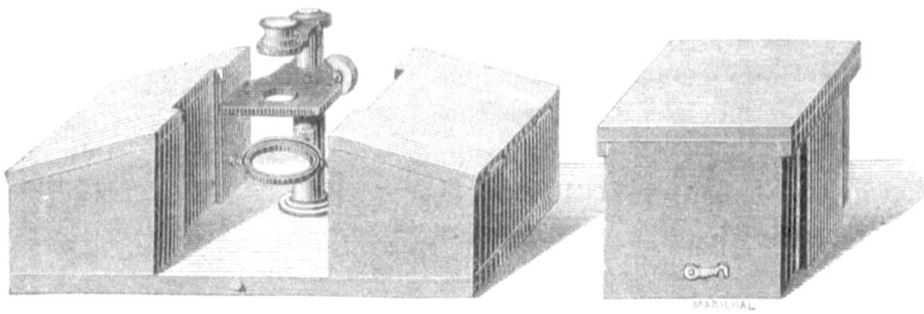

Fig. 21.
Hartnack's einfaches Dissektions-Mikroskop.

und Trieb für die vertikale Bewegung des Objekttisches. Zu demselben gehören zwei vollkommen achromatische Lupen mit 10 und 20 facher Vergröfserung, welche ein sehr gleichmäfsig vergröfserndes Gesichtsfeld geben. Der Kasten, zwischen welchem sich dasselbe befindet, besitzt Aufbewahrungsfächer und dient zugleich als Auflage für die Hände beim Präparieren. (Preis 60 ℳ.)

Fig. 22 zeigt das Präparations-Mikroskop von **Bénèche** in Berlin und Fig. 23 das von **Seibert & Krafft** in

Fig. 22.
Bénèche's einfaches Präparier-Mikroskop.

Wetzlar. Ersteres gestattet mittels achromatischer Objektive eine 12, 25 und 40fache Vergröſserung, hat am Tische

Fig. 23.
Seibert's einfaches Präparier-Mikroskop.

Mikrometerbewegung und kostet 36 *M.*; letzteres besitzt festen Tisch, Einstellung mittels Trieb, und kostet mit zwei achromatischen Triplets 45 *M.*

Fig. 24 stellt das Präparier-Mikroskop von **Reichert** in Wien dar. Dasselbe besteht aus einem schweren Messingfuſs, gleichem Stativ und festem groſsem Präpariertisch, der seitlich zwei abnehmbare, mit Leder überzogene Handauf-

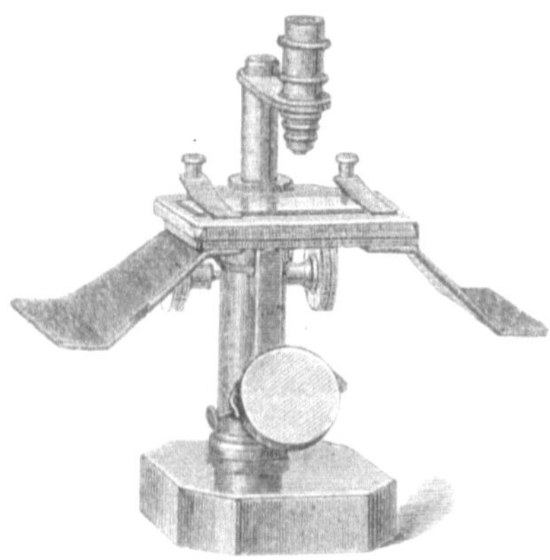

Fig. 24.
Reichert's einfaches Präparier-Mikroskop.

lagen trägt. Die Einstellung erfolgt durch Zahn und Trieb. Dasselbe kostet mit zwei Doublets für 10 und 20 fache Vergröſserung 33 fl. ö. W. = 57 *M.*

Das zusammengesetzte Mikroskop.

VI. Okular und Objektiv.

Während man durch die Lupe und das einfache Mikroskop den Gegenstand selbst vergröſsert erblickt, betrachtet man durch das zusammengesetzte Mikroskop nicht den Gegenstand selbst, sondern ein durch eine Lupe hervorgebrachtes vergröſsertes Bild desselben durch eine zweite Lupe. Befindet sich nämlich in Fig. 25 auſserhalb der Brennweite, aber doch nahe am Brennpunkt der Sammellinse *Ob* der Gegenstand *a b*, von welchem nach allen Seiten hin

Lichtkegel ausgehen, so erzeugen diese nach ihrem Durchgang durch die Linse auf der entgegengesetzten Seite derselben das verkehrte und vergrößerte Luftbild *a' b'*. Dieses Luftbild betrachtet man nun durch eine zweite Sammellinse *Oc* und erhält dadurch das noch weiter vergrößerte Bild *a'' b''* des Gegenstandes *a b*.

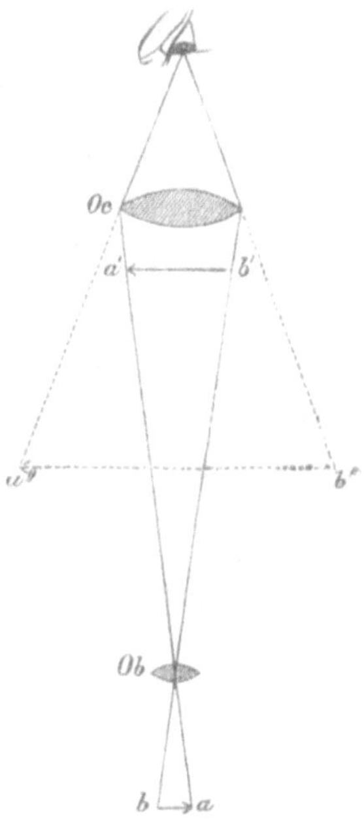

Fig. 25.
Schematische Darstellung der Wirkungsweise eines zusammengesetzten Mikroskopes.

Die beiden Linsen *Ob* und *Oc* erhalten je nach ihrer Lage gegen den Gegenstand und das Auge verschiedene Namen. Die dem Gegenstande zugekehrte Linse *Ob*, welche das Luftbild *a' b'* erzeugt, nennt man Objektivlinse oder einfach Objektiv, die andere *Oc*, durch welche das Luftbild betrachtet wird, heifst Okularlinse oder kurzweg Okular. Selbst in seiner primitivsten Einrichtung unterscheidet sich daher das zusammengesetzte Mikroskop wesentlich von einem Doublet. Beim Doublet ist nämlich unter allen Umständen der gegenseitige Abstand der beiden Linsen kürzer als die Entfernung des Vereinigungspunktes der Lichtstrahlen der vorderen Linse, so dafs zwischen den beiden Linsen kein Bild des Gegenstandes entstehen kann, während beim zusammengesetzten Mikroskop dieser Abstand länger ist als die genannte Entfernung.

Ein solches aus zwei Linsen bestehendes zusammengesetztes Mikroskop wäre übrigens in hohem Grade unvollkommen. Zunächst haften demselben alle die Mängel an, welche eine Folge der sphärischen und chromatischen Aberration sind, dann ist das Gesichtsfeld sehr klein, so dafs von einem einigermafsen grofsen Gegenstande, namentlich bei stärkeren Linsen, nur ein verhältnismäfsig kleiner Teil übersehen werden kann, ferner ist die Bildebene stark gekrümmt und das Bild selbst an den Rändern verzerrt und undeutlich, endlich zeigt das Bild nur einen geringen Grad von Lichtstärke.

Die Mittel, welche zur möglichsten Beseitigung der angeführten Übelstände in Anwendung kommen, beziehen sich auf Erreichung gröfstmöglicher Vollkommenheit in der Konstruktion der Okulare und insbesondere der Objektive, und haben sich in neuester Zeit in dieser Richtung verschiedene Firmen des In- und Auslandes zu einem früher kaum geahnten Grade der Künstlerschaft emporgeschwungen.

Schon frühe war man bestrebt, die dem Okulare anhaftenden Unvollkommenheiten zu beseitigen und suchte dies dadurch zu erreichen, dafs man zwischen Objektiv und Okular eine dritte Linse in solcher Entfernung von den beiden anderen einschaltete, dafs das durch dieselbe entstehende Luftbild zwischen ihrer Oberfläche und jener Stelle entsteht, wo das ohne Mitwirkung dieser eingeschobenen Linse von dem Objekte direkt entworfene Bild sich befinden würde. Diese Linse führt den Namen Kollektivlinse oder Kollektiv. Die grofsen Vorteile, welche diese Kollektivlinse bietet, ergeben sich durch nähere Betrachtung der Fig. 26.

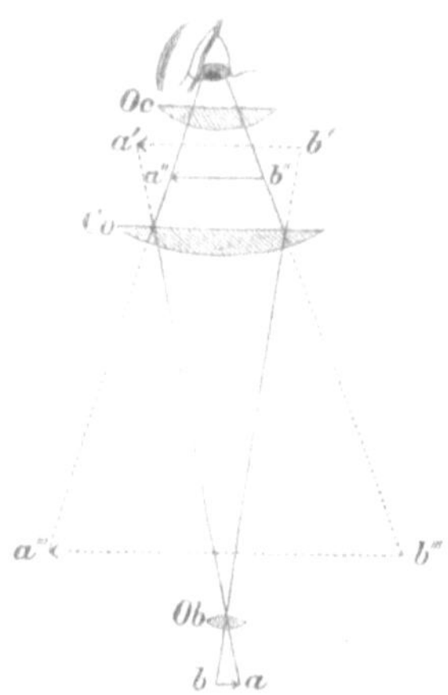

Fig. 26.
Wirkungsweise der Kollektivlinse.

Die aus den Endpunkten des Objektives **a b** kommenden Lichtstrahlen würden sich in Ermangelung der Kollektivlinse bei *a' b'* vereinigen und das Luftbild *a' b'* erzeugen, von welchem unser Auge, wie die Figur zeigt, nur den zentralen Teil übersehen könnte. Durch die eingeschobene Kollektivlinse *Co* aber werden die Strahlen, ehe sie sich zu dem erwähnten Bilde vereinigen, einander derart genähert, dafs jetzt das Luftbild schon früher, nämlich in *a'' b''*, entsteht. Dafs dieses Luftbild *a'' b''* an Gröfse gegen $a' b'$ nicht unbedeutend abgenommen hat, zeigt eine einfache Betrachtung der Figur. Aber gerade mit dieser Verkleinerung des Luftbildes — die man eigentlich einen Nachteil nennen müſste, da ja der Zweck des Mikroskopes in der Erzielung einer möglichst starken Vergröſserung ruht — sind einige nicht unbedeutende Vorteile verknüpft. Zunächst hat dieser Umstand die günstige Folge, daſs jetzt nicht nur der zentrale Teil des Luftbildes, sondern dieses in seiner ganzen Ausdehnung übersehen werden kann. Das Gesichtsfeld des Okulares gewinnt dadurch an Ausdehnung und, zusammenhängend damit, an Lichtstärke, denn die Lichtstrahlen, welche die Entstehung des ursprünglichen Bildes $a' b'$ veranlassen, werden jetzt alle auf den kleineren Raum $a'' b''$ konzentriert. Da die Lichtstärke im umgekehrten Verhältnisse mit dem Quadrat des Durchmessers zunimmt, so würde, wenn z. B. $a'' b''$ nur halb so groſs ist als $a' b'$, das Bild $a'' b''$ — abgesehen von dem beim Durchgang des Lichtes durch die Kollektivlinse infolge Zurückwerfung und Absorption entstandenen geringen Lichtverluste — etwa viermal heller erleuchtet sein als $a' b'$.

Der Behauptung mehrerer Autoren, daſs das Kollektiv auch einen günstigen Einfluſs auf die Ebenung des Gesichtsfeldes ausübe, vermag ich nicht zuzustimmen. Das Kollektiv, welches vom optischen Standpunkte aus betrachtet einen Teil des Objektives bildet, indem es mit diesem zur Erzeugung des Luftbildes beiträgt, ändert wohl die Richtung der vom Objektiv kommenden Strahlen und vermag dadurch bei geeigneter Krümmung und Stellung die Wirkung des Objektives auf die Verkleinerung der Randpartien des Luftbildes so sehr zu steigern, daſs die seitens des Okulares in erhöhtem und entgegengesetztem Sinne sich geltendmachende Verzerrung des Luftbildes, wonach die Randpartien desselben vergröſsert erscheinen würden, nahezu vollkommen ausgeglichen wird, so daſs bei Betrachtung des Luftbildes durch das Okular die zentralen wie die peripherischen Partien eine möglichst gleichmäſsige Vergröſserung zeigen. Eine Änderung in der Flächenlage der Randstrahlen, gegenüber jener der Mittelstrahlen, kann jedoch durch das Kollektiv nicht herbeigeführt werden, und doch müfste gerade dieses der Fall sein, wenn die ursprünglich konvexe (vom Okular aus betrachtet) Bildfläche in eine plane Fläche übergehen, das Gesichtsfeld also eben werden sollte. Da das Kollektiv eine Verkleinerung des Luftbildes bewirkt, könnte man allerdings insoferne von einer Abminderung der Krümmung des Bildes durch das Collectiv reden, als dadurch eine kleinere Kalotte einer und derselben Kugelfläche als Luftbild erscheint, somit der senkrechte Abstand des höchstgelegenen zentrischen Punktes von den tiefstgelegenen peripherischen Punkten relativ kleiner wird, welcher Umstand übrigens in keinerlei Weise zur Ebenung des Gesichtsfeldes beiträgt.

Zur Erzielung einer möglichsten Gleichmäfsigkeit in der Vergröfserung des Gesichtsfeldes sind in neuester Zeit durch geeignete Kombinationen zwischen Okular und Kollektiv wertvolle Fortschritte erzielt worden, und weisen namentlich die orthoskopischen Okulare von Leitz und Zeifs, sowie die periskopischen Okulare von Seibert & Krafft ein sehr grofses und in allen Teilen gleichstark vergröfserndes, wenn auch nicht völlig ebenes Gesichtsfeld auf.

Der Abstand zwischen Okular und Objektiv mufs derart gewählt sein, dafs das Luftbild möglichst genau in den Brennpunkt des Okulars fällt. Zur sicheren Erreichung dieses Erfordernisses werden Okular und Kollektiv gemeinschaftlich in einer Hülse befestigt. Durch diese Verbindung erreicht man noch den weiteren Vorteil, dafs die chromatische, und teilweise auch die sphärische, Aberration eine wesentliche Verbesserung erleiden.

Bei unseren Mikroskopen wird das aus der eigentlichen Okular- und der Kollektivlinse zusammengesetzte Okular meist in der Weise konstruiert, dafs die obere eine kleinere, die untere eine gröfsere plankonvexe Linse darstellt, welche beide ihre plane Seite dem Auge des Beobachters zukehren. Zur Erzielung der vollkommensten

Wirkung ist es am vorteilhaftesten, wenn beide Linsen um die halbe Summe ihrer Brennweiten von einander abstehen, doch erleidet dieses Verhältnis bei verschiedenen Optikern mancherlei Abänderungen. Die zur Abhaltung der, die Reinheit und Schärfe des Bildes schädigenden, Randstrahlen anzubringende Blendung erhält ihren Platz in der Mitte zwischen beiden Linsen. Ein derartiges Okular wird ein negatives, Huygens'sches oder Campani'sches Okular genannt. Für gewisse Zwecke, namentlich für mikrometrische Messungen, werden übrigens die beiden plankonvexen Linsen auch in der Art miteinander vereinigt, daſs sie ihre konvexen Flächen einander zukehren, wobei dann deren Abstand ein weit kleinerer ist. Solche Okulare werden positive oder Rhamsden'sche Okulare genannt. Bei den Okularen der ersten Art entsteht das Luftbild zwischen beiden Linsen, um die Brennweite der Okularlinse von dieser entfernt; bei den Okularen der zweiten Art entsteht das Luftbild schon vor der Oberfläche des Kollektives.

Auſser den genannten Okulareinrichtungen sind noch manche andere, wie das aplanatische, orthoskopische, periskopische Okular und das Okular holostaire im Gebrauch, welche mit verschiedenen Mitteln eine Vergröſserung des Gesichtsfeldes, eine Beseitigung der Verzerrung des Bildes, sowie der chromatischen Aberration bezwecken, und von denen zwar jedes einzelne gewisse Vorzüge besitzt, die sich aber gleichwohl bis jetzt keiner allgemeinen Anwendung zu erfreuen haben.

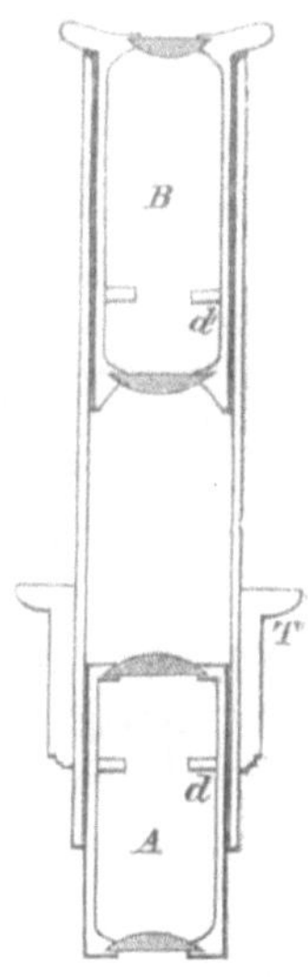

Fig. 27.
Hartnack's bildumkehrendes Okular.
A Doublet. *B* Okular. *T* Tubus. *dd* Diaphragmen.

Für Anfänger, denen das umgekehrte Bild des zusammengesetzten Mikroskopes Schwierigkeiten beim Präparieren unter dem Mikroskope bereitet, sind die bildumkehrenden Okulare zweckmäſsig. Dieselben bestehen, wie Fig. 27 ersehen läſst, aus zwei über einander angebrachten und in einer gemeinsamen Hülse gefassten Okularen, von denen das untere, dem Objektiv zugekehrte *A*, das vom Objektive entworfene Bild umkehrt, während durch das Okular *B* das umgekehrte, also in seiner normalen Lage erscheinende Bild betrachtet wird.

In neuerer Zeit wird übrigens, in Nachahmung des von Nachet in Paris gegebenen Beispieles, die Umkehrung des Bildes durch ein sinnreich konstruiertes Prisma bewerkstelligt. Durch geeignete Stellung eines für den angeregten Zweck besonders geschliffenen Glasprisma in einer Okularhülse, Fig. 28, werden nämlich alle vom Objekte herkommenden, an der Fläche *y* in das Prisma eintretenden Lichtstrahlen *a b c* veranlafst, dieses an der Fläche *z* nicht zu verlassen, sondern durch Spiegelung von derselben abzuprallen und an der Fläche *x* auszutreten. Wie die Figur zeigt, erfolgt durch die Reflexion an der Fläche *z* eine Umlagerung der Lichtstrahlen, wodurch das durch das Prisma betrachtete Bild aufrecht erscheint. Man stellt jetzt solche Prismen mit sehr kompliziert geschliffenen Kanten (Seibert in Wetzlar) her, welche ausgezeichnet scharfe und helle Bilder geben und gemeinsam mit dem Okular in eine Hülse gefafst sind.

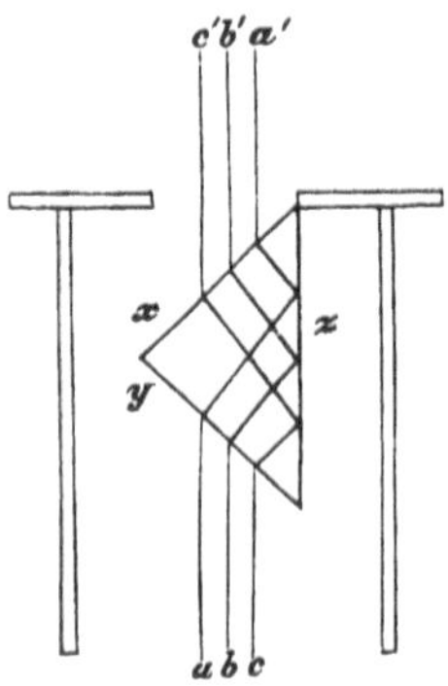

Fig. 28.
Bildumkehrung durch totale Reflexion mittels eines geeignet geschliffenen Prisma.

Die das Okular zusammensetzenden Linsen sowie die Blendung müssen sowohl für sich als in ihrer Verbindung unter einander, genau zentriert sein; aufserdem mufs, wenn nicht Fehler in den mikroskopischen Bildern entstehen sollen, die optische Axe des Okulares genau mit der des ganzen optischen Apparates zusammenfallen. Die Verbindung des Okulares mit dem Tubus des Mikroskopes geschieht jetzt allgemein einfach durch Einschieben seiner Hülse in den Tubus. Diese Einrichtung verdient, schon des bequemeren Wechselns der Okulare halber, den Vorzug vor einer Schraubenverbindung.

Der allerwichtigste Bestandteil eines zusammengesetzten Mikroskopes ist das Objektiv. Dieses ist es, welches in erster Linie die vergröfsernde Wirkung ausübt und die Bilder der Objekte erzeugt; seiner zweckentsprechenden Konstruktion mufs deshalb auch die gröfste Sorgfalt zugewendet werden.

Da die durch einfache Linsen erzeugten Bilder, wie früher nachgewiesen, mit mancherlei Mängeln behaftet sind, so verwendet man solche als Objektive schon seit langer Zeit nicht mehr, sondern benutzt hierzu die bereits besprochenen achromatischen Doppellinsen, die Vereinigung einer bikonvexen Kronglaslinse mit einer plankonkaven Flintglaslinse. Hierdurch erfahren allerdings die beiden Aberrationen eine bedeutende Verbesserung, jedoch dieses Mittel allein reicht zur Herstellung vollkommener Objektive für Mikroskope noch lange nicht aus, denn einmal kann hierdurch die sphärische Aberration nur bis zu einem gewissen Grade gehoben werden, und dann ist es aufserordentlich schwer, solche achromatische Doppellinsen mit sehr kurzer Brennweite, wie sie für einigermafsen stärkere Vergröfserungen notwendig würden, anzufertigen. Da übrigens solche Doppellinsen eine grofse Lichtstärke besitzen und, so lange es sich nur um schwache Vergröfserungen handelt, die eben angedeuteten Fehler von untergeordneter Bedeutung sind, so werden von manchen Optikern heute noch die schwächsten Objektive lediglich in der Form einer einzelnen achromatischen Doppellinse hergestellt.

Nun lassen sich allerdings stärkere Vergröfserungen auch dadurch erzielen, dafs man den Tubus des Mikroskopes verlängert, oder auch dadurch, dafs man stärker vergröfsernde Okulare anwendet; allein in diesen beiden Mitteln besitzt man immer nur sehr unvollkommene Aushilfen, und man erreicht bei deren Anwendung sehr bald Grenzen, die nicht überschritten werden dürfen, ohne dafs die Schärfe des, an Gröfse allerdings noch zunehmenden, Bildes in bedenklicher Weise Schaden leidet.

Man macht daher von der schon bei Besprechung der

Doublets und Triplets erörterten Thatsache Gebrauch, dafs mehrere schwächere Linsen in ihrer Vereinigung eine eben so bedeutende Vergröfserung erzielen lassen, als eine einzige weit stärkere Linse, und vereinigt demnach, dem Beispiele Amici's und Sellique's folgend, mehrere achromatische Doppellinsen zu Linsensystemen. In der Regel werden die schwächeren und mittelstarken Systeme aus drei solchen Linsenpaaren, deren jedes aus einer plankonkaven Flintglaslinse und einer bikonvexen Kronglaslinse gebildet wird, hergestellt. Bei sehr starken und vollkommenen Systemen bildet indessen häufig die vordere (dem Objekte zunächst stehende) Linse eine dreifache Kombination aus zwei plankonvexen Kronglaslinsen mit einer plankonkaven Flintglaslinse in der Mitte, die mittlere eine Doppellinse aus einer bikonvexen Kronglas- und einer bikonkaven Flintglaslinse, während die hinterste wieder eine dreifache Kombination aus zwei bikonvexen Kronglaslinsen und einer bikonkaven Flintglaslinse darstellt. Sämtliche zu einer doppelten oder dreifachen Kombination mit einander vereinigten einfachen Linsen werden durch eine dünne Schichte Kanadabalsam mit einander verbunden.

Ein Hauptaugenmerk bei Zusammenstellung solcher Linsensysteme ist auf die möglichst genaue Zentrierung und den zweckentsprechendsten Abstand der einzelnen Doppellinsen von einander zu richten. Es ist dies mehr ein Werk der Geduld und des wiederholten, durch praktische Erfahrungen unterstützten Versuches, als einer vorgängigen Berechnung. Die Ursache davon liegt, wie Harting treffend bemerkt, nicht etwa in dem Mangel verläfslicher theoretischer Gründe, auf welche die Berechnungen sich zu stützen haben, sondern darin, dafs bei dem grofsen Einflusse, den die geringste Verschiedenheit in der Form, Lage und dem gegenseitigen Abstande der Linsen auf deren Gesamtwirkung äufsert, kein Arbeiter ein Linsensystem anzufertigen vermag, welches den im voraus berechneten Bedingungen vollkommen entspricht. Ich glaubte diese Andeutung hier einschalten zu sollen, um angehende Mikroskopiker vor dem an sich gewifs nicht tadelnswerten Eifer, mit welchem sie sich häufig an die Detailuntersuchung der mechanischen Einrichtung ihres Instrumentes, und namentlich an die Zerlegung ihrer Linsensysteme machen, zu warnen. Die Anschauung, dafs durch Losschrauben und Festschrauben der einzelnen Systemteile unmöglich an der Gesamtwirkung etwas geändert werden könne, beruht auf Täuschung. Man lasse also seine Systeme, und insbesondere die teuren starken, hübsch ein für allemal in der Verschraubung wie sie aus den Händen des Fabrikanten hervorging; eine Reinigung der inneren Teile des Systemes wird überhaupt, bei einigermafsen sorgfältiger Behandlung, nicht erforderlich werden.

Was die Anordnung der einzelnen Doppellinsen im System betrifft, so gilt als Regel, dafs die stärksten, also kleinsten Linsen dem Objekte zugekehrt sein müssen. Dadurch rückt einmal der Brennpunkt des ganzen Systemes oder die Stelle, an welche das zu betrachtende Objekt zu liegen kommen mufs, etwas weiter von dieser vordersten Linse (Frontlinse) weg, und dann gewinnt das ganze System an Gröfse der Öffnung und folglich an Helligkeit, sowie an dem Vermögen, sehr zarte Strukturverhältnisse des Objektes zur Anschauung zu bringen, welche Eigenschaft man als Auflösungs- oder Unterscheidungsvermögen (penetrierende Kraft) bezeichnet. Bei dieser Anordnungsweise kann man nämlich die Öffnungen der aufeinander folgenden Linsenkombinationen in ein solches Verhältnis zu einander bringen, dafs, wie Fig. 29 zeigt, alle auf die Frontlinse treffenden Lichtstrahlen ohne Verlust wieder aus der innersten Linse austreten, also zur Bildung des Luftbildes beitragen können, während im umgekehrten Stellungsverhältnis die von der Frontlinse (jetzt gröfsten Linse) durchgelassenen Strahlen zum grofsen Teile an den dahinter befindlichen Linsen von kleinerem Durchmesser vorbei und für das Luftbild verloren gehen.

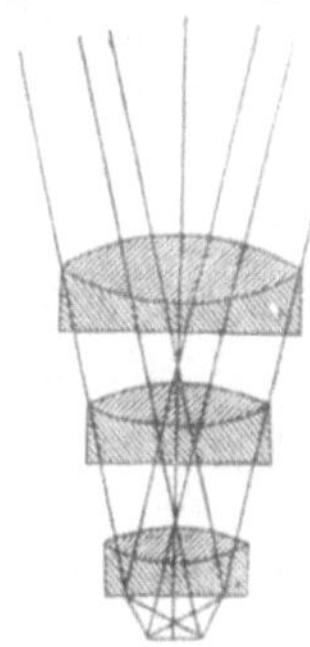

Fig. 29. Anordnung der einzelnen Doppellinsen zu Objektivsystemen.

Um die weiteren Vervollkommnungen, welche in neuer und neuester Zeit bei Herstellung starker Objektivsysteme erreicht wurden, und an denen die deutsche Wissenschaft so hervorragenden Anteil hat, würdigen zu können, ist es nötig, hier des Einflusses zu gedenken, welchen die Benutzung von Deckgläschen auf die Erzeugung des Luftbildes ausübt.

Da die meisten Objekte in Flüssigkeiten untersucht und auch die meisten Dauerpräparate in Flüssigkeiten aufbewahrt werden, sind wir genötigt, die betreffenden Objekte mit einem dünnen Glasplättchen, dem Deckglase zu bedecken. Durch die Benutzung eines Deckglases kommt aber ein neuer optischer Faktor in die Aufgabe der Konstruction eines Linsensystemes, der vom Optiker bei seinen diesbezüglichen Berechnungen berücksichtigt werden mufs. Je weitere Fortschritte man nämlich in der Vervollkommnung der Objektivsysteme machte, desto nachteiliger äufserte sich, namentlich bei den stärkeren Systemen, der früher unbeachtet gebliebene Einflufs der Deckgläschen auf die Schärfe und Reinheit der Bilder, so zwar, dafs Objektive, welche unter Benutzung eines Deckglases angefertigt wurden, fehlerhafte Bilder von Objekten erzeugten, die ohne Anwendung eines Deckglases betrachtet wurden, und umgekehrt, ja selbst die Benutzung verschieden dicker Deckgläser rief die gleichen Fehler hervor. Der Grund dieser Erscheinung ist in der Brechung der Lichtstrahlen eben- und parallelflächiger Glasplatten zu suchen.

Die Wirkung des Deckglases beschreibt Mohl folgendermafsen: Das Objekt sendet auf die untere Fläche des Objektives ein Bündel divergierender Lichtstrahlen aus. Verfolgt man nun in Fig. 30 den Weg der divergierenden Strahlen *B a* und *B b* durch ein Planglas *A A'*, so findet man, dafs dieselben im Glase, als einem dichteren Medium, zum Einfallslot, bei ihrem Austritt aus dem Deckglas, also in der Luft als dünnerem Medium, vom Einfallslot gebrochen werden und in den Richtungen *c d* und *c f* divergieren, also eine solche Lage angenommen haben, dafs sie rückwärts verlängert aus Punkten herzukommen scheinen, welche senkrecht über einander und über dem Objekte, sonach dem Objektive näher als dieses, liegen.

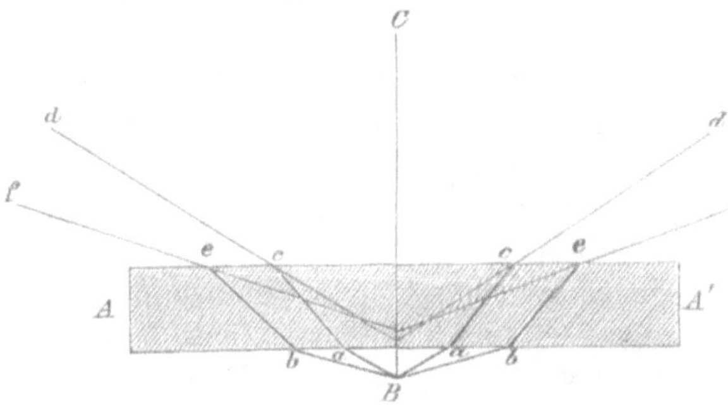

Fig. 30.
Wirkung der Deckgläser auf die Lage des mikroskopischen Bildes.

Man wird also statt eines einzigen Bildes deren viele über einander liegen sehen. Das Deckgläschen übt somit eine ähnliche Wirkung aus, wie die sphärische Aberration, und zwar wird die Zerstreuung um so bedeutender, je dicker das Deckglas ist. Um diesen Übelstand zu beseitigen, mufs bei Anfertigung der Objektivsysteme auf diesen Umstand Rücksicht genommen werden, was dadurch geschieht, dafs man die Systeme unter Benutzung eines Deckglases von bekannter Dicke anfertigt, sie, wie man zu sagen pflegt, auf diese Deckglasdicke korrigiert. Unsere modernen Linsensysteme sind gewöhnlich auf eine Deckglasdicke von 0,15 oder 0,2 mm korrigiert und enthält in der Regel der jedem Mikroskope beigegebene Zettel, welcher das Verzeichnis der Linsensysteme und ihrer Vergröfserungen aufführt, eine hierauf bezügliche Angabe.

Soweit möglich wird man daher am besten thun, wenn man nur Deckgläser von der Dicke verwendet, welche genau für die Linsensysteme passt und sind gegenwärtig wohl aus den meisten Glashandlungen Deckgläser in der meist gebräuchlichen Dicke von 0,12 bis 0,2 mm zu haben. Schwache und mittelstarke Systeme können indes ohne jeden Schaden für die Brauchbarkeit des Bildes Schwankungen in der Deckglasdicke von 0,2 mm noch ganz gut ertragen, so dafs für solche Systeme alle jetzt gebräuchlichen Deckglasdicken als brauchbar bezeichnet werden können. Anders verhält sich aber die Sache bei den starken und stärksten Systemen. Diese sind meist so empfindlich, dafs sie bei Deckgläschen, welche nicht ganz genau der ihrer Korrektur zu Grunde gelegten Dicke entsprechen, schlechte, ja oft völlig unbrauchbare Bilder geben.

Um nun doch auch hier ohne Schädigung des Bildes verschieden starke Deckgläschen in Benutzung nehmen zu können, hat man die einzelnen Doppellinsen solcher Objektive gegenseitig beweglich gemacht, und zwar so, dafs sich entweder die Frontlinse gegen die beiden oberen, oder diese gegen jene verschieben lassen. Die letztere Einrichtung, welche, wenigstens von den deutschen Mikroskopverfertigern gegenwärtig nur mehr ausschliefslich zur Anwendung gelangt, verdient, wie später eingehend erörtert werden soll, unter allen Umständen vor der ersteren den Vorzug. Durch eine derartige Verbesserungseinrichtung, Korrektion genannt, wird es dem Beobachter ermöglicht, in jedem einzelnen Falle durch eine kleine Schraubendrehung die gegenseitige Linsenstellung des Systemes so zu ändern, dafs dadurch die höchstmögliche Leistungsfähigkeit des Objektivsystemes bei Benutzung eines der normierten Dicke nicht entsprechenden Deckglases, erzielt wird. Zu diesem Zwecke umzieht den oberen Teil des Objektivsystemes ein mit einem gekerbten Rande und mit einer Teilung versehener Ring, durch welchen eine äufserst fein wirkende Mikrometerschraube in Bewegung gesetzt wird. Ein kleiner Stift, welcher meist vor dem Ringe angebracht ist, oder ein seitlicher Ausschnitt, der den mit einem querlaufenden Strich versehenen inneren Cylinder teilweise blofslegt, bildet den Index. Vor dem Gebrauche des Objektives wird durch Drehung des Ringes der Index auf den, der normierten Deckglasdicke entsprechenden, am äufseren Objektivcylinder markierten Strich eingestellt. Ist die Deckglasdicke aber eine andere, so muſs durch Drehung des Ringes die derselben entsprechende Stellung der Korrektion gesucht werden. Je dünner das Deckglas, desto höher und umgekehrt; je dicker dasselbe, desto tiefer muſs der innere Cylinder stehen.

Trotz dieser einfachen, in dem Einflusse der Deckgläschen auf die Bilderzeugung beruhenden Regel, wird gar mancher bei Beginn seiner mikroskopischen Studien in Verlegenheit geraten, wenn er die Korrektion der Objektive in wirklich zweckentsprechender Weise anwenden soll, namentlich beim Studium eines noch unbekannten Objektes. Es dürfte daher zweckmäſsig erscheinen, nachstehend die von Wenham für den Gebrauch der Objektivsysteme mit Korrektionseinrichtung aufgestellte Regel mitzuteilen. Man stellt das Mikroskop so ein, daſs der dunkle Rand eines Objektes, etwa eines Diatomeenpanzers, deutlich erscheint. Hierauf bringt man mittels der Mikrometerschraube für feine Einstellung das Objekt abwechselnd in die genaue Brennweite und wieder heraus. Dabei breitet sich der dunkle Rand aus, verliert an Schärfe und bildet ein Diffusionsbild. Tritt diese Ausbreitung am stärksten hervor, wenn das Objekt auſserhalb des Brennpunktes ist, also zumeist vom Objektive absteht, dann muſs man die Linsen durch die Korrektionseinrichtung weiter von einander entfernen, der Korrektionsring ist also in diesem Falle in der Richtung zu drehen, daſs der Index des inneren Cylinders sich aufwärts bewegt. Tritt hingegen die nebelartige Ausbreitung stärker hervor, wenn das Objekt nach innen vom Brennpunkte, dem Objektive näher sich befindet, dann müssen die Linsen einander mehr genähert werden, der Korrektionsring ist also in umgekehrter Richtung zu drehen. Hat man die richtige Korrektion getroffen, so erfolgt eine gleichstarke Ausbreitung des Randes, mag das Objekt innerhalb oder auſserhalb des Brennpunktes befindlich sein.

Der Umstand, daſs manche deutschen Mikroskopverfertiger Objektivsysteme mit Korrektionseinrichtung von ganz vorzüglicher Leistungsfähigkeit an ihre Kunden abgeben, ohne diesen zu gleicher Zeit die Mittel an die Hand zu geben, wie solche sich wirklich nutzbringend verwenden lassen, hat namentlich den Anfängern einen gewissen Horror vor den Korrektionseinrichtungen eingeflöfst; ja selbst manche geübte Mikroskopiker erklären deren Anwendung bei mittelstarken Vergröfserungen für überflüfsig und wünschen dieselbe lediglich auf Objektive, welche für die stärksten Vergröfserungen bestimmt sind, beschränkt zu sehen.

Ich kann dieser Annahme durchaus nicht beipflichten, bin vielmehr mit Pelletan vollkommen überzeugt, dafs die Korrektion auch bei mittelstarken, ja selbst bei schwachen Systemen nützlich ist, und zwar um so nutzbringender, je optisch vollkommener diese Systeme sind. Die Erfahrung wird jedem bestätigen, dafs bei einem mittelstarken, ja selbst schwachen System (ich nenne hier: Zeifs E, Seibert V[b], Nachet 6), soferne nur die Korrektion sorgfältig der Deckglasdicke angepafst wird, Strukturverhältnisse in einer Reinheit, Deutlichkeit und Helligkeit zum Vorscheine kommen, welche man ohne Korrektion nur mit einem erheblich stärkeren Systeme, und auch dann nur bedeutend weniger schön, weil dunkler, wahrzunehmen vermag. Die höchstmögliche Leistungsfähigkeit eines Objektivsystemes bei denkbar niedrigster ziffermäfsiger Vergröfserung bestimmt aber ausschliefslich den Wert desselben.

Die Einwendungen, welche gegen eine häufige und ausgedehnte Benutzung der Korrektionseinrichtung vorgebracht wurden, lassen sich ohne Mühe widerlegen. Man sagt: die erfolgreiche Benutzung der Korrektion setze eine bedeutende Gewandtheit seitens des Beobachters voraus, und verursache ihm überdies viel Mühe und Zeitverlust. Wer sich zum Mikroskopiker ausbilden will, mufs sich wahrlich schwieriger zu erlernende manuelle Fertigkeiten aneignen, als dies die Handhabung der Korrektionsschraube voraussetzt, zudem mufs Geduld eine der Kardinaltugenden eines Mikroskopikers bilden, und bezüglich des Geizens mit der Zeit möchte ich nur auf den Anfang eines bekannten humoristischen, aus einem Kreise heiterer Histiologen stammenden Aufsatzes: »Nach angestrengter einstündiger Arbeit ist es mir gelungen, zu konstatieren etc.«, hinweisen. Der fernere Einwand, dafs bei Benutzung eines Korrektionssystemes mit der wechselnden Entfernung der Linsenkombinationen von einander die Vergröfserung und das Wertsverhältnis der Mikrometerteilung eine Änderung erleidet, hat allerdings seine Richtigkeit, aber man braucht diesen Umstand nur zu berücksichtigen, wenn ein Korrektionssystem zu mikroskopischen Messungen benutzt werden will und in diesem Falle — wenn man nicht vorzieht, das Korrektionssystem durch ein festes System zu ersetzen — den Korrektionsring in seine Normalstellung zu bringen und in derselben während der auszuführenden Messungen zu belassen; für diesen Zweck werden die Bilder immer noch deutlich genug sein. Endlich wird vielfach befürchtet, dafs durch den häufigen Gebrauch der Korrektionsvorrichtung die Zentrierung des Systemes im Laufe der Zeit Schaden leidet und dadurch die erzeugten Bilder an Wert verlieren. Hierauf ist zu entgegnen, dafs gegenwärtig die Korrektionsvorrichtungen mit einer Sorgfalt und Genauigkeit ausgeführt werden, dafs eine derartige Befürchtung nicht leicht eintreten wird.

Um bei sehr starken Vergröfserungen das optische Vermögen eines Objektivsystemes zu steigern, bringt man zwischen die Frontlinse des Objektives und die Oberfläche des Deckgläschens eine Schichte Wasser. Das einfachste Verfahren hiebei besteht darin, dafs man sowohl auf die Frontlinse als auch auf das Deckglas einen Tropfen reines Wasser bringt und sodann den Tubus des Mikroskopes nach abwärts bewegt, bis sich beide Tropfen vereinigen. Die für diesen Zweck eingerichteten Objektivsysteme werden Immersionssysteme, Eintauchsysteme, Wasserlinsen oder Stipplinsen genannt und wurden zuerst von Amici hergestellt.

Die Vorteile, welche die Anwendung von Immersionssystemen bietet, lassen sich nach Harting's schönen Auseinandersetzungen in folgendem zusammenfassen: Wasser vertritt in diesem Falle die Stelle der Luft, steht jedoch in seinem Brechungsvermögen dem Glase weit näher als diese. (Brechungsexponent der Luft = 1,0; des Wassers = 1,336; des Glases = 1,5 bis 1,6.) Dadurch wird die Zurückwerfung der Lichtstrahlen an der oberen Fläche des Deckglases und an der unteren Fläche der Frontlinse bedeutend vermindert, ja im Vergleich zu dem Vorgang in der Luft beinahe ganz aufgehoben. Deshalb gelangen mehr Lichtstrahlen ins Mikroskop, und die Wirkung des Wassertropfens ist sonach derjenigen eines vergröfserten Öffnungswinkels gleich. Dazu kommt noch, dafs namentlich die Randstrahlen, als die am schiefsten einfallenden, diesen günstigen Einflufs erfahren. Diese Randstrahlen erlangen daher einen gröfseren Anteil an der Bildung des Luftbildes, und da sie es hauptsächlich sind, welche zur Erzeugung der feineren Struktur des Bildes am meisten beitragen, aber beim Durchgang durch ein durchscheinendes Objekt zumeist von der ursprünglichen Bahn abgelenkt werden und daher gewisse Veränderungen im Bilde hervorrufen, so wird durch das Immersionssystem das Auflösungs- oder Unterscheidungsvermögen des Mikroskopes erhöht.

Aufser diesem aus der Immersionseinrichtung unmittelbar resultierenden Vorteile trägt die eingeschaltete Wasserschichte aber auch noch in mehreren anderen Beziehungen zur Erhöhung des optischen Vermögens eines Mikroskopes bei. Zunächst wirkt die Wasserschichte nämlich in ähnlicher Weise wie ein Deckgläschen, und da mit zunehmender Dicke des Deckgläschens die einzelnen Doppellinsen des Systemes einander genähert werden müssen, so steigert sich damit auch das Vergröfserungsvermögen der nämlichen Linsenkombination. Eine weitere Folge des Umstandes, dafs bei einem Immersionssystem die einzelnen Linsen einander näher gerückt werden müssen, ist die Thatsache, dafs der Brennpunkt des Objektivsystemes sich von der Frontlinse mehr entfernt, wodurch die Benutzung noch verhältnismäfsig dicker Deckgläschen ermöglicht wird, oder bei Benutzung sehr dünner Deckgläschen auch die Betrachtung der tiefer gelegenen Partien der Objekte zuläſsig ist. Da endlich unter Anwendung einer Wasserschichte die Dicke der benutzten Deckgläschen einen weit weniger zerstreuenden Einfluſs ausübt, als wenn die Luft als Zwischensubstanz gebraucht würde, so ist die Benutzung der Korrektionseinrichtung bei einem Immersionssystem weit seltener nötig, als bei einem Trockensystem.

Amici hat auch den Versuch gemacht, andere Flüssigkeiten als Wasser für die Immersion zu verwenden. So benutzte derselbe z. B. hierzu das stark lichtbrechende Anisöl, ohne jedoch mit dieser Neuerung Anklang zu finden, andere haben nach ihm das Glycerin als Immersionsflüssigkeit in Anwendung gebracht, jedoch gleichfalls ohne nennenswerten Erfolg.

In allerneuester Zeit indes hat das Bestreben, bei sehr starken Systemen die Korrektionsvorrichtung entbehrlich zu machen, verschiedene Fachgelehrten wiederholt und zwar mit durchschlagendem Erfolge auf diesen Gegenstand geführt.

Die Korrektionseinrichtung wird nur dann wirklich entbehrlich, wenn man zwischen die obere Fläche des Deckglases und die untere Fläche der Frontlinse des Objektives ein Medium einführt, welches dem Kronglas an Brechungs- und Farbenzerstreuungsvermögen ganz oder doch nahezu gleichkommt, so daſs zwischen Objekt und Objektiv eine optisch homogene Verbindung hergestellt wird, wodurch allein jede Brechung der Lichtstrahlen auf dem Wege vom Objekt bis zum Eintritt in das Objektivsystem zur Aufhebung gelangt.

Den durch J. W. Stephenson in London angeregten Bestrebungen des auf diesem Gebiete hochverdienten Professor Abbe in Jena ist es gelungen, das System der »homogenen Immersion« zur vollen Ausbildung zu bringen.

Die in Rede stehenden Systeme, deren erste in dem tüchtigen Institut von Carl Zeiſs in Jena gefertiget wurden, bestehen nach Dippel aus zwei vorderen, dicht übereinander stehenden einfachen Kronglaslinsen und zwei hinteren achromatischen Doppellinsen, welche zusammen in fester Fassung vereinigt sind. Diese Systeme gewähren aufser der zunächst ins Auge gefafsten Beseitigung der Korrektionsvorrichtung, noch den Vorteil, dafs sie bei möglichst genauester Ausgleichung der sphärischen Aberration, also bei schärfster Begrenzung der Bilder, eine bisher nicht erreichte Vergröfserung des Öffnungswinkels zulassen und somit ein sehr hohes Auflösungsvermögen besitzen, mit welchen Eigenschaften ein verhältnismäfsig grofser Abstand vom Objekte und bedeutende Lichtstärke Hand in Hand gehen.

Als die geeignetste Immersionsflüfsigkeit hat Abbe, nach einer grofsen Reihe von Versuchen an über 200 Flüfsigkeiten, das aus dem Holze des virginischen Wachholders, (rote Zeder) *Juniperus virginiana*, gewonnene ätherische Öl erkannt, welches im Handel unter dem Namen Zedernholzöl *(Oleum ligni cedri)* vorkommt und neben einem etwas geringeren Brechungsvermögen eine nur wenig gröfsere Farbenzerstreuung besitzt, als das gewöhnliche Kronglas. Für schiefe Beleuchtung ist dieses Öl ohne weiteres verwendbar, indem sich der erwähnte kleine Unterschied in dem Brechungsvermögen zwischen ihm und Kronglas durch geringe Verlängerung oder Verkürzung des Tubus für dickere oder dünnere Deckgläschen (über oder unter 0,15 mm) leicht ausgleichen läfst. Bei zentraler Beleuchtung dagegen würde wegen der Verschiedenheit in der sphärischen Aberration, und weil die Farbenausgleichung bei dieser Art von Systemen so bewirkt ist, dafs für schiefe Beleuchtung das Zedernholzöl die beste Achromatie gewährt, das Bild nicht hinreichend farbenfrei sein. Um dieses Verhältnis zu korrigieren, mufs bei zentraler Beleuchtung eine Immersionsflüssigkeit verwendet werden, welche bei gleichem Brechungsvermögen mit dem Zedernholzöle ein entsprechend höheres Zerstreuungsvermögen besitzt. Man erhält dieselben in einigen Ölmischungen und wässerigen Lösungen chemischer Präparate, wie solche teils von Abbe, teils von Dippel mit mehr oder weniger günstigem Erfolge in Vorschlag und Verwendung gebracht wurden. Hiervon sind zu nennen:

eine Mischung aus Zedernholzöl mit einem Zusatz von $^1/_4$ bis $^1/_2$ Fenchel- oder Anisöl und etwas reinem Olivenöl, dann eine Mischung von Fenchel- oder Anisöl mit reinem Olivenöl, ferner eine Mischung von Fenchel- und Ricinusöl, auch Kopaivabalsamöl und Sandelholzöl. Bei Versendung der Objektivsysteme für homogene Immersion geben die betreffenden Optiker je ein mit Zedernholzöl und einer der genannten Mischungen gefülltes Gläschen bei.

Um aber auch käuflich erworbenes Zedernholzöl oder eine für zentrale Beleuchtung selbst bereitete Mischung, eventuell auch weitere, statt des Zedernholzöles verwendbare Öle oder anderweitige Flüssigkeiten auf die erforderlichen, und mit Rücksicht auf die Leistung der Objektive genau einzuhaltenden optischen Eigenschaften prüfen zu können, wird noch ein Probefläschchen beigeschlossen, dessen zwei gegenüberstehende abgeschliffene Seiten durch parallele Glasplatten ersetzt sind, und dessen verlängerter, eingeschliffener Glasstöpsel ein Kronglasprisma mit einem brechenden Winkel von 60° aufgekittet enthält. Wird das Fläschchen mit der betreffenden Immersionsflüssigkeit gefüllt und dann durch Prisma und Flüssigkeit hindurch ein senkrechter Stab, z. B. die senkrechte Sparre eines Fensterkreuzes, betrachtet, so darf deren Bild in seinem Verlaufe keine merkliche Abänderung erfahren und nur schwache Farbensäume zeigen, wenn die Flüssigkeit das richtige Brechungs- und Farbenzerstreuungsvermögen besitzen soll.

Die von Dippel durchgeführte Prüfung dieser Zeifsschen Systeme für homogene Immersion ergab glänzende Resultate. Es erscheinen die subtilsten organischen Objekte jeglicher Art in der schönsten Weise gezeichnet; die Bilder besitzen eine solche Schärfe und Bestimmtheit, und die Lichtstärke derselben ist so bedeutend, dafs diese Systeme die Anwendung der stärksten Okulare ohne merkbare Beeinträchtigung der genannten Eigenschaften ertragen, zudem ist der Abstand der Frontlinse von dem Objekte ein verhältnismäfsig grofser, so dafs bei dem stärksten System noch Deckgläser bis zu 0,2 mm Dicke in Gebrauch genommen werden können. Das Auflösungsvermögen erreicht ein bedeutendes Mafs, erlangt jedoch seine volle Ausbeutung nur bei solchen Objekten, welche in ein Medium eingeschlossen sind, dessen Brechungsexponent 1,25 überschreitet (Kanadabalsam, Glycerin, Glyceringelatine etc.). Die höchste Wirkung erzielt man mit diesen Systemen bei möglichst schiefer Beleuchtung. Da jedoch hierfür die Verwendung des Hohlspiegels allein nicht ausreicht, so gibt Zeiss für den Fall, dafs andere Beleuchtungs-Apparate fehlen, jedem homogenen System eine kleine halbkugelige Linse bei, welche mittels eines Tropfen Öls, Wassers oder Glycerins mit der Unterseite des Objektträgers, möglichst genau zentral, durch Einsenken in das Loch des Objekttisches, verbunden werden kann. Eine geringe Verschiebung des Hohlspiegels aufser der optischen Axe gewährt damit die verschiedenartigsten Grade der schiefen Beleuchtung.

Angesichts der bedeutenden Leistungsfähigkeit dieser Systeme haben dieselben denn auch, trotz ihres verhältnismäfsig hohen Preises, rasche Verbreitung und Aufnahme gefunden, so dafs gegenwärtig schon die meisten hervorragenden Mikroskopfabrikanten des In- und Auslandes solche Systeme herstellen. So fertigen z. B. gegenwärtig Powell and Lealand in London 8 solcher Systeme von $\frac{1}{8}''$ bis $\frac{1}{25}''$ Brennweite zum Preise von 240—600 M.; C. Vérick in Paris 3 Systeme von $\frac{1}{12}''$, $\frac{1}{16}''$ und $\frac{1}{21}''$ Brennweite à 200 frs., 250 frs. und 350 frs.; Hartnack in Potsdam 3 Systeme von $\frac{1}{12}''$, $\frac{1}{18}''$ und $\frac{1}{24}''$ à 200 M., 250 M. und 350 M.; Carl Reichert in Wien 3 Systeme von $\frac{1}{15}''$, $\frac{1}{20}''$ und $\frac{1}{25}''$ à 100 fl., 150 fl. und 200 fl. ö. W.; Zeifs in Jena 3 Systeme von $\frac{1}{8}''$, $\frac{1}{12}''$ und $\frac{1}{18}''$ à 240 M., 320 M. und 400 M.; Seibert und Krafft in Wetzlar 4 Systeme von $\frac{1}{8}''$, $\frac{1}{12}''$, $\frac{1}{15}''$ und $\frac{1}{20}''$ à 120 M., 200 M., 260 M., 320 M.; E. Leitz in Wetzlar 3 Systeme von $\frac{1}{12}''$, $\frac{1}{15}''$ und $\frac{1}{18}''$ à 100 M., 130 M. und 180 M.; F. W. Schieck in Berlin 1 System von $\frac{1}{16}''$ zu 200 M.

Schliefslich darf für den Gebrauch dieser Systeme eine von Zeifs ausgesprochene Warnung nicht unerwähnt bleiben.

Die genannten Objektivsysteme sind infolge des grofsen Öffnungswinkels äufserst empfindlich gegen die geringste Abweichung in der Zentrierung. Da eine solche aber schon durch die kleinsten Staubteilchen, welche in die Schraubengänge gelangen möchten, hervorgerufen werden kann, so hüte man sich, die Linsenkombination auseinander zu schrauben.

VII. Beleuchtungsapparate.

Nächst Objektiv und Okular ist der Beleuchtungsapparat der wichtigste Teil eines zusammengesetzten Mikroskopes. Vermag auch ein noch so vorzüglicher Beleuchtungsapparat die Wirkung eines mangelhaft konstruierten Objektives und Okulares nicht zu beseitigen oder zu verbessern, so wird doch die Brauchbarkeit eines sonst optisch noch so vollendeten Mikroskopes mehr oder weniger beeinträchtigt durch mangelhafte Beleuchtungseinrichtungen.

Der Umstand, dafs durchsichtige Objekte durchgehendes, undurchsichtige dagegen auffallendes Licht erfordern, manche Objekte starkes, andere wieder schwaches Licht verlangen, hier zur vollständigen Durchforschung eines Objektes parallel, dort divergierend oder convergierend einfallendes Licht notwendig wird, andere wieder schief einfallendes Licht erheischen, bedingt, dafs ein allgemein brauchbarer Beleuchtungsapparat mehrfachen Zwecken entsprechen mufs.

Am häufigsten kommt in der Mikroskopie die Beobachtung bei durchgehendem Lichte vor, sei es, dafs die Objekte schon von vorneherein hierfür passend sind, oder erst durch Präparation in geeigneter Weise dazu hergerichtet werden, es soll daher von den diesem Zwecke entsprechenden Beleuchtungsvorrichtungen in erster Linie gesprochen werden.

Ein solcher Beleuchtungsapparat mufs folgenden Anforderungen entsprechen:

1) Er mufs das Licht in allen Richtungen auf das Objekt senden können, dabei aber doch eine solche Einrichtung besitzen, dafs seine optische Achse genau in

die optische Achse des Gesamtinstrumentes gebracht werden kann.

2) Er muſs mit den Mitteln ausgestattet sein, welche es ermöglichen, parallele, konvergierende, divergierende und schiefeinfallende Lichtstrahlen, dem jeweiligen Bedürfnisse entsprechend, zur Beleuchtung des Gesichtsfeldes zu verwenden.

3) Er muſs möglichst viele und feine Abstufungen in der Intensität des Lichtes zulassen.

4) Er muſs die Anwendung eines Lichtkegels bald von kleinerer, bald von gröſserer Öffnung gestatten.

Der erste und wichtigste Apparat bei der Beleuchtung mit durchgehendem Lichte ist der Spiegel. Zweckmäſsig ist es, und bei den neueren Mikroskopen ist dies durchgehends der Fall, wenn derselbe auf der einen Seite plan, auf der andern konkav geschliffen ist; erstere Seite wendet man im allgemeinen bei schwacher, letztere dagegen bei starker Beleuchtung an. Beide Spiegelflächen werden jetzt allgemein aus Glas hergestellt; sie liefern ein helleres und weiſseres Licht als Metallspiegel und sind überdies bedeutend wohlfeiler herzustellen. Der Umstand, daſs bei den Glasspiegeln sowohl die vordere als auch die hintere Fläche reflektierend wirkt, übt in diesem Falle keinen nachteiligen Einfluſs aus, weil es sich hier ja nicht um das Bild eines Gegenstandes, sondern um das einer erleuchteten Fläche handelt. Da der Spiegel gestatten muſs, das Licht in allen erforderlichen Richtungen auf das Objekt zu leiten, so versteht es sich von selbst, daſs er unter verschiedenen Winkeln muſs gestellt werden können, daſs ihm also eine möglichst groſse Beweglichkeit erteilt werden kann. Zu diesem Zwecke ist der Spiegel an unseren mittleren und kleinen Modellen mit in Gelenken beweglichen Armen versehen, welche ihm jede gewünschte Seitenbewegung sowie Neigung gegen die Horizontalebene gestatten; nur einige der deutschen Modelle ersten Ranges ermöglichen auch eine wünschenswerte nach vorne gerichtete Bewegung, die durch die Möglichkeit der Drehung des Instrumentes um seine optische Achse nicht ausreichend ersetzt werden kann. So wichtig für die Beleuchtung die Beweglichkeit des Spiegels ist, so notwendig ist es aber auch, dass derselbe jederzeit möglichst bequem wieder zentriert, d. h. in die optische Achse des Gesamtinstrumentes zurückgebracht werden kann, denn nur in dieser Stellung fällt das Licht gleichmäfsig auf alle Teile des Objektes.

Um schwaches Licht zu verstärken, zu konzentrieren, dann um den Lichtstrahlen je nach Bedürfnis eine konvergierende oder divergierende Richtung zu erteilen, dient, wenigstens an den kleinen und mittleren Modellen, heute fast allgemein der zuerst von Dujardin konstruierte Strahlensammler, Kondensator oder Kondensor. Es ist dies eine meist plankonvexe Sammellinse von nicht zu grofser Brennweite, welche mit der planen Seite nach aufwärts gerichtet, zwischen Spiegel und Objekttisch eingeschaltet wird. Über die Wirkungsweise des Kondensors verweise ich auf Harting: »Das Mikroskop etc.« 2. Aufl. I. Teil S. 232—234. Zur Regulierung der Lichtstärke trägt derselbe auf der dem Objekte zugewendeten Seite gewöhnlich einige Zentralblenden von verschiedenem Durchmesser.

So wertvoll die Wirkung eines solchen Kondensors zur Erzielung der gewünschten Beleuchtungsmodifikationen auch ist, so reicht er eben doch nicht für alle Fälle aus. Die Auflösung besonders schwieriger Testobjekte und die Differenzierung verwickelter Strukturverhältnisse hängt eben nicht allein von der Vollkommenheit der betreffenden Objektive, sondern zum grofsen Teil auch von der Zweckmäfsigkeit der Beleuchtungseinrichtungen ab. Dieser Umstand veranlafste den wiederholt rühmlichst genannten Professor Dr. Abbe in Jena, einen Beleuchtungsapparat zu konstruieren, der den an ihn zu stellenden Anforderungen in erhöhterem Mafse als bisher entspricht; es ist dies der nach ihm benannte Abbesche Beleuchtungsapparat, der im Jahre 1873 zuerst von Zeifs in Jena angefertigt wurde und seit dieser Zeit, trotz der traditionellen Abneigung der deutschen Mikroskopiker gegen den Gebrauch künstlicher Beleuchtungsvorrichtungen eine ansehnliche Verbreitung gefunden hat.

Dieser Apparat, wie ihn Zeifs in Jena liefert, besteht aus einem Linsensystem (Kondensor) von sehr grofsem Öffnungswinkel, einem Diaphragmenträger samt Blendungen und einem Plan- und Hohlspiegel, welche drei Teile nach der neueren Konstruktion zu einem Stücke, ähnlich dem »Substage« der englischen Mikroskope, vereinigt sind. Er ist in eine Kulisse unterhalb des Objekttisches einzuschieben, nachdem der gewöhnliche Beleuchtungsspiegel daraus entfernt ist. Die nach oben gekehrte plane Fläche des Linsensystemes soll dabei nur wenig unter der Tischebene zurückstehen, so dafs sie die untere Fläche des Objektträgers beinahe berührt. Der Apparat ist sowohl für die Beobachtung mit durchfallendem Lichte, als auch mit Dunkelfeldbeleuchtung verwendbar.

Im ersteren Falle kommen die Blendungsscheiben mit zentralen Öffnungen in Anwendung. Im allgemeinen ist dabei stets die Anwendung der engsten Blendung zu empfehlen, welche noch genügende Helligkeit gewährt. Ganz ohne Diaphragma verwendet gibt der Kondensor stets eine ungünstige Beleuchtung.

Um eine Blendung einzulegen oder zu wechseln, wird der Diaphragmenträger um den seitlich stehenden Zapfen nach der rechten Seite hin unter dem Objekttische hervorgedreht und nachher wieder vollständig zurückgeschlagen. Der Trieb am Diaphragmenträger dient dazu, die Beleuchtungsöffnung mehr oder weniger weit aus der zentralen Stellung herauszubewegen und sie zugleich, nachdem sie exzentrisch gestellt ist, um die Achse des Mikroskopes herumzuführen. Durch ersteres erzielt man alle Abstufungen der schiefen Beleuchtung; durch die Drehung, bei welcher der Trieb nur als Hebel benutzt wird, verändert man die Richtung des Lichteinfalles in der schiefen Beleuchtung.

Die zentrale Stellung des Diaphragmas, welche die gerade Beleuchtung liefert, wird durch das Einspringen eines federnden Zahnes während der Drehung des Triebes um seine Achse markiert.

Zur Beobachtung mit Dunkelfeldbeleuchtung dient eine sternförmige Zentralblende, welche an Stelle der Lochblenden in den Diaphragmenträger eingelegt und stets in zentraler Stellung gehalten wird. Hierbei ist jedoch bei den mittelstarken und starken Objektivsystemen eine Reduktion der Öffnung erforderlich oder wenigstens vorteilhaft. Hierzu dienen Blendungen, welche entweder auf die oberste (innerste) Linse des Systemes eingelegt oder, wo die Linsenfassung von dem Trichterstücke abzuschrauben ist, in Form eines Zwischengewindes zwischen System und Trichter eingeschraubt werden.

Die Blendung mufs jedesmal wieder entfernt werden, wenn das System zur Beobachtung mit durchfallendem Lichte benutzt werden soll.

Objektive mit Korrektionsfassung eignen sich nicht zur Verwendung mit Dunkelfeldbeleuchtung, weil sich bei ihnen die Abblendung der Randzone durch ein Diaphragma nicht wohl bewerkstelligen läfst.

Da bei dieser Beleuchtungsweise die wirksamen Strahlen, wie bei der Beleuchtung mit durchgehendem Lichte, das Objekt durchdringen müssen, so ist sie nicht auf Objekte anwendbar, welche eine undurchsichtige Schicht bilden.

Beim Gebrauch des Beleuchtungsapparates wird in der Regel der Planspiegel verwendet. Nur beim Beobachten mit ganz schwachen Objektiven, wo der Planspiegel öfters nicht das ganze Sehfeld gleichmäfsig zu beleuchten erlaubt, verwendet man den Hohlspiegel. In jedem Falle braucht der Spiegel, nachdem er einmal auf volle Beleuchtung eingestellt ist, beim Wechseln der Diaphragmen nicht verändert zu werden.

Wenn es sich beim Gebrauch von Immersionslinsen um eine möglichst schiefe Beleuchtung, oder wenn es sich um Dunkelfeldbeleuchtung unter starker Vergröfserung handelt, ist es vorteilhaft, einen Tropfen Wasser auf die Planfläche der obersten Kondensorlinse zu bringen, um den

Zwischenraum zwischen ihr und der unteren Fläche des Objektträgers durch ein stärker brechendes Medium als Luft auszufüllen.

Dieser Beleuchtungsapparat dient übrigens nicht nur den voraufgeführten speziellen Zwecken, sondern gewährt überhaupt beim regelmäfsigen Arbeiten mit dem Mikroskope eine wesentliche Hilfe, indem er eine bequemere und sicherere Regulierung und eine viel ausgiebigere Abstufung des Lichtes bei der gewöhnlichen zentralen Beleuchtung möglich macht. Diese Vorteile werden aber am meisten demjenigen zugute kommen, der sich entschliesst, ihn als ständige Beleuchtungsvorrichtung bei allen Arbeiten in Gebrauch zu nehmen und sich die paar Handgriffe, die seine Benutzung erfordert, recht geläufig zu machen. Allerdings kann dieser Apparat nur den gröfseren Stativen angepafst werden.

Vertikaler oder opaker Illuminator. Dieser Apparat, der ursprünglich in England konstruiert wurde, um unbedeckte opake Gegenstände mit Trockensystemen bei starken Vergröfserungen gründlich durchsuchen zu können, hat zwar für den genannten Zweck bei uns nur eine kühle Aufnahme und spärliche Verwendung gefunden, doch wird derselbe seit Einführung der Systeme für homogene Immersion in anderer Weise mit sehr grofsem Vorteil in Gebrauch genommen. Derselbe eignet sich nämlich vorzüglich zur Auflösung sehr schwieriger Testobjekte mittels Immersionslinsen, wenn die Objekte trocken liegen und am Deckglase kleben.

Der bei Auflösung sehr schwieriger Testobjekte gewöhnlich benutzte Immersions-Kondensor, eine kleine halbkugelige Linse, welche mittels eines Tropfen Öls, Glycerins oder Wassers mit der Unterseite des Objektträgers verbunden wird, ist nämlich nur dann von Vorteil, wenn die Objekte in Balsam eingeschlossen oder trocken auf den Objekttisch gelegt sind, während er für Objekte, die trocken am Deckglase befestigt sind, praktisch keinen Wert hat, weil die von ihm bei schiefer Beleuchtung ausgehenden Lichtstrahlen meist unter einem derartigen Winkel auffallen, dafs sie von der oberen Fläche des Objektträgers total reflektiert werden und so nie die zwischen Deckglas und Objektträger befindliche Luftschichte bis zum Objekte hin passieren können. Hieraus ergibt sich die Notwendigkeit, einen Kondensor oberhalb des Tisches so anzubringen, daſs er sein Licht von oben herab auf das Deckglas sendet, an welchem die zu untersuchenden Objekte haften. Als solcher Kondensor kann nun bequem das Immersionssystem selbst dienen, und die erforderliche schiefe Beleuchtung desselben wird leicht erhalten, wenn zwischen den Trichter des Mikroskoptubus und das Objektiv ein sogenannter vertikaler oder opaker Illuminator eingeschaltet wird.

Dieser Illuminator besteht aus einer kurzen Hülse, welche seitlich für den Eintritt des Lichtes einen Schlitz hat, und in deren Innerem sich ein kleiner Reflektor (ein kleines Silberspiegelchen oder Spiegelglas) befindet, welches indes das Gesichtsfeld nur teilweise ausfüllt. Der Reflektor ist um eine horizontale Achse drehbar, und kann so gestellt werden, daſs das durch die Seitenöffnung einfallende Licht in der Richtung der Achse des Mikroskopes reflektiert wird. Das Licht selbst empfängt der Reflektor durch einen Petroleum-Flachbrenner.

Die Anwendung des Apparates ist nun folgende. Man schraubt an den Mikroskoptubus den Illuminator und an diesen das Immersionssystem. Dann bringt man die Lampe, die schmale Seite der Flamme gegen das Mikroskop gerichtet, in einer Entfernung von etwa 2 dm vor die seitliche Öffnung des Illuminators in einer solchen Höhe, daſs eine durch die Mitte dieser Öffnung gelegt gedachte Horizontalebene gerade den unteren Teil der Flamme durchschneidet oder den oberen Teil des Dochtes berührt, und dreht nun die spiegelnde Fläche des Reflektors so, daſs ein deutliches Bild der Flamme im Gesichtsfelde erscheint. Das Bild ist am hellsten und erscheint am besten begrenzt, wenn die schmalste Seite der Flamme dem Instrumente zugekehrt ist. Es läſst sich dies leicht ermitteln, wenn man die Lampe um ihre Achse etwas dreht, während man in das Mikroskop sieht. Im Gesichtsfelde erscheint nun nichts als ein schmaler Lichtstreifen, der dasselbe, wenn die lichteinlassende Öffnung nach vorne gerichtet ist, von vorne nach hinten durchschneidet. Bringt man nun eine trocken am Deckgläschen haftende Diatomee in das Bild der Flamme und stellt man genau ein, so erscheinen ihre Zeichnungen schön und deutlich aufgelöst, vorausgesetzt, daſs dieselben quer gegen die Lichtlinie liegen.

Die Gröſse der Öffnung, durch welche das Licht auf den Reflektor fällt, kann reguliert werden, und lassen sich die hierbei zu beachtenden Vorteile leicht aneignen, wenn man berücksichtigt, daſs das Licht nur auf die Hälfte der spiegelnden Fläche fallen soll, da die andere für den Durchgang der Strahlen von dem Objekte nach dem Okular frei zu lassen ist.

Die bei der Untersuchung gebrauchten Systeme können sowohl in Wasser als auch in Zedernholzöl tauchen; namentlich geben letztere wundervoll schöne und klare Bilder. Zu beachten ist, daſs während der Untersuchung unter Anwendung des künstlichen Lichtes der gewöhnliche Beleuchtungsapparat durch Abblenden oder Verstellen auſser Funktion gesetzt wird, da auſserdem die Wirkung des Vertikal-Illuminators beeinträchtigt würde.

Um das Objekt an das Deckgläschen festzukleben, befeuchtet man letzteres sehr schwach mit Nelkenöl oder Zedernholzöl, auch Terpentinöl kann hierzu benutzt werden, und bringt sodann das Objekt auf die befeuchtete Stelle. Nach kurzer Zeit wird das flüchtige Öl verdunstet sein und das Objekt dadurch fest am Deckglase haften.

Solche Illuminatoren fertigen gegenwärtig Reichert in Wien, Seibert in Wetzlar und Zeiſs in Jena und beträgt ihr Preis 10 bis 15 ℳ.

Zur Beleuchtung undurchsichtiger Gegenstände wendet man auffallendes Licht an. Da wohl die meisten Beobachtungen solcher Gegenstände bei nur mäſsigen Vergröſserungen vorgenommen werden und unsere modernen Objektivsysteme für schwache und mittelstarke Vergröfserungen Öffnungen besitzen, die grofs genug sind, um ein Strahlenbündel von hinreichender Helligkeit durchzulassen, so ist man gegenwärtig weit seltener als früher in die Notwendigkeit versetzt, konzentriertes Licht zu verwenden. Ist solches jedoch erforderlich, so führen verschiedene Mittel zum Ziele.

Fig. 31.
Hartnack's neues kleines Modell Nro. III A. mit Beleuchtungslinse.

Meist erfolgt hier die Lichtverstärkung durch eine plankonvexe Sammellinse von verhältnismäfsig grofser Brennweite, welche entweder mittels in Gelenken beweglicher Arme am Tubus des Mikroskopes befestigt ist, wie in Fig. 31, oder, was den Vorzug verdient, auf schwerem Fufse ruhend frei vor dem Mikroskope so aufgestellt wird, dafs durch dieselbe ein hinreichend konzentriertes Strahlenbündel auf das Objekt fällt, wie in Fig. 32. Ist hierbei das Objekt so klein, dafs es nur einen Teil des Gesichtsfeldes ausfüllt, so ist zur Erzielung einer entsprechenden Wirkung nötig, dafs das übrige Gesichtsfeld eine passende Färbung erhält. Hierzu genügen in den meisten Fällen matt gehaltene schwarz, weifs, blau oder grün gefärbte Täfelchen, auf welche die zu untersuchenden Objekte gelegt werden.

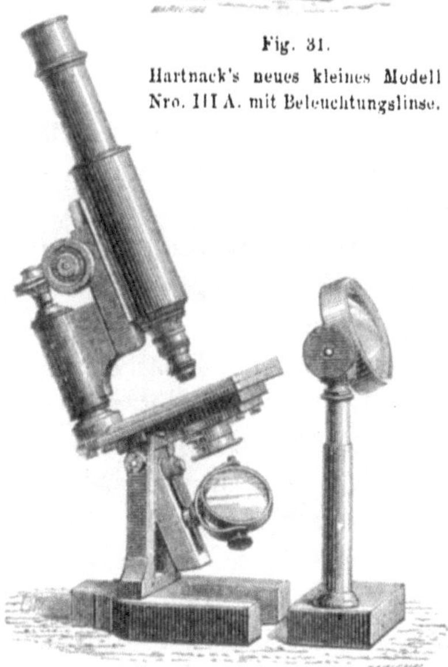

Fig. 32.
Hartnack's neues grofses Modell Nro. VII A mit Beleuchtungslinse.

An Stelle einer Sammellinse, die übrigens unbestrittene Vorzüge besitzt, verwendet man zur Beleuchtung mit auffallendem Lichte auch einen durchbohrten konkaven Metallspiegel, wie er zuerst von Lieberkühn für das einfache Mikroskop in Anwendung kam, der mit dem Objektivsystem derart verbunden wird, dafs seine hohle, spiegelnde, dem Objekte zugekehrte Fläche durch den gewöhnlichen Beleuchtungsspiegel ein Lichtbündel empfängt, und dieses, wie Fig. 33 im Durchschnitt zeigt, auf das Objekt reflektiert. Hierbei ist aber darauf zu achten, dafs keine Lichtstrahlen vom Spiegel direkt auf das Objektiv gelangen. Man erreicht diese Absicht am vollkommensten, wenn man in die Hülse, welche zur Aufnahme der Lochblenden bestimmt ist, eine Zentralblende einsetzt, deren Durchmesser möglichst genau mit dem Durchmesser der Frontlinse des Objektivsystemes übereinstimmt; auch ein eingeschalteter Kondensor mit entsprechend grofser Zentralblende erfüllt diese Aufgabe.

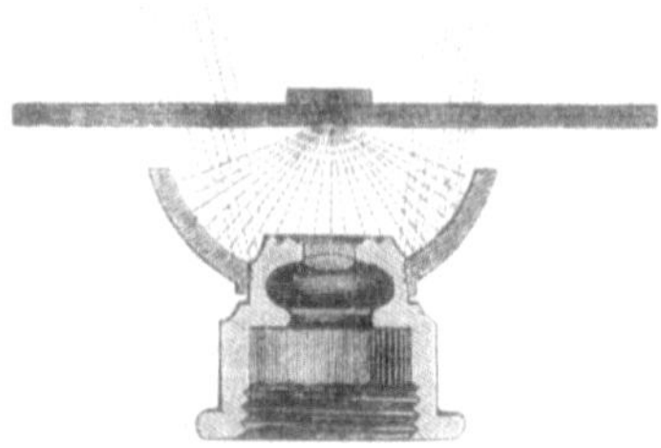

Fig. 33.
Objektiv mit aufgeschraubtem Lieberkühn'schen Beleuchtungsspiegel mit angedeutetem Gang der Lichtstrahlen.

Bei Untersuchung des optischen Verhaltens mancher Objekte, insbesondere bei krystallographischen Untersuchungen, ist die Benutzung des polarisierten Lichtes von hoher Bedeutung. Zur Polarisierung des Lichtes verwendet man beim Mikroskope jetzt ausschliefslich die Doppelbrechung, hervorgerufen durch Nicol'sche Prismen. Wie bei allen Polarisationsapparaten mufs auch hier das Gesichtsfeld zunächst durch polarisiertes Licht erleuchtet und sodann dieses polarisierte Licht durch ein zweites Polarisationsmittel ins Auge geleitet werden. Den ersten Zweck erfüllt ein Nicol, das in die Hülse des Schlittenapparates, auf den Ring des Substage oder in den Diaphragmenträger des Abbe'schen Beleuchtungsapparates eingesetzt und mit einer der gewöhnlichen Lochblenden bedeckt wird (Polarisator). Zur

Erreichung des zweiten Zweckes benutzt man ein zweites Nicol (Analysator), das entweder in die Mikroskopröhre zwischen Objektiv und Okular eingeschoben oder auf letzteres aufgesetzt wird. Beide Einrichtungen sind in Gebrauch, in beiden Fällen aber ist Nicol und Okular meist zu einem Ganzen vereinigt; zum Ablesen der Drehungen des Analysators ist an demselben in der Regel ein Teilkreis angebracht.

Stehen die beiden Polarisationsebenen rechtwinkelig aufeinander, dann ist das Gesichtsfeld dunkel; sind sie parallel, dann ist es hell. Je dunkler sich dasselbe in der ersten und je heller es sich in der zweiten Stellung zeigt, desto vollkommener ist die Polarisation. Wird sonach Polarisator oder Analysator nach und nach um einen rechten Winkel (90°) gedreht, so kommen allmählich alle Beleuchtungsabstufungen vom unbeleuchteten bis zum vollbeleuchteten Gesichtsfeld zum Vorschein.

Da bekanntlich durch die Polarisation das Licht in zwei Strahlenbündel gespalten wird, von welchem nur eines durchgelassen, das andere aber reflektiert wird und diese Spaltung sich zweimal wiederholt, so zeigt bei Anwendung des polarisierten Lichtes, auch bei vollkommen paralleler Stellung beider Polarisationsebenen, das Gesichtsfeld bedeutend geringere Helligkeit als bei Anwendung des gewöhnlichen Lichtes (weniger als ¼ dieser Lichtstärke); es ist daher gerade hier die Benutzung stark konzentrierten Lichtes sowie die Vermeidung sehr starker Vergröfserungen dringend geboten. Weiteres hierüber bei Besprechung des Polarisations-Mikroskopes.

Nun noch einige Bemerkungen über das günstigste zur Beleuchtung dienende Tageslicht und über künstliche Beleuchtung.

Das günstigste Licht, welches man zu mikroskopischen Beobachtungen haben kann, ist dasjenige, wie es ein leicht und gleichmäfsig mit weifsen Wolken bedecktes Firmament bietet. Direktes Sonnenlicht ist nur zu gebrauchen, wenn es sich um die Beleuchtung undurchsichtiger Körper bei auffallendem Lichte handelt; in allen anderen Fällen ist dasselbe, auch wenn es durch gefärbte Gläser so geschwächt ist, dafs das Auge durch die Beobachtung nicht angegriffen wird, unbedingt zu verwerfen, da hierbei die Konturen der Objekte infolge starker Beleuchtung und der allenthalben stattfindenden Reflexion wie mit einem Heiligenscheine umgeben sich darstellen, wodurch ein flimmerndes und verschwommenes Bild erzeugt wird. Ganz blauer Himmel gibt zu sehr diffuses, die Augen in hohem Grade anstrengendes Licht, und zu stark oder mit grauen Wolken bedeckter Himmel zu wenig Licht. Am schlimmsten aber sind Tage, an denen schnell ziehende Wolken die Beleuchtung fortwährend ändern. Die hierdurch hervorgerufenen Störungen und unausgesetzten Beleuchtungsregulierungen sind geradezu unerträglich und wer nur immer kann, vermeide zu solchen Zeiten mikroskopische Untersuchungen.

Ist nun auch das direkte Sonnenlicht unbrauchbar, so eignet sich doch das auf die eine oder andere Art zerstreute oder diffus gemachte Sonnenlicht recht gut zu mikroskopischen Beobachtungen. Man versetzt dasselbe in einen solchen Zustand entweder dadurch, dafs man es durch einen halbdurchsichtigen Körper, etwa durch eine Glasplatte, die auf e i n e r Seite matt geschliffen ist, gehen läfst, wodurch ein Teil der Lichtstrahlen absorbiert oder reflektiert wird, während die übrigen durchgehenden Strahlen zur Beleuchtung des Gesichtsfeldes dienen, oder auch dadurch, dafs man das von einer beleuchteten weifsen Fläche, etwa einer beleuchteten weifsen Wand, reflektierte Licht auffängt und zur Beleuchtung verwendet; auch kann man den Spiegel mit einem Stückchen sehr weifsen Papieres bedecken und dann das Sonnenlicht direkt auf denselben fallen lassen. Welches Mittel in jedem gegebenen Falle den Vorzug verdient, ist Sache der Übung und Erfahrung, und mufs der angehende Mikroskopiker auch diesem Faktor seine volle Aufmerksamkeit zuwenden.

Wichtig ist endlich auch die Abhaltung des auffallenden Lichtes von einem Objekte, wenn man bei durchgehendem oder polarisiertem Lichte beobachtet; sie ist umsomehr nötig, je schwächere Vergröfserungen angewendet werden. Diese Lichtabhaltung erreicht man meist in genügender Weise, wenn man auf dem Objekttische vor dem Objekte, gegen die Richtung des einfallenden Lichtes zu, einen kleinen Schirm aus mattgeschwärztem Papier aufstellt, oder am unteren Ende des Tubus einen solchen Schirm derart festklebt, dafs dadurch das Objektiv dem Objekte sich noch ungehindert nähern kann.

Die Frage, ob künstliches Licht — Petroleum- oder Gaslicht — mit vollem Erfolg und ohne Schädigung unserer Augen das Tageslicht zu ersetzen vermag, wird seitens mafsgebender Autoren teils bejahend, teils verneinend beantwortet. Harting und mit ihm mancher andere, hält eine zweckmäfsige künstliche Beleuchtung für vollkommen brauchbar, betont besonders, dafs namentlich in unsern Breiten bei der Unbeständigkeit der Beleuchtung infolge des veränderlichen Zustandes des Himmels, eine künstliche Beleuchtung das Tageslicht ohne die geringste Benachteiligung der Augen vollkommen zu ersetzen vermag. Andere wieder, so namentlich Dippel, glauben eine Beobachtung bei künstlichem Lichte nicht empfehlen zu können, Dippel ist überdies der Anschauung, dafs jeder, der das Mikroskop brauchen will und mufs, auch am Tage die nötige Zeit finden wird, um seine Beobachtungen auszuführen.

Es sei mir gestattet, meine persönlichen auf jahrelange Übung sich stützenden Wahrnehmungen in dieser Sache hier mitzuteilen. Ich bin mittelstark myopisch und mein Beruf gestattet mir nur in beschränktem Mafse, die Tagesstunden mikroskopischen Beobachtungen und Untersuchungen zu widmen. Anfangs ging ich nur mit Widerwille an die Benutzung der künstlichen Beleuchtung und vermied dabei namentlich jede starke Vergröfserung ängstlich; bald gewöhnte ich mich aber an das Fremdartige einer solchen Beleuchtung, fand es sehr bequem, hierbei in der Arbeit nicht fortwährend durch Regulierung der Spiegelstellung gestört zu werden und ging, da meine Augen sich dabei ganz wohl befanden, alsbald zu jeder erforderlichen Vergröfserung über, so dafs ich mit voller Überzeugung die Behauptung aussprechen kann, dafs mir meine künstliche Beleuchtung mindestens geradeso lieb ist als das Tageslicht unseres wetterwendischen Frühlings. Wie der das mikroskopische Sehen Erlernende sich anfangs weit weniger durch das Bestreben, seine Augen den verschiedenen Tiefen des Gesichtsfeldes entsprechend zu accommodieren, sondern mehr durch das konzentrierter als beim gewöhnlichen Sehen in das Auge gelangende Licht belästigt fühlt, was eine Überreizung seiner Augen herbeiführt, so dafs er oft thränenden Blicks sich vom Mikroskope abwendet, so wirkt auch das künstliche Licht, welches einer dem Instrumente verhältnismäfsig nahestehenden Lichtquelle entströmt, anfangs eigenartig auf die Augen. Das Mifsliche dieser Erscheinung wird übrigens bald überwunden sein.

Ich halte eine Petroleumlampe, deren Flamme in eine gleichmäfsig matt geschliffene Glaskugel eingeschlossen ist, für die zweckmäfsigste Beleuchtung. Ein Mittel, um die Farbe dieses Lichtes zu ändern, habe ich, weil durch letztere nie belästigt, nicht anzuwenden versucht.

VIII. Mechanische Einrichtung.

Mufs auch gröfstmögliche opische Vollkommenheit als Haupterfordernis eines guten Mikroskopes betrachtet werden, so ist doch die mechanische Einrichtung desselben keineswegs gleichgültig, und wenn auch gerne anerkannt wird, dafs manche tüchtige Forscher mit mechanisch höchst unvollkommenen Instrumenten die wertvollsten Arbeiten ausgeführt haben, so ist doch ebenso gewifs, dafs solches wohl einem geübten Beobachter, aber schwerlich einem Neuling möglich sein dürfte, und dafs es niemals und bei keiner Arbeit Nutzen bringt, sich schlechter Werkzeuge zu bedienen.

Von allen zu wissenschaftlichen Untersuchungen dienenden Instrumenten hat wohl keines hinsichtlich seiner

Bauart, Form und mechanischen Einrichtung eine gröfsere Mannigfaltigkeit aufzuweisen, als das Mikroskop. Es ist daher an dieser Stelle unmöglich, die einzelnen im Laufe der Jahre zur Ausbildung gelangten Typen zu besprechen, es sollen vielmehr lediglich jene Einrichtungen hier Berücksichtigung finden, welche unseren modernen deutschen Mikroskopen zu Grunde gelegt sind.

Die mechanische Gesamteinrichtung, welche die Bestimmung hat den optischen Apparat aufzunehmen, bezeichnet man mit dem Namen Stativ. Der Träger des ganzen Statives ist der Fufs mit der Säule. Die, mit Ausschlufs der ganz kleinen und Reise-Instrumente, jetzt allgemein gebräuchliche Form des Fusses besteht aus einem einzigen, meist hufeisenförmig geschwungenen Messingstück von ansehnlicher Schwere und verhältnismäfsig grofser Basis, so dafs der darauf konstruierte Oberkörper hinlängliche Stabilität erlangt. Mit dem Fufse steht unmittelbar die Säule in Verbindung, welche in der Regel den Beleuchtungsapparat, den Objekttisch mit Zubehör und den eigentlichen Körper, den zur Aufnahme der Objektive und Okulare dienenden Tubus, trägt. An der Säule sind auch meist die Hilfsmittel zur Einstellung, d. h. zur senkrechten Bewegung des Tubus, sowie das zur allenfallsigen Schiefstellung des Instrumentes dienende Charnier befestigt.

Der Tubus, der bei unseren Instrumenten gewöhnlich eine Länge von 160—200 mm besitzt, trägt an seinem unteren Ende eine Schraube zur Aufnahme der Objektive. Die Schraube besitzt das sogenannte Hartnack'sche Gewinde, doch ist es zweckmäfsig, wenn der Tubus aufserdem an einem kurzen Ansatzstücke das allgemein verbreitete englische Gewinde (Society-screw) führt. Die so praktische Befestigung der Objektive am Tubus durch die sogenannte Bajonettverbindung findet bei den deutschen Optikern keinen Anklang. Das Okular wird lediglich in den Tubus eingeschoben. Zur Abhaltung der Randstrahlen sind im Innern des Tubus an geeigneter Stelle Diaphragmen angebracht, auch ist die Innenseite desselben sowie aller Hülsen zur

Fernhaltung jeder schädlichen Reflexion matt geschwärzt. Von grofsem Vorteile ist es, wenn der Tubus aus zwei ineinander verschiebbaren Röhren zusammengesetzt ist, so dafs der Abstand des Okulares vom Objektive verkürzt oder verlängert werden kann. Diese Einrichtung, welche sich in der Neuzeit an allen besseren Instrumenten findet, bietet den Vorteil, die optische Vollkommenheit des Mikroskopes in jedem einzelnen Falle auf den höchst zu erreichenden Grad zu steigern, denn der ein für allemal unabänderlich angenommene Abstand zwischen Okular und Objektiv kann nicht für jede Objektiv- und Okularkombination die vorteilhafteste sein; eine Untersuchung wird darüber Aufschlufs geben, bei welcher Tubuslänge mit jeder Kombination der gröfste Erfolg erzielt wird. Ein weiterer Vorteil der Einrichtung eines Auszugtubus besteht darin, dafs durch dieselbe, wie später besonders dargelegt wird, die jeweilige Vergröfserung eine wünschenswerte Abrundung erfahren kann. Zur bequemen Erreichung dieses Zweckes ist es wünschenswert, dafs die Auszugsröhre eine Teilung trägt, an deren Hand dann genaue, den verschiedenen Tubuslängen entsprechende Vergröfserungstabellen angefertigt werden können.

Noch soll einer Einrichtung Erwähnung geschehen, die sich an allen besseren englischen und amerikanischen, in neuester Zeit auch an einigen französischen (Nachet) Instrumenten befindet. Es ist dies eine Vorrichtung, wodurch das Objektiv in den Tubus zurücktreten kann, sobald es das Präparat trifft. Zu diesem Zwecke ist der untere, das Objektiv tragende Kegel des Tubus durch eine dreiteilige Führung in den Tubus eingelassen und in demselben in senkrechter Richtung beweglich, eine sehr elastische Spiralfeder fixiert seine Stellung und gestattet schon bei geringem nach aufwärts gerichtetem Drucke ein Zurücktreten desselben samt dem Objektiv. Der grofse Nutzen, welchen eine derartige Vorrichtung Anfängern wie viel beschäftigten Fachleuten bietet, ist wohl nicht zu verkennen. Von den deutschen Mikroskopverfertigern liefert gegenwärtig

J. Klönne & G. Müller in Berlin eine derartige Schutzvorrichtung um den Preis von 4 ℳ.

Die weitere Aufmerksamkeit wendet sich nunmehr der Einstellung, d. h. denjenigen mechanischen Einrichtungen zu, durch welche der Tubus mit dem optischen Apparate in die erforderliche Nähe oder Ferne vom Objekte gebracht werden kann. Bei der Wichtigkeit, welche mit vollem Rechte der möglichst grofsen Flächenausdehnung und Stabilität des Objekttisches beigelegt wird, müssen alle in Rede stehenden Bewegungsvorrichtungen dem Tubus überwiesen werden. Gewöhnlich kommen hierbei zwei solche Bewegungen, eine grobe und eine feine, in Betracht.

Die grobe Einstellung erfolgt bei unseren mittleren und kleineren Instrumenten fast ausschliefslich durch Auf- und Abschieben des Tubus in einer schwach federnden Hülse mit freier Hand und entspricht diese Einrichtung ihrem Zwecke vollkommen. Bequemer ist allerdings die zweite Einrichtung, wie sie die Stative unserer grofsen Mikroskope aufweisen, wonach diese Bewegung mittels einer an der Säule angebrachten Schraube durch Zahn und Trieb bewerkstelligt wird. Ich gehöre nicht zu denjenigen, welche der Ansicht huldigen, dafs alle Bewegungen, welche mit einer geübten Hand ausgeführt werden können, auch thatsächlich mit derselben ausgeführt werden müssen, ich finde daher in der Ausführung verschiedener Bewegungen durch Schrauben, statt durch die freie Hand, weder eine unnütze noch überflüfsige »Überladung« des Mikroskopes, mufs darin vielmehr einen wichtigen Vorzug und einen Schritt nach vorwärts erkennen, zumal wenn solche Hilfsmittel mit der Genauigkeit eines Hartnack, Seibert und Zeifs gearbeitet sind.

Die feine Einstellung, welche insbesondere bei stärkeren Vergröfserungen neben der groben erforderlich ist, erfolgt bei unseren Mikroskopen jetzt fast ausschliefslich durch eine Mikrometerschraube, d. h. durch eine Schraube von so feinem Gewinde, dafs selbst bei einer vollen Umdrehung nur eine sehr geringe Hebung oder Senkung des Tubus erzielt wird.

Fig. 34 zeigt in schematischer Darstellung die Einrichtung einer solchen Mikrometerschraube. Die sehr fein geschnittene Schraube *S* greift in einen Schraubengang des Prisma *P*, welches hierdurch in der Hülse *H* auf und ab bewegt werden kann. Der Widerstand wird durch die Spiralfeder *Sp* hervorgerufen. Durch diese Einrichtung wird, wie bei der groben, der Tubus mit dem optischen Apparat gegen den Objekttisch zu bewegt. Die grofse Sorgfalt, welche namentlich Hartnack, Leitz, Reichert, Seibert und Zeifs der Konstruktion dieser Bewegung zuwenden, beseitigt das bei den sonstigen dem gleichen Zwecke dienenden Einrichtungen für die Dauer unvermeidliche Hin- und Herrücken des Bildes, sowie auch den sogenannten toten Gang der Schraube für immer und erzielt überdies eine leichte und sanfte Drehbarkeit der Schraube.

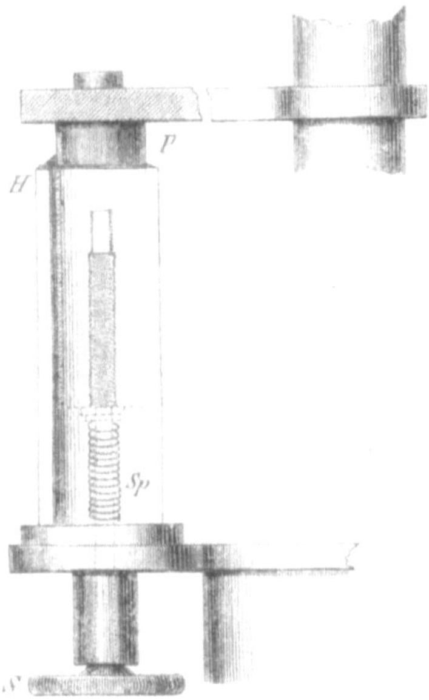

Fig. 34.
Einrichtung einer Mikrometerschraube in schematischer Darstellung.

Je nach der Konstruktion der Tubussäule findet sich diese Mikrometerschraube bei den einzelnen Mikroskopen bald über, bald unter der Säule. Wenn nicht die Anordnung anderer wichtiger Einzelnheiten, wie namentlich die des Beleuchtungsapparates, Einbufse erleidet, gebe ich der Anlage der Mikrometerschraube unter der Tubussäule aus Bequemlichkeitsgründen vor der über derselben plazierten unstreitig den Vorzug. Bei den englischen und manchen französischen Instrumenten wird zum Zwecke der feinen Einstellung nicht der ganze Oberkörper mit dem optischen Apparat gegen das Objekt zu bewegt, sondern es erfolgt dieselbe durch Annäherung beziehungsweise Entfernung des angeschraubten Objektives an resp. vom Okular. In diesem Falle kann das Objektiv in den Tubus zurücktreten, welch letzterer an seinem unteren Ende einen sogenannten Vielhebel trägt, dessen langer Arm mit Zähnen in eine an der Tubussäule befestigte Schraube ohne Ende greift, durch deren Drehung eine äufserst feine Einstellung ermöglicht wird. Mir scheint dieses Arrangement aus mancherlei Gründen, deren Auseinandersetzung hier zu weit führen würde, durchaus nicht konkurrenzfähig mit unserem deutschen zu sein. Schliefslich möchte ich noch bemerken, dafs einige Fabrikanten (Seibert, Nachet) in ihren grofsen Modellen neben den erwähnten zwei Einstellungen noch eine dritte äufserst feine Einstellung mit höchst langsamer Bewegung für die stärksten Vergröfserungen anbringen.

Bei der Vielseitigkeit in der Behandlung der verschiedenen Objekte zur Aufklärung ihrer Strukturverhältnisse ist ein zweckentsprechend gebauter Objekttisch unentbehrlich. Vor allem ist darauf zu sehen, dafs er eine Gröfse erhalte, die es gestattet, alle während der Dauer einer Beobachtung notwendigen Manipulationen mit Sicherheit und Bequemlichkeit auf ihm ausführen zu können, ohne sich weder in der Gröfse der Objektträger noch in deren Bewegung nach allen Seiten hin im mindesten beschränken zu müssen. Seine Oberfläche darf nie auffallendes Licht reflektieren, sie mufs daher matt geschliffen oder geschwärzt sein, oder es mufs in denselben, wie dieses nunmehr bei allen gröfseren Modellen der Fall ist, eine matt geschliffene und unterhalb geschwärzte Glasplatte oder eine Hartgummiplatte eingesetzt werden. Letztere beiden Einrichtungen gewähren noch überdies den Vorteil, dafs der Objekttisch nicht leicht irgendwelche Beschädigungen durch Reagentien, mit denen der Mikroskopiker ja häufig zu thun hat, erleidet. Die für den Durchgang des Lichtes bestimmte Öffnung in Mitte des Objekttisches mufs, wie bereits erwähnt, den verschiedenen Beleuchtungsaufgaben entsprechend durch vorgeschobene Diaphragmen auf zweckdienliche Weise verkleinert werden können. Man erreicht dies auf zweierlei Art: entweder durch eine Drehscheibe oder durch eine Cylinderblendung.

Im ersteren Falle wird unmittelbar unter dem Tische, exzentrisch gegen die Öffnung, eine runde Scheibe (Fig. 35 A) mit verschieden grofsen runden Löchern durchbohrt, welche durch Drehung abwechslungsweise unter die Tischöffnung gebracht werden können, angeschraubt. Will man die Zentralstrahlen, welche das konzentrierteste Licht geben, abblenden, so benutzt man statt der kreisrunden Ausschnitte solche, wie sie Fig. 35 B zeigt. Bei den Zeifs'schen Instrumenten ist der Objekttisch an seiner unteren Fläche kugelsegmentartig ausgehöhlt, in welche Höhlung die kalottenartig gewölbte Drehscheibe mit den Öffnungen pafst. Durch diese Einrichtung können die Blendungen dem Objekte möglichst nahe gebracht werden.

A

B

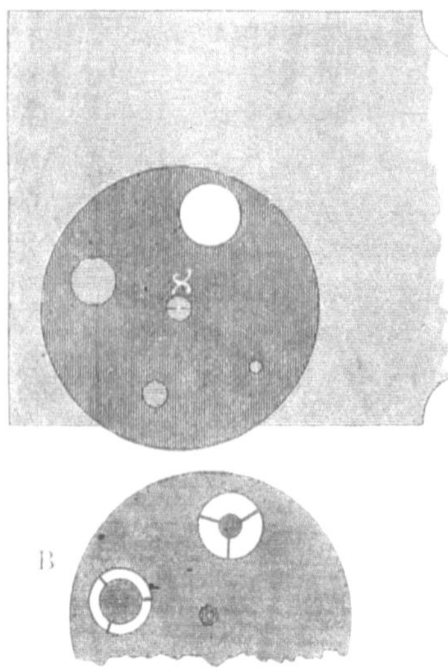

Fig. 35.
Drehscheibe mit Diaphragmen. *A* Lochblenden. *B* Zentralblenden.

Im letzteren Falle, Fig. 36, gleitet in den auf der Unterseite des Objekttisches angebrachten Falzen *a a* ein Schlitten *b*, an welchem eine kurze cylindrische Hülse *c* angebracht ist. In diese pafst ein genau eingeschliffener auf und ab beweglicher Cylinder *d*, in dessen obere Öffnung die kleine, mit einer zentrischen Bohrung versehene Blendung *e e* gesteckt wird. Diese letztere kann nach Belieben mit einer anderen von abweichender Bohrung vertauscht werden. Hat man in den Cylinder die gewünschte Blendung eingesetzt, so schiebt man denselben so weit in die Hülse des Schlittens, dafs die ganze Vorrichtung noch bequem in den Falz eingeschoben

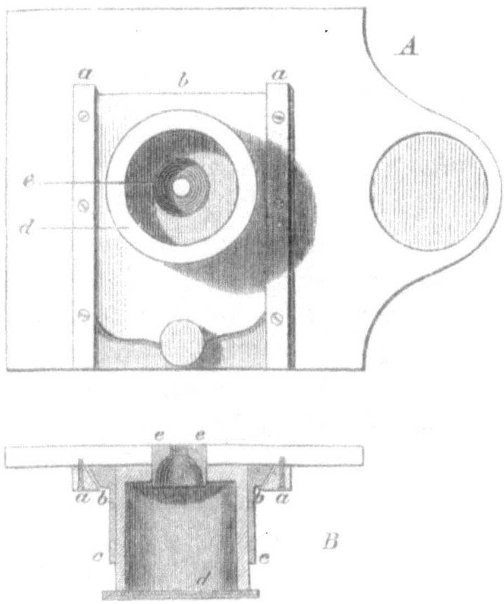

Fig. 36.
A Cylinderblendung von unten gesehen. B Dieselbe im Durchschnitte.

werden kann, und setzt, wenn dies geschehen, durch einen Druck auf den unteren Rand des Cylinders das Diaphragma ganz in die Öffnung des Objekttisches ein.

Ein solcher Schlittenapparat mit Cylinderblendungen ist nun allerdings etwas umständlich in der Handhabung, namentlich erfordert das Wechseln der Diaphragmen einen gröfseren Zeitaufwand, als dies bei Scheibenblendungen der Fall ist; gleichwohl verdient er den Vorzug vor letzterer Einrichtung, da bei ihm die Möglichkeit gegeben ist, die Diaphragmen dem Objekte zu nähern und von demselben zu entfernen, wodurch sich feine Nuancen in der Stärke der angewendeten Beleuchtung erzielen lassen, zudem ist die Cylinderhülse auch zur Aufnahme eines Kondensors und Polarisators befähigt. Bei Anwendung schiefer Beleuchtung, sowie bei Benutzung des Abbe'schen Beleuchtungsapparates mufs jedoch der Schlittenapparat entfernt werden, was durch seitliches Herausziehen desselben aus den Falzen erreicht wird.

Die mit der Hand auszuführenden senkrechten Bewegungen der Diaphragmen haben nun allerlei Nachteile im Gefolge, deren schwerstwiegender wohl der sein dürfte, dafs hierbei gar zu leicht der Spiegel berührt und die Beleuchtung dadurch verändert wird. Seibert hat daher an seinen beiden grofsen Modellen die Einrichtung getroffen, dafs neben der freihändigen auch eine mittels eines Hebels auszuführende sanfte senkrechte Bewegung des die Diaphragmen oder anderweitige Beleuchtungsapparate tragenden Cylinders ermöglicht ist. Durch diese Vorkehrung hat Seibert den ersten Schritt zur Anlage des so wertvollen, von den deutschen Mikroskopikern meines Erachtens nach immer noch zu wenig gewürdigten englischen »Substage« gethan, dessen hier angedeutete embryonale Anlage sicher ihre Weiterentwicklung finden wird.

Entschiedener sind in dieser Richtung Zeifs, Leitz und Reichert vorgegangen, die in ihren grofsen Modellen, ohne Überschreitung der für deutsche Stative gewohnten Höhenverhältnisse, einen wirklichen dem englischen in keiner Weise nachstehenden »Substage« angebracht und hierdurch ihre Stative dem Bedürfnisse entsprechend vervollkommnet haben.

Die genannten Stative tragen linkerseits unter dem Objekttische eine in vertikaler Richtung angebrachte Zahnstange, an welcher mittels eines Triebes eine Führungshülse auf und ab bewegt werden kann, die in einem Charnier einen horizontalen Arm trägt. Dieser Arm dient als Unterlage für den Substage, welchen man unter die Öffnung des Objekttisches bringen, woselbst er durch eine Arretierung festgehalten wird, oder beliebig zur Seite des Instrumentes zurückschlagen kann. Der Substage selbst besteht aus einem mit Schrauben zur rechtwinkeligen Verschiebung versehenen kreisrunden Rand, in welchem die verschiedenen

Beleuchtungsapparate Aufnahme finden und genau zentrisch eingestellt werden können. Für gewöhnlich sitzt auf dem Substage, dem Cylinder mit den Blendungen entsprechend, ein abgestumpfter Kegel, welcher die Diaphragmen trägt, an deren Stelle die in besonderen Fällen benötigten anderweitigen Beleuchtungsapparate treten. Der Abbe'sche Beleuchtungsapparat findet übrigens seinen Platz nicht auf dem Substage, welcher vielmehr in diesem Falle seitwärts zurückgeschlagen werden mufs, sondern wird nach Entfernung des gewöhnlichen Beleuchtungsspiegels an dessen Stelle unter dem Objekttische befestigt, woselbst derselbe in einer Kulisse in senkrechter Richtung beweglich ist. Ist aber das Linsensystem des Beleuchtungsapparates ohne Spiegel, so bleibt der gewöhnliche Spiegel an seiner Stelle.

Fig. 37 zeigt das neue grofse Modell von E. Leitz mit Abbe'schem Beleuchtungsapparat und Substage.

Bequem ist es in vielen Fällen, wenn der Objekttisch eine Drehung um die optische Axe zuläfst. Sie gestattet eine allseitige Betrachtung eines Gegenstandes, ohne das Auge vom Mikroskope zu entfernen oder den Gegenstand aus dem Gesichtsfelde zu verlieren und leistet besonders bei gründlicher Durchforschung eines Objektes mittels schiefer Beleuchtung wesentliche Dienste.

Eine weitere Annehmlichkeit für den Beobachter bieten die Stative, welche eine Neigung gegen die Horizontale ermöglichen. Es soll damit keineswegs gesagt sein, dafs die horizontale Stellung des Tubus der senkrechten Stellung vorzuziehen sei, es wird auch einem deutschen Mikroskopiker schwerlich einfallen, die Gewohnheit der Engländer, mit horizontal gestelltem Tubus zu beobachten, nachzuahmen, aber nichtsdestoweniger bietet die Möglichkeit der Neigung des Statives nicht zu unterschätzende Vorteile. Zwischen der vertikalen und horizontalen Lage gibt es eine beträchtliche Anzahl von Zwischenstellungen, welche es ermöglichen, die Höhe der Okulare dem Niveau der Augen vollständig anzupassen, ohne dem Kopfe eine für die Dauer unerträgliche Zwangsstellung anzuweisen. Der Umstand, dafs dabei

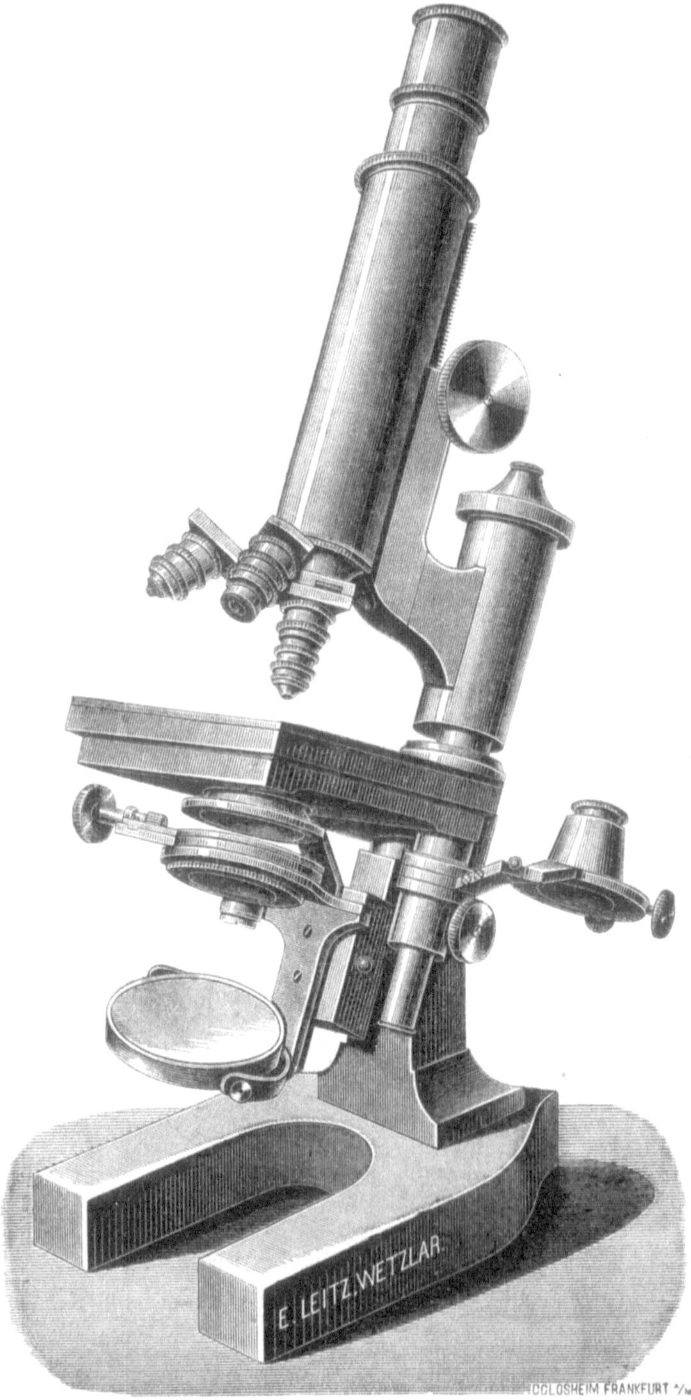

Fig. 37. Neues großes Mikroskop von E. Leitz mit Stativ I, Abbe'schem Beleuchtungsapparat mit Substage.

der Objekttisch seine horizontale Lage verliert, bietet in der Regel keinen Nachteil, weil bei nicht geschlossenen Präparaten die Flüssigkeiten wohl selten in so grofser Menge vorhanden sind, dafs sie abtropfen können, und will man bei geneigtem Objekttisch auf ein Präparat irgend eine Flüssigkeit als chemisches Reagens einwirken lassen, so hat man weiter gar nichts nötig, als mit einer Glaspipette einen Tropfen an den oberen Rand des Deckgläschens zu bringen, wonach derselbe sich infolge der Kapillarität von selbst in genügender Menge unter das Deckglas saugen wird. Gegenwärtig versehen, mit Rücksicht auf diese Vorteile, wohl alle Mikroskopverfertiger ihre grofsen und mittleren Stative mit Einrichtung für Schiefstellung und Feststellung in jeder Position.

IX. Nebenapparate und Bequemlichkeitseinrichtungen.

Wenn auch die konservative Richtung, welcher die meisten kontinentalen Mikrographen huldigen, die Verwendung mancher wertvollen Hilfsmittel als überflüfsig zurückweist, so fordern andererseits die komplizierten Methoden der gegenwärtigen mikroskopischen Technik thunlichste Berücksichtigung der neuesten Errungenschaften und Vereinfachung der manuellen Arbeiten, um sicherer und rascher zum Ziele zu gelangen. Infolgedessen wurden mancherlei Nebenapparate und Bequemlichkeitseinrichtungen konstruiert, deren wichtigste nachstehend beschrieben werden sollen.

Erwärmbarer Objekttisch. Bei gewöhnlicher Temperatur vermag man wohl Organe kaltblütiger Tiere längere Zeit unter dem Mikroskope funktionierend zu erhalten und zu studieren, nicht aber auch die Organe warmblütiger Tiere. Sollen solche zur Untersuchung herangezogen werden, so müssen Temperaturverhältnisse hergestellt werden, welche denen des lebenden Organismus möglichst gleichkommen, damit die Bewegung der betreffenden Organe nicht zu rasch erlahmt. Den ersten derartigen Apparat, welcher die Erwärmung der Objekte während der Beobachtung auf dem Objekttische bezweckt und auf der Erwärmung von Metallen beruht, wurde von M. Schultze konstruiert und zeigt dessen Einrichtung von unten gesehen Figur 38.

Eine mittels Klammern auf dem Objekttische zu befestigende Platte *a a a a* aus Messing, die etwa die gleiche Gröfse wie der Objekttisch besitzt, ist in der Mitte für die Beleuchtung durchbohrt und trägt seitlich zwei rechtwinkelig umgebogene Fortsätze *b b*, unter deren Enden beim Gebrauch je eine kleine Weingeistlampe zu stehen kommt. Um die

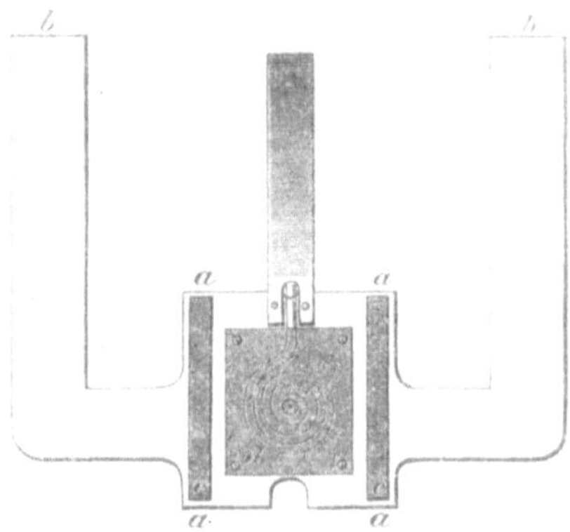

Fig. 38.
Erwärmbarer Objekttisch von M. Schultze.

Bohrung des Objekttisches läuft ein spiralig gewundenes Thermometer, das in einem Kästchen von Messingblech *d* eingeschlossen ist, um es vor Abkühlung zu schützen. Die Skala desselben steigt vor dem Objekttisch schräg nach aufwärts, kann daher während der Beobachtung bequem kontrolliert werden. Zur Verhütung zu starker Abkühlung ist die Platte *a a a a* durch die beiden Holzleisten *c c* von dem Objekttische des Mikroskopes isoliert.

Unter den mancherlei Modifikationen, welche die Schultze'sche Einrichtung erfahren hat, verdient wohl der von Ranvier erfundene und von Vérick in Paris ausgeführte erwärmbare Objekttisch besondere Beachtung.

Bei demselben wird der Objekttisch nicht unmittelbar erwärmt, vielmehr werden demselben aus einem kleinen Dampferzeugungsapparat Dämpfe zugeführt, die dessen Erwärmen besorgen. Auf den Objekttisch des Mikroskopes wird der das Objekt erwärmende Apparat gesetzt. Dieser besteht aus einem viereckigen Trog aus Messing mit Doppelwänden, zwischen welchen der Dampf zirkuliert. Die Bodenfläche des Troges ist für den Durchgang des Lichtes durchbohrt; aufserdem trägt derselbe an seinen beiden schmalen Seiten je eine Spalte zur Aufnahme des Objektträgers mit dem zu untersuchenden Objekte. Zwei Ansatzröhrchen sind zum Anstecken von Kautschukschläuchen bestimmt, welche mit dem Kochtopfe in Verbindung gebracht werden, und von denen der obere Dampf in den Erwärmungsapparat leitet, während der untere das kondensierte Wasser wieder dem Kochtopfe zuführt. Die obere Öffnung des Troges, in welche im Bedürfnisfalle das zur Untersuchung verwendete Objektiv eintritt, gestattet eine bequeme Zerlegung des Objektes. Das seitlich in den Apparat eingeführte Thermometer, dessen Skala aus dem Troge herausragt, ermöglicht jederzeit eine Kontrolle der Temperatur. Preis des Apparates samt messingenem Kochtopfe 75 frs.

Beweglicher Objekttisch. Diese den englischen Instrumenten entlehnte Einrichtung kommt in neuester Zeit auch bei den kontinentalen Instrumenten, wenn auch nur als accessorischer Apparat, vielfach in Verwendung. Der bewegliche Objekttisch gestattet in seiner vollkommensten Konstruktion eine dreifache Bewegung, eine konzentrische Umdrehung und eine Verschiebung in zwei rechtwinkelig zu einander stehenden Richtungen. Alle drei Bewegungen werden mittels Schrauben bewirkt.

Die erste drehende Bewegung, welche sich einzig und allein auf das auf dem Tische ruhende Objekt beschränkt und keinerlei anderen Teile des Mikroskopkörpers in Mitleidenschaft zieht, erfolgt mit Hilfe einer Schraube, auf welcher sich ein durch eine Scheibe mit gekerbtem Rande bewegter Trieb dreht. Meist ist der Rand des Tisches mit einer Teilung in 360° versehen, welche als Goniometer sowie dazu dient, den Objekttisch wieder in eine bestimmte Lage zurückzuführen.

Die beiden letzteren Bewegungen gestatten, die Präparate in jeder gewünschten Richtung auf dem Objekttische zu verschieben und sie wieder genau in die ursprüngliche Stellung zurückzuführen. Der diesem Zwecke dienende Mechanismus besteht aus zwei übereinander liegenden völlig ebenen Metallrahmen, welche aufeinander sowie auf der Oberfläche des feststehenden Tisches mit sehr sanften Bewegungen verschiebbar sind.

Der eine dieser Rahmen ist an seiner unteren Fläche mit einer vor- und rückwärts beweglichen Schraube versehen, auf welcher eine Triebvorrichtung läuft, die seitlich vom Objekttische durch eine Schraube mit gekerbtem Rande bewegt wird. Dreht man diese mit fester Montur versehene Schraube, so bewegt sich der betreffende Rahmen vor- oder rückwärts, während der Objekttisch in seiner normalen Stellung, die Kreisteilung auf Null eingestellt, verharrt.

Der zweite Rahmen ist mit einer Mutter versehen, in welcher die Achse der zweiten seitlichen Scheibe ruht. In die Achse selbst ist das Gewinde einer Schraube ohne Ende eingeschnitten. Dreht man nun die zweite Scheibe, so läuft die Mutter auf der Schraube ohne Ende und bewegt somit den zweiten Rahmen von links nach rechts oder umgekehrt. Diese Bewegung steht rechtwinkelig zu der ersteren, in welcher Lage der konzentrischen Drehung sich auch der Objekttisch befinden mag. Dreht man endlich — was sehr leicht zu bewerkstelligen ist, da die Wellen der beiden Scheiben zusammenfallen und die beiden Scheiben sich somit auf derselben Achse drehen, wodurch beide gleichzeitig unter die Hände des Beobachters kommen — beide Scheiben auf einmal, so mufs das auf dieser doppelten Führung ruhende Präparat infolge des Zusammenwirkens der beiden Bewegungen die resultierende diagonale Richtung annehmen.

Der obere Rahmen ist auf einer Seite mit zwei Federklammern versehen, zwischen welche man die Präparate einspannt, um sie in ihrer Lage zu fixieren, während sie durch eine Öffnung auf der anderen Seite gegen eine feste Stütze drücken. Durch diese Vorrichtung ist es möglich, den Präparaten nach Belieben stets dieselbe Lage zu geben.

Jeder der beiden Rahmen trägt ferner an einem seiner Ränder eine Millimeterteilung, welche über eine auf dem Objekttische befindliche als Index dienende Marke läuft. Notiert man nun in dem Moment, in welchem sich ein bestimmtes Objekt in der Mitte des Gesichtsfeldes befindet, die Ziffern der Teilung beider Rahmen, welche sich auf den entsprechenden Marken befinden, so ist die Lage des Objektes auf das genaueste durch ein System von koordinierten senkrechten Linien bestimmt. Mag man nun die Lage des Präparates ändern wie man will, und dasselbe in allen seinen Teilen durchforschen, sobald man die notierten Teilungen der beiden Rahmen auf die betreffenden Marken bringt, muſs das ursprünglich beobachtete Objekt sich wieder im Gesichtsfelde genau an seiner früheren Stelle und in seiner ersteren Lage wieder finden.

Daſs eine derartige Einrichtung, wenn sie auch auf den ersten Augenblick sehr kompliziert erscheint, auſserordentlich bequem und praktisch ist, unterliegt wohl keinem Zweifel. Abgesehen von einer dadurch auch bei den stärksten Vergröſserungen ermöglichten äuſserst gründlichen Durchforschung eines Präparates, ist man dadurch in den Stand gesetzt, mit der gröſsten Sicherheit irgend eine besonders interessante Stelle eines Präparates, z. B. eine spezielle Diatomee, eine Bakteriengruppe u. s. w., jederzeit wieder aufzufinden. Preis 25—50 ℳ. je nach der Konstruktion.

Elektrischer Objektträger. Diese Vorrichtung, welche besser mikroskopisch-elektrischer Reizapparat genannt wird, dient dazu, den Einfluſs des elektrischen Stromes auf Blut und tierische Gewebe zu untersuchen. Derartige Apparate können verschiedenartig konstruiert sein, suchen aber alle den gleichen Zweck zu erreichen, nämlich die in einem konstanten Element oder einer konstanten Batterie erzeugten elektrischen Ströme, oder auch Induktionsströme, vor der Berührung mit dem ganz aus Metall bestehenden Mikroskopkörper zu schützen und dem Objekte zuzuleiten. Die von Brücke angegebene, in neuester Zeit vielfach modifizierte derartige Einrichtung besteht, wie Fig. 39 zeigt, aus einem Objektträger *o o*, welcher auf den Objekttisch gebracht wird; die Glasmasse, aus welcher er besteht, bildet eine vollkommene Isolierschichte gegenüber dem metallenen Objekttisch. Auf die Oberfläche des Objektträgers sind zwei beliebig geformte Stanniolstreifen *s s* aufgeklebt, welche einander so nahe gerückt werden, daſs das Objekt gerade zwischen ihnen Platz hat. Die Verbindung dieser Stanniolstreifen mit dem elektrischen Leitungsdrahte wird durch die beiden Metallklammern *kl* bewirkt, welche jedoch nicht an Metallstiften befestigt sind, sondern mittels isolierender Kautschukcylinderchen *ka* in die Löcher des Objekttisches festgesteckt sind. Am einen Ende berühren dieselben das Stanniol, am anderen Ende ist daran der Leitungsdraht *D* befestigt.

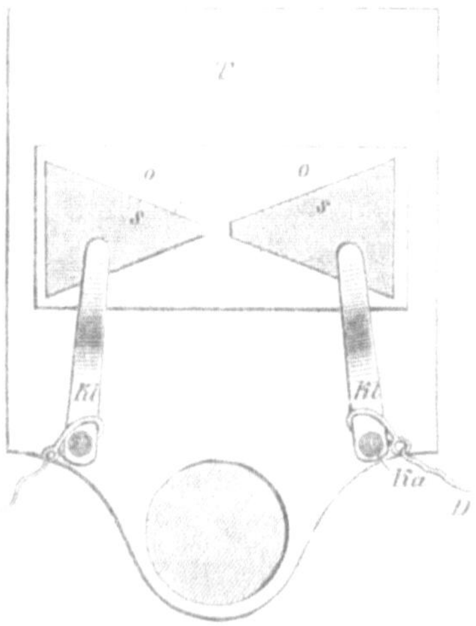

Fig. 39.
Elektrischer Objektträger nach Brücke.

Zur Reduktion mancher Metalle aus Metallsalzlösungen verwende ich einen Objektträger, in dessen Mitte durch rechtwinkeliges Aneinanderkleben von vier schmalen Kautschukstreifen mittels Asphaltlack ein beliebig groſser, flüssigkeitsdichter Trog hergestellt ist. Unter den beiden einander gegenüberliegenden parallel zu der schmalen Kante des Objektträgers verlaufenden Kautschukstreifen führt je ein dünner Platindraht etwa 2 mm weit in das Innere des Troges, und ist nach auſsen zu isolierend nach einem schwachen galvanischen Element geleitet. Bringt man in den Trog eine geringe Menge einer nicht ganz konzentrierten Metallsalzlösung und läfst einen möglichst schwachen elektrischen Strom durch dieselbe hindurchgehen, so wird nach kurzer Zeit das reduzierte Metall sich in den feinsten Krystallformablagerungen an einer Elektrode ansetzen.

Revolver-Objektivträger. Soll ein Objekt im ganzen wie in seinen einzelnen Teilen gründlich durchforscht werden, so sind wechselweise sehr verschiedene Vergröfserungen erforderlich, wobei man die gebrauchten Objektive entfernen und andere an ihre Stelle bringen mufs, was bei unseren Instrumenten ausschliefslich durch An- und Abschrauben geschieht, daher mit Zeitverlust und manchen anderen Unbequemlichkeiten verknüpft ist.

Um dieses Wechseln der Objektive zu erleichtern, hat man Apparate konstruiert, welche es ermöglichen, durch einfache Drehung ein Objektiv zu entfernen und ein anderes an dessen Stelle zu bringen. Es sind dies die Revolver-Objektivträger, welche die Untersuchung aufserordentlich erleichtern, sehr bequem zu handhaben sind und sicher von jedem, der sie einmal in Gebrauch genommen hat, nicht wieder abgelegt werden. Dieselben werden gegenwärtig zur Aufnahme von 2, 3, 4, 5, selbst 6 Objektiven, im Preise von 20 ℳ bis 50 ℳ, hergestellt. Ihre Einrichtung ist aus Fig. 40 und Fig. 37 zu ersehen. Sehr schwache Systeme sowie alle Systeme mit Korrektionsfassungen eignen sich, aus Bequemlichkeitsgründen, nicht zur Benutzung am Revolver. Beim Gebrauch werden die einzelnen Systeme auf den gemeinsamen Objektträger aufgeschraubt und sodann letzterer samt den Objektiven, wie es sonst mit einem einzelnen Systeme geschieht, an den Trichter des Tubus angeschraubt, oder besser durch

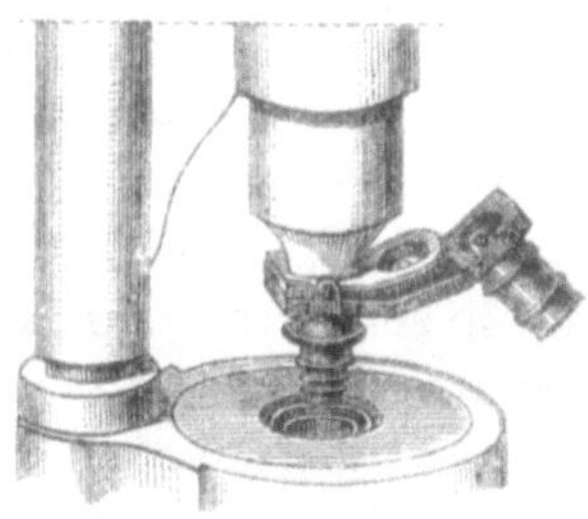

Fig. 40.
Revolver-Objektivträger von Nachet.

Bajonettverschlufs mit Stellschraube befestigt. Derselbe behält, soferne nicht die Anwendung von Korrektions- oder Immersionssystemen dessen vorübergehende Abnahme notwendig erscheinen läfst, seinen Platz am besten dauernd am Tubus.

Den gröfsten Vorteil gewährt übrigens dieser Apparat erst dann, wenn derselbe so eingerichtet wird, dafs die für denselben ein für allemal bestimmten Objektive in gleiche Fokaldistanz gebracht werden, d. h. wenn eines von denselben auf das Objekt eingestellt und der Revolver gedreht wird, so wird das nächstfolgende ebenfalls auf dasselbe eingestellt sein. Meines Wissens fertigt gegenwärtig lediglich Carl Zeifs in Jena und Carl Reichert in Wien derartige Revolverobjektträger in ganz vorzüglicher Ausführung und zwar ersterer zum Preise von 20 *M.* und 27 *M.* für 2 und 3 Systeme, letzterer zum Preise von 10, 15 und 20 fl. ö. W. für 2, 3 beziehungsweise 5 Systeme. Zur Erreichung dieses Zieles erhält jede zur Aufnahme eines Objektives bestimmte Öffnung des Objektträgers (mit Ausnahme der für das stärkste System bestimmten) ein Ansatzstück aufgeschraubt, dessen Länge gleich der Differenz der äquivalenten Brennweite zwischen dem schwächsten und dem für die betreffende Öffnung bestimmten System ist. Ich möchte jedem, der sich zur Anschaffung eines Revolver-Objektivträgers entschliefst, den Rat erteilen, diesen Apparat nicht anders als mit letztgenannter Einrichtung versehen, anzuschaffen.

Eine neue Einrichtung eines Objektträgers hat in jüngster Zeit Nachet in Paris nach den Angaben des dortigen Professors Thury konstruiert, welche namentlich den Vorteil besitzt, dafs dieselbe bei allen, auch den kleinsten Stativen angebracht werden kann; der Wechsel der Objektive ist dabei sehr einfach und die Zentrierung so vollkommen wie bei der gewöhnlichen Art des Anschraubens derselben. An Stelle des trichterförmigen Endes des Tubus, welches bei unsern meisten Instrumenten ohnehin das englische Gewinde (society screw) trägt, wird, wie Fig. 41 zeigt, eine kurze federnde Hülse *A* geschraubt, welche innen einen Ring und nach vorne einen Schlitz trägt, in welch letzteren das Objektiv wie in einen Schlittenapparat eingeführt wird. Das Objektiv trägt an seinem oberen Ende statt der Schraube einen vorstehenden Führungsring *B*, der in den vorgenannten Schlitz eingreift. Beim Gebrauch wird die federnde Hülse

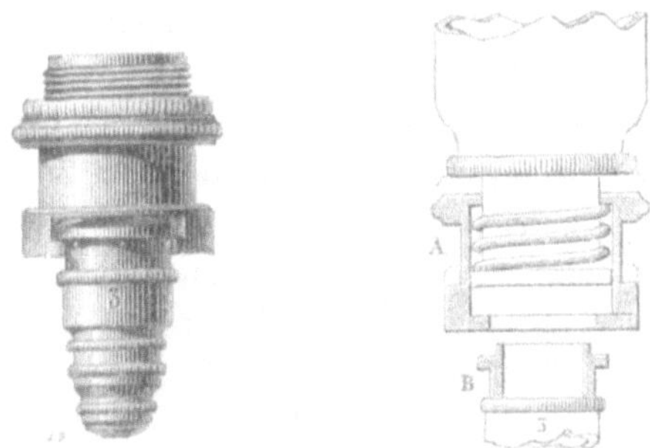

Fig. 41.
Neuer Objektivträger zum raschen Wechseln der Systeme von Nachet.

mit der einen Hand etwas nach abwärts gezogen, während mit der andern das Objektiv in horizontaler Richtung in den Schlitten eingeschoben wird, bis der obere Objektivrand in den inneren Ring einspringt, woselbst er durch die federnde Hülse festgehalten wird.

Feuchte Kammer. Wenn man die Formelemente einzelner Gewebe oder organischer Flüssigkeiten in ihrer natürlichen Funktion beobachten oder die Vermehrungsvorgänge nieder organisierter Wasserpflanzen verfolgen will, so bedient man sich hierzu der sogenannten feuchten Kammer.

Sehr einfach und zweckentsprechend ist die von v. Recklinghausen hergerichtete feuchte Kammer. Sie besteht aus dem unteren Teile eines kleinen Glascylinders oder eines einfachen Glasringes, dessen unterer Rand abgeschliffen ist, damit er möglichst genau auf dem Objektträger aufsitzt. Über den oberen Teil des Glasringes ist ein weites Kautschukrohr festgebunden, dessen Ende am Objektivsystem oder Tubus befestigt ist. Um den inneren Raum möglichst feucht zu erhalten, wird auf der inneren Fläche des Glasringes nasses Löschpapier festgeklebt. Diese v. Recklinghausen'sche Einrichtung erfuhr eine grofse Reihe von Modifikationen, aus welcher ich nur eine in neuester Zeit vielfach angewandte besonders hervorheben will. In der Mitte eines Objektträgers ist eine kreisrunde Rinne eingeschliffen und der dadurch erhaltene zentrale Cylinder durch Abschleifen etwas verkürzt worden, so dafs seine obere Fläche etwas niedriger liegt, als die obere Fläche des Objektträgers. Die Rinne wird mit Wasser gefüllt, das Präparat auf den inneren Cylinder gelegt und sodann das Deckglas möglichst luftdicht aufgesetzt, was am besten dadurch erreicht wird, dafs man seine Ränder mit Glycerin bestreicht. Die Rinne fafst hinlänglich Wasser, um das Präparat einige Tage hindurch feucht zu erhalten. Preis 2 *M.* bei Stender in Leipzig.

Gaskammer. In neuester Zeit hat man versucht, eine Reihe von Gasen auf mikroskopische Objekte einwirken zu lassen, und zu diesem Zwecke sogenannte Gaskammern konstruiert. Die von Stricker angegebene Einrichtung

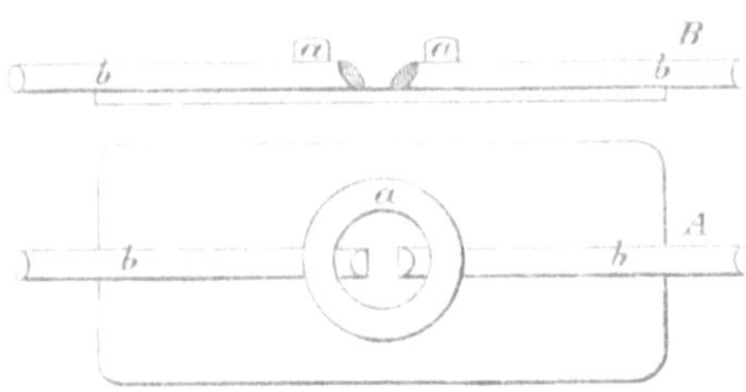

Fig. 42.

Gaskammer von Stricker. *A* von oben, *B* im Durchschnitt.

einer solchen zeigt Fig. 42. Auf einem starken Objektträger ist ein ziemlich hoher Ring *a* aus gewöhnlichem Glaserkitt hergestellt, durch welchen seitlich die dünnen Gaszuleitungsröhren *b b* eintreten.

Ranvier's aus vergoldetem Messing gefertigte Gaskammer gestattet dem Gas durch eine in der Mitte der Längsachse verlaufende Bohrung den Eintritt in den zur Aufnahme des Objektes bestimmten Trog. In die Unterseite des Troges greift ein Diaphragma ein, das an seiner oberen Fläche für den Durchgang des Lichtes und zugleich als Unterlage für das zu untersuchende Objekt ein sehr starkes Deckglas aufgekittet hat und an seiner Aufsenfläche eine feine Mikrometerschraube trägt, wodurch dasselbe dem Bedürfnisse entsprechend gehoben oder gesenkt werden kann. Das zur Bedeckung des Objektes dienende Deckglas mufs selbstverständlich luftdicht aufgekittet werden.

Kompressorien. Die früher häufig angewandte Methode des Quetschens, wobei man oft weit mehr feine Strukturverhältnisse zerstört als sichtbar gemacht hat, wurde in neuester Zeit zwar verlassen, und wird der erforderliche Druck in den gewöhnlichen Fällen jetzt nur mehr durch sanftes Aufdrücken des Deckgläschens mittels des Skalpellstieles u. s. w. ausgeführt, doch können immerhin noch genug Fälle vorkommen, in denen ein langsamer, gleichmäfsiger und ausdauernder Druck zur Anwendung kommen mufs; diesen Zweck erfüllen die verschiedenen Arten der Kompressorien. Das meist benutzte Winkel'sche Kompressorium (Fig. 43) besteht aus einer durchbohrten Messingplatte *a*, an deren Ende ein federnder Stab *b* befestigt ist, welcher über der Durchbohrung einen breiten Metallring *c* in einem halbrunden Bügel trägt. Zwischen die Platte *a* und den Ring *c* kommt das von zwei Glasplatten eingeschlossene Objekt zu liegen. Durch Drehung der Schraube *d* wird der Ring sanft gegen das Objekt niedergedrückt.

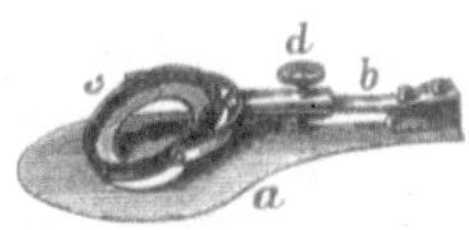

Fig. 43.
Kompressorium von Winkel.

Dem Kompresseur obliegt die Aufgabe, verschiedene in Flüssigkeiten liegende Präparate vor dem Verdunsten der Flüssigkeit zu schützen. Das Präparat liegt hier in einer durch einen Kautschukring gebildeten Zelle; ein zweiter Ring, in welchen eine Glasplatte eingekittet ist, drückt durch die Wirkung einer Schraube den Kautschukring fest und verhindert dadurch das Verdunsten der Flüfsigkeit. Es ist dies der in England vielfach benutzte »animalcule cage«.

6*

Eine andere Art von Kompressorium ist das in Fig. 44 abgebildete, von Schmidt & Haensch in Berlin konstruierte. Mit diesem Apparat ist Objektträger und Deckglas fest verbunden, so dafs das Objekt ohne weiteres

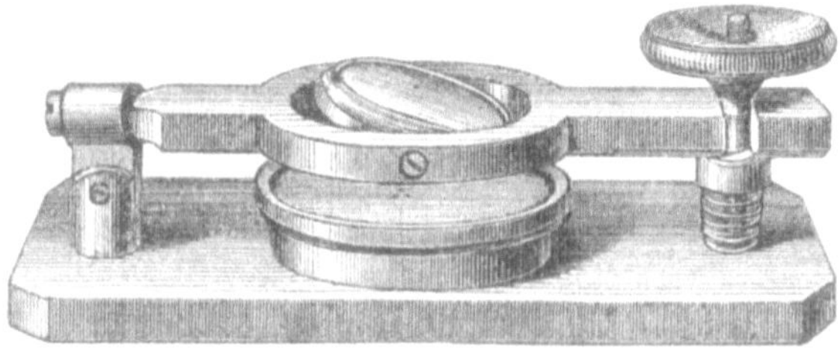

Fig. 44.
Kompressorium von Schmidt & Haensch.

zwischen die beiden in Messingfassungen liegenden Glasplatten gebracht werden kann. Die Glasplatten können übrigens herausgenommen und durch andere ersetzt werden. Zweifellos bildet eine derartige Einrichtung für manche Untersuchungen eine wertvolle Beigabe. Preis des Apparates 15 *M.*

Holmgreen's Apparat zur Untersuchung des Lungenkreislaufes. Dieser Apparat, welcher sich bequem an allen, auch den kleinsten Stativen anbringen läfst, besteht aus einer Platte zur Auflage für das Tier, welche an ihrer Längsseite eine Durchbohrung trägt, über welcher zwei Metallringe mit eingefügten starken Deckgläsern angebracht sind. Der untere dieser Ringe ist unmittelbar über der Bohrung befestigt, während der obere mittels einer Schraube beweglich ist und auf den unteren aufgedrückt werden kann. Beim Gebrauche bringt man das curarisierte Tier auf die Platte und veranlafst durch eine seitlich angebrachte Wunde das Austreten der Lunge aus der Leibeshöhle, welche dann zwischen den beiden Platten flach gedrückt und so stark geprefst wird, dafs die Luftzirkulation noch ungehindert stattfinden kann. Ein dem Tiere eingeführtes Schlundrohr, dessen äufseres Ende mit einem verschliefsbaren Hahn versehen ist, gestattet künstliche Regulierung des Blutlaufes. Preis des Apparates bei Vérick in Paris 25 frs.

Malassez'scher Apparat zur Bestimmung der Menge der roten Blutkörperchen.

Bei diesem Apparate wird das Blut mit Hilfe eines eigens hierzu konstruierten Saugers, einer Mischpipette (Mélangeur-Potain) unmittelbar aus dem Blutgefäfse oder irgend einer Wunde aufgefangen, in demselben wird es sofort 100fach verdünnt, sodann in ein Kapillarrohr von bekanntem Rauminhalte und elliptischem Querschnitte (ähnlich den Thermometerröhren) gebracht und in demselben mit Hilfe eines in Quadrate geteilten Mikrometers die Blutkörperchen gezählt.

Der Mischapparat besteht aus einem dickwandigen Kapillarröhrchen, das in Grade geteilt ist und in der Nähe des einen Endes eine birnförmige Ausbauchung zeigt, deren Kubikinhalt genau 100mal so grofs ist, als der Kubikinhalt des engen Teiles der Röhre bis zur Spitze. In der Ausbauchung befindet sich ein kleines Glaskörperchen und am Ende geht das Rohr in einen Kautschukschlauch über.

Beim Gebrauch wird der Melangeur in einen Tropfen Blut oder eine Wunde getaucht und vorsichtig bis an den Beginn der Ausbauchung mit Blut vollgesaugt. Nunmehr wird die Spitze abgewischt und in eine Mischung von 1 Teil Gummisolution (spez. Gew. = 1,02) und 3 Teile schwefelsaures Natron (spez. Gew. = 1,02) getaucht. Während des Saugens wird der Melangeur vorsichtig gedreht, damit sich die Flüssigkeit mit dem Blute gut mische. Ist die ganze Ausbauchung voll gesaugt, dann schüttelt man die Flüssigkeit gut durcheinander, wobei das Glaskörperchen eine gründliche Durchmischung der Verdünnungsflüssigkeit mit dem Blute bewirken wird.

Der eigentliche Zählapparat ist eine genau kalibrierte, etwa 3 cm lange Kapillarröhre von elliptischem innerem Querschnitt, dessen gröfster Durchmesser etwa 0,25 mm und dessen kleinster etwa 0,07 mm beträgt; an einem Ende erweitert sich dieselbe und trägt über der Erweiterung ein

Kautschukrohr. Diese Kapillarröhre ist derart auf einem Objektträger befestigt, dafs der grofse Durchmesser horizontal liegt. In den Objektträger sind Zahlen eingeritzt, welche den Kubikinhalt einer gewissen Rohrlänge in Tausendteln des Kubikmillimeters ausdrücken, z. B.

500 μ	Länge	= 150	Tausendtel	Kubikmillimeter
450 „	„	= 166	„	„
400 „	„	= 187	„	„
350 „	„	= 214	„	„
300 „	„	= 250	„	„

Ehe aber diese Zahlen benutzt werden können, müssen für jedes Mikroskop bei verschiedenem Augenabstand und verschiedenen Vergröfserungen die Werte derselben gesucht werden. Zu diesem Zwecke bedient man sich eines Glasmikrometers, bei welchem das Millimeter in 100 Teile geteilt ist, als Objekt. In das Okular legt man ein in Quadrate geteiltes Okularmikrometer und verlängert oder verkürzt den Tubus so lange, bis die Endstriche des Okulargitters mit einer abgerundeten Anzahl von Teilstrichen des Objektmikrometers genau zusammenfallen, was z. B. bei einer Ausdehnung von 500, 400 oder 300 μ geschieht. An diesen Stellen bringt man am Tubus des Instrumentes Zeichen an, die aber nur für die gerade benutzte Okular- und Objektiv-Kombination Gültigkeit haben.

Nunmehr bringt man das verdünnte Blut aus dem Melangeur in das Zählröhrchen. Dies geschieht dadurch, dafs man ein Tröpfchen der Mischung an das freie Ende des Zählrohres bringt, worauf die Flüssigkeit gewöhnlich schon von selbst in das Kapillarrohr eindringt. Nachdem das Rohr fast gefüllt ist, wird die Flüssigkeit mittels eines Kautschukschlauches, der mit dem erweiterten Ende des Kapillarrohres verbunden ist, wieder ausgeblasen und neuerdings etwa bis zu $^2/_3$ gefüllt. Nunmehr werden die Blutzellen von Quadrat zu Quadrat gezählt und die Anzahl in jedem Quadrate notiert. Zeigt das Zählungsergebnis in den einzelnen Quadraten gröfsere Abweichungen, so war das

Blut mit der Zusatzflüssigkeit nicht gleichmäſsig gemischt, und muſs in solchem Falle die ganze Prozedur von Anfang an wiederholt werden.

Die in einer gewissen Länge des Kapillarrohres erhaltene Zahl der Blutkörperchen wird mit der Verdünnungszahl und mit derjenigen Zahl multipliziert, welche den Rauminhalt des Kapillarrohrstückes anzeigt, in welchem das Zählen vorgenommen wurde, also bei 500 μ Länge mit 150, bei 400 μ Länge mit 187 u. s. w. Das Produkt gibt die Menge der Blutkörperchen in einem Kubikmillimeter.

Beim Zählen ist es zweckmässig, sich immer des gleichen Objektives und Okulares zu bedienen.

Solche Apparate, nach den Verbesserungen von Prof. Dr. Thoma und Dr. Breuer liefert Reichert in Wien um 15 fl. ö. W.

Nach dem gleichen Prinzipe wird ein solcher Apparat auch von Zeiſs in Jena konstruiert, der sich namentlich durch die Sorgfalt, welche bei der Herstellung desselben darauf verwendet wird, die nun einmal nicht zu beseitigende Fehlergrenze möglichst einzuschränken, auszeichnet.

Als Zählvorrichtung dient hier ein Objektträger, auf welchen eine dünne, kreisförmig in der Mitte ausgeschnittene Glasplatte festgekittet und so weit abgeschliffen ist, daſs eine aufgelegte Planplatte einen Abstand von 0,1 mm vom Objektträger besitzt. Zur Abteilung des Blutvolumens dient eine unmittelbar auf dem Boden der in dieser Art konstruierten Kammer eingeschnittene Gitterteilung, welche kleine Quadrate von 0,05 mm Seite bildet. Je vier dieser Quadrate grenzen somit in der 0,1 mm dicken Schichte ein Volumen von 0,001 Kubikmillimeter ab. Verdünnt man im Melangeur normales Blut im Verhältnis von 1 : 100, so kommen auf diesen Raum ungefähr 50 Blutkörperchen, und die Multiplikation der gefundenen Zahl mit 100 ergibt deshalb den Gehalt des unverdünnten Blutes pro 0,001 Kubikmillimeter.

Die Anwendung eines Objektmikrometers an Stelle eines Okularmikrometers bietet den Vorzug, daſs der Wert der

Teile konstant bleibt, mag man mit dem Objektivsystem wechseln wie man will.

Deckglastaster. Um die Dicke der Deckgläschen genau (bis auf den hundertsten Teil eines Millimeters) zu messen, benutzt man verschiedene Apparate, die unter dem Namen Deckglastaster bekannt sind. Als Grundlage für die verschiedenen Ausführungen dient die Schraube, der Hebel oder der Keil. Da gegenwärtig aus den meisten Glasschleifereien (ich bezeichne beispielsweise hier die als völlig verlässig bekannte Fabrik von W. P. Stender in Leipzig, Naundörfchen 4) genau und zuverlässig sortirte Deckgläschen in jeder gebräuchlichen Dicke zu erhalten sind, so dürfte eine eingehende Beschreibung dieser kleinen Apparate, die übrigens von den meisten Mikroskopverfertigern um wenige Mark zu beziehen sind, überflüssig erscheinen.

Das optische Vermögen des Mikroskopes.

X. Hauptfaktoren des optischen Vermögens.

Die Grundlage für die Prüfung des optischen Vermögens eines Mikroskopes bilden die Bilder der Objekte, welche durch das Mikroskop gesehen werden. Hierbei kommt es vor allem darauf an, dafs diese Bilder möglichst hell und in ihren Umrissen scharf gezeichnet erscheinen, frei von farbigen Rändern sind und möglichst viele Einzelnheiten in der Struktur des Objektes erkennen lassen. Der Grad, in welchem die Bilder vergröfsert erscheinen, sowie die Gröfse des Gesichtsfeldes, spielen hierbei eine mehr untergeordnete Rolle.

Die Faktoren, von welchen die eben genannten Eigenschaften guter mikroskopischer Bilder abhängen, sind: die Verbesserung der beiden Aberrationen, der Öffnungswinkel und, soweit die Vergröfserung und die Lichtstärke in Betracht kommt, die Brennweite der Objektivsysteme.

Die Verbesserung der sphärischen und chromatischen Aberration ist für die Güte und Leistungsfähigkeit eines Mikroskopes von der gröfsten Bedeutung. Je vollkommener beide Aberrationen, namentlich die sphärische, verbessert sind, um so schärfer und klarer prägen sich die Umrisse der Bilder aus, um so kleinere Objekte können noch deutlich wahrgenommen werden. Man bezeichnet daher jene Leistung eines Mikroskopes, welche von der Verbesserung der beiden Aberrationen abhängig ist, mit dem Namen Begrenzungsvermögen, Definition oder definierende Kraft des Mikroskopes.

Ein vorzügliches Mikroskop darf keine sphärische Aberration zeigen. Zur Prüfung eines Instrumentes bedient man sich verschiedener Mittel. Harting empfiehlt ein Glastäfelchen so lange in die Flamme einer Kerze oder Lampe zu halten, bis sich darauf eine mäfsig dicke Schichte Rufs abgelagert hat und dasselbe sodann noch warm unter das Mikroskop zu bringen. Beim Abkühlen teilt sich die Rufsschichte in eine grofse Menge kleiner unregelmäfsiger Polygone, die meist von geraden Linien begrenzt sind. Mohl empfiehlt statt dessen Glasplatten, welche mit chinesischer Tusche gleichmäfsig bestrichen sind, weil die Tusche beim Auftrocknen leichter Sprünge bekommt als der Rufs. In beiden Fällen heben sich, durch das Mikroskop betrachtet, bei möglichst vollkommener Beseitigung der sphärischen Aberration, die feinen Zwischenräume der Risse vollständig scharf gegen die schwarze Fläche ab, ohne dafs sich von ihren Rändern ein Lichtnebel in den dunkeln Teil des Gesichtsfeldes ausbreitet. Nähert oder entfernt man den Tubus, so breitet sich zwar das Bild aus und seine Ränder verlieren an Schärfe, ohne dafs es jedoch von einem Lichtnebel umsäumt erscheint. Besteht Unterverbesserung, so bemerkt man bei der Entfernung des Objektes vom Objektiv einen starken Lichtnebel, der sich nach innen und aufsen ausbreitet. Wird die beleuchtete Fläche innerhalb des Brennpunktes gebracht, so zeigt sich dieser Lichtnebel nicht, aber das Gesichtsfeld bleibt unbeleuchtet. Ist Überverbesserung vorhanden, so treten bei tieferem und höherem Einstellen die entgegengesetzten Erscheinungen auf.

Zeigt sich bei dieser Prüfung Aberration, so ist weiter zu untersuchen, ob die gefundenen Mängel sich nur auf den zentralen oder nur auf den peripherischen Teil des Objektivsystemes erstrecken. Hierzu bedient man sich der Loch- und Zentralblenden, welche in den Objekttisch eingesetzt werden; erstere halten die Randstrahlen, letztere die Zentralstrahlen ab. Verschwindet z. B. ein beobachteter Lichtnebel, wenn die Randstrahlen abgeblendet werden, so berechtigt dies zu dem Schlusse, daſs sich die mangelhafte Verbesserung nur auf die Randpartien des Objektives erstreckt; würde aber der Lichtnebel auch jetzt noch sichtbar sein und erst verschwinden, wenn man die zentralen Strahlen abgehalten hätte, so würde dies anzeigen, daſs der Korrektionsfehler seinen Sitz in dem mittleren Teile des Objektives hat.

Sind auf diesem Wege Fehler an einem Linsensystem gefunden worden, so lassen sich selbe, falls sie nicht bedeutend sind, durch Anwendung geeignet dicker Deckgläschen verbessern. Unterverbesserung der sphärischen Aberration wird durch Anwendung eines die normale Dicke überschreitenden, Überverbesserung durch Anwendung eines hinter jener zurückbleibenden Deckglases ausgeglichen werden. Bedeutendere Mängel überläſst man am besten dem Systemverfertiger zur geeigneten Korrektur.

Zur Prüfung eines Instrumentes auf die Verbesserung der chromatischen Aberration benutzt man nach Dippel sehr zarte Quer- oder Längsschnitte von Nadel- und Laubholzarten, sowie die mit Wasser benetzten Stärkemehlkörner der Kartoffel. Diese sehr zarten Objekte lassen an der Farbe und Breite des sie allenfalls umgebenden Saumes den Grad der erreichten Verbesserung erkennen. Hierzu ist übrigens zu bemerken, daſs die chromatische Aberration niemals ganz aufgehoben werden kann, und daſs erfahrungsgemäſs eine schwache Über- oder Unterverbesserung derselben der Schärfe und Klarheit der Bilder keinen Abbruch thut. Da ein schwach gefärbter bläulicher Rand dem Auge angenehmer ist als ein rötlicher oder gelblicher, so wird gegenwärtig von den meisten Optikern dieser Aberration eine schwache Überverbesserung gegeben.

Einer weiteren Erscheinung muſs hier noch gedacht werden, die der Unkundige leicht auf Rechnung einer unvollkommenen Aberrationsverbesserung zu setzen geneigt ist, obwohl sie gerade ein Zeichen möglichst vollkommener Verbesserung ist. Betrachtet man nämlich durch ein Mikroskop ein Objekt mit scharf begrenzten Rändern, so gewahrt man um diese einen dünnen Lichtsaum, der durch eine schattenartige, manchmal farbige, feine Linie begrenzt wird. Der Grund dieser Erscheinung liegt in der Beugung der Lichtstrahlen, die an den Rändern des Objektes vorbeigehen und in der dabei stattfindenden Interferenz, die sich jedoch nur dann geltend macht, wenn infolge sorgfältiger chromatischer Verbesserung die einzelnen Farbenbilder möglichst vereinigt von der Netzhaut aufgefangen werden.

Der Öffnungswinkel eines Objektivsystemes wird durch diejenigen beiden äuſsersten Lichtstrahlen gebildet, welche vom Brennpunkte aus so auf die Frontlinse des Objektives treffen, daſs sie noch ungehindert durch das ganze Linsensystem hindurchgehen können. Der Öffnungswinkel eines Objektives darf nicht, wie das manchmal noch geschieht, jenem des ganzen zusammengesetzten Mikroskopes gleich gesetzt werden, weil alle Linsen des letzteren, die des Okulares inbegriffen, ein System bilden, dessen Brennpunkt nicht mit dem des Objektives allein zusammenfällt, vielmehr von demselben um so mehr abweicht, je länger der Tubus ist und je stärker das Okular vergröſsert.

Von der Gröſse des Öffnungswinkels der Objektive hängt einesteils die Lichtstärke, dann aber hauptsächlich jene Fähigkeit des Mikroskopes ab, feine und feinste Strukturverhältnisse eines Objektes bei durchgehendem Lichte mit voller Klarheit und Bestimmtheit zur Anschauung zu bringen. Man bezeichnet diese Fähigkeit mit dem Namen Auflösungs-

oder Unterscheidungsvermögen (penetrierende Kraft) des Mikroskopes.

Um den Einfluſs des Öffnungswinkels auf das Unterscheidungsvermögen eines Mikroskopes zu erklären, hat man sich daran zu erinnern, daſs die Sichtbarkeit feiner Strukturverhältnisse durchsichtiger Objekte teils von der Brechung, teils von der Reflexion der Lichtstrahlen im Innern des Objektes und an seinen Grenzflächen abhängig ist. Dadurch nämlich, daſs infolge Brechung oder Reflexion viele Strahlen so von ihrer Bahn abgelenkt werden, daſs sie nicht mehr ins Auge gelangen, entstehen auf der Netzhaut neben den durch die ins Auge gelangten Lichtstrahlen erzeugten positiven Bildern auch Schattenbilder, sogenannte negative Gesichtseindrücke, wodurch jene feinen Unterschiede der Struktur aufgefaſst werden können. Betrachtet man nun ein solches Objekt durch ein Objektiv mit kleinem Öffnungswinkel, so werden weit weniger Lichtstrahlen ins Auge gelangen, namentlich werden die Randstrahlen, infolge ihrer stärkeren Neigung, fast gar nicht in das Auge eintreten und damit nur in geringem Grade an der Entstehung des Bildes teilnehmen können. Es wird demnach der Unterschied zwischen den erhellten und den dunkeln Teilen des Bildes so gering ausfallen, daſs dadurch der auf die Netzhaut ausgeübte Reiz nicht mehr ausreicht, um neben den positiven Gesichtseindrücken auch die negativen mit voller Bestimmtheit aufzufassen, wodurch der Gegenstand mehr gleichmäſsig aber schwächer beleuchtet erscheint, so daſs die feineren Strukturunterschiede unerkannt bleiben. Betrachtet man aber das nämliche Objekt durch ein Objektiv mit gröſserem Öffnungswinkel, so werden auch die schief einfallenden, weit von ihrer Bahn abgelenkten Randstrahlen noch zum groſsen Teil durch das Objektiv hindurchgehen und somit zur Entstehung des Bildes beitragen, dieses wird also jetzt von einer verhältnismäſsig gröſseren Menge von Lichtstrahlen gebildet und ist demnach heller erleuchtet. Die Differenz zwischen den positiven und negativen Gesichtseindrücken, welche das Auge empfängt, wird jetzt hinlänglich groſs, um zur Auffassung zu gelangen, wodurch die Strukturunterschiede sicherer zum Ausdrucke kommen können.

Die Vergröfserung des Öffnungswinkels erhöht also das Unterscheidungsvermögen des Mikroskopes. Dieser Satz ist jedoch nur innerhalb gewisser, wenn auch allgemein nicht näher zu bestimmender, Grenzen richtig. Wird nämlich der Öffnungswinkel über eine gewisse Grenze hinaus vergröfsert, so leidet dadurch die Korrektur der beiden Aberrationen, und der hierdurch entstehende Abbruch am Begrenzungsvermögen ist meist weit nachteiliger, als der durch Erhöhung des Unterscheidungsvermögens erzielte Gewinn. Es ist somit die Vergröfserung des Öffnungswinkels nur in einem solchen Grade statthaft, dafs daneben die möglichst vollkommene Verbesserung der beiden Aberrationen über die ganze Fläche des Systems noch bestehen kann. In diesem Falle wird das System neben vollkommener Schärfe und Klarheit der Bilder auch ein hohes Unterscheidungsvermögen besitzen. In der Vereinigung dieser beiden Eigenschaften besteht das höchste Ziel des Strebens, nach welchem unsere Optiker bei Anfertigung ihrer stärksten Systeme zu ringen haben werden.

Bemerkt soll hier noch sein, dafs bei Objektiven mit Korrektion der Öffnungswinkel verschieden ausfällt, je nach der Entfernung der beweglichen Linsen von der feststehenden Frontlinse. Bei der geringsten Entfernung dieser Linsen, also bei Einstellung auf die stärkst zulässige Deckglasdicke, hat das System den gröfsten Öffnungswinkel, im umgekehrten Falle dagegen den kleinsten.

Die Gröfse des Öffnungswinkels steht somit nach den vorstehenden Ausführungen in direkter Beziehung zu dem Auflösungs- oder Unterscheidungsvermögen. Professor Abbe war bestrebt, diese Beziehung in einer bestimmten Form zum Ausdruck zu bringen, welche weder durch das Maximum des Öffnungswinkels in Luft beschränkt, noch von dem jeweilig vor dem Objektivsystem befindlichen Mittel abhängig, somit sowohl für Trocken- als Immersionssysteme vergleichbar ist. Er konstruierte zu diesem Zwecke das Apertometer, das zunächst zu genauer Messung des Öffnungswinkels sowohl von Trockensystemen als von Immersionssystemen jeder Art dient, sodann aber den gefundenen Öffnungswinkel in einen Ausdruck umzuwandeln gestattet, welcher von dem Mittel, in welchem beobachtet wurde, unabhängig ist. Dieser Ausdruck erscheint als das Produkt aus dem Sinus des halben Öffnungswinkels und dem Brechungsindex des betreffenden Mediums und wurde von Abbe als »numerische Öffnung« oder »numerische Apertur« bezeichnet. Dieses Produkt ist für verschiedene Immersionsflüssigkeiten (Luft, Wasser, Glycerin, Zedernholzöl etc.) konstant und gibt durch seinen Wert für irgend ein Objektivsystem, für zentrale wie für schiefe Beleuchtung, die Grenze des Auflösungsvermögens an. Es wird somit durch die numerische Apertur die Leistungsfähigkeit eines jeden Objektives in einem einheitlichen Maſsstabe durch eine unbenannte Zahl ausgedrückt, wodurch eine direkte Vergleichung des Verhältnisses der Auflösungskraft der verschiedenen Objektive unter einander leicht möglich ist.

Von nicht zu unterschätzendem Einflusse auf die Deutlichkeit der Bilder eines Mikroskopes ist ferner dessen Lichtstärke. Es ist aber hiermit nicht jene Lichtstärke gemeint, welche vom Beleuchtungsapparate aus in das Instrument gelangt, sondern es ist darunter die gröſsere oder geringere Menge der Lichtstrahlen gemeint, welche überhaupt durch das Objektiv eintreten und zur Bildung des Luftbildes beitragen kann. Es fällt nicht schwer, durch lichtkonzentrierende Linsen oder Hohlspiegel das Gesichtsfeld eines Mikroskopes so stark zu erhellen, daſs dieses dem Auge des Beobachters sich gerade so erhellt darstellt, als das eines zweiten Mikroskopes; aber gleichwohl kann das zweite doch eine viel gröſsere Lichtstärke besitzen als das erste, und vermag eine stärkere Beleuchtung die fehlende wirkliche Helligkeit nicht zu ersetzen.

Die Lichtstärke ist in erster Linie abhängig von dem Durchmesser des Objektives und nimmt im quadratischen Verhältnisse desselben zu. Ferner hängt die Lichtstärke ab von der Brennweite des Objektivsystemes, so zwar, daſs mit der Verkürzung der Brennweite eine Abnahme der Lichtstärke verknüpft ist. Es muſs das Bestreben der Optiker darauf gerichtet sein, auch bei kurzer Brennweite noch genügende Helligkeit zu schaffen, also für möglichst groſsen Öffnungswinkel Sorge zu tragen. Da es bei schwach vergröſsernden Objektiven keine Schwierigkeit bietet genügend Licht zu erhalten, so muſs die Prüfung der Lichtstärke besonders eingehend mit den starken Systemen vorgenommen werden. Sichere Anhaltspunkte für diese Prüfung hat man zwar nicht, doch wird ein erfahrener Mikroskopiker auf den ersten Blick durch ein Mikroskop zu sagen wissen, ob es in Bezug auf die Lichtstärke mustergiltig ist oder nicht. Der Ungeübte thut am besten, ein Mikroskop von bekannter Güte zum Vergleich heranzuziehen und ein und dasselbe Objekt durch beide zu beobachten.

Von groſser Wichtigkeit ist ferner die genaue Zentrierung des ganzen optischen Apparates. Man versteht darunter das Zusammenfallen der optischen Achsen sämtlicher Linsen des Okulares und Objektives in eine einzige gerade Linie. Die genaue Zentrierung wirkt mitbestimmend auf das Begrenzungsvermögen des Mikroskopes. Sind auch die Aberrationen noch so vollkommen verbessert, es zeigt aber die Zentrierung der einzelnen Linsen oder Linsensysteme erhebliche Fehler, so leidet darunter immer das Begrenzungsvermögen, namentlich gegen den Rand zu, in hohem Grade, und das Bild erscheint verzerrt. Das genaue Zentrieren des optischen Apparates bildet, bei der Kleinheit der beim Mikroskop zur Verwendung gelangenden Linsen und ihrer mehrfachen Übereinanderlagerung, Schwierigkeiten, die oft noch weniger leicht zu überwinden sind, als die der Erreichung möglichst hoher optischer Vollkommenheit entgegenstehenden, und man wird wohl niemals ein Mikroskop treffen, welches die Prüfung hierauf ganz vollkommen bestände.

Eine Prüfung auf die Zentrierung wird sich demnach darauf zu beschränken haben, den mehr oder weniger hohen Grad des vorhandenen Fehlers zu konstatieren. Man bringt zu diesem Zwecke ein kleines Objekt, z. B. ein Schüppchen von einem Schmetterlingsflügel, so auf einem Objektträger unter das Mikroskop, daſs das eine Ende desselben den Rand des Gesichtsfeldes berührt und dreht nun nach einander erst das Okular und dann das Objektiv mit dem Tubus um seine Achse. Ist die Zentrierung genau, so wird das Bild immer die nämliche Stelle im Gesichtsfelde einnehmen, während im entgegengesetzten Falle das Bild während der Linsendrehung eine Ortsveränderung im Gesichtsfelde erleidet, so daſs dessen die Peripherie des Gesichtsfeldes berührender Teil bald auſserhalb, bald innerhalb derselben sich befindet. Fixiert man die beiden extremsten Stellungen, etwa durch Messen mit einem Okularmikrometer, so kann man, wie später erörtert werden soll, unter Berücksichtigung des, dem benutzten Objektive entsprechenden, Vergröſserungsfaktors den Grad der Exzentrizität durch eine Zahl ausdrücken. Bei Instrumenten mit Zahn und Trieb, welche eine Achsendrehung des Tubus samt Objektiv ausschlieſsen, hat man das Objektiv allein vorsichtig, etwa auf eine ganze Umdrehung, loszuschrauben. Allerdings kann dadurch infolge der Verschiebung und Neigung des Objektives im Schraubengang möglicherweise ein Fehler in die Beobachtung sich einschleichen, dessen Gröſse das Resultat unbrauchbar macht.

Bezüglich der Politur der Linsen und der Reinheit des zu ihrer Herstellung verwendeten Glases darf man überzeugt sein, daſs unsere Optiker bestrebt sein werden, Linsen herzustellen, welche in der angedeuteten Richtung möglichst fehlerfrei sind; ihr eigenstes Interesse zwingt sie hierbei zu gröſstmöglicher Vorsicht, da sie wohl schwerlich den Lohn ihrer überaus mühevollen Arbeit durch derartige Oberflächlichkeit in Frage stellen werden.

XI. Prüfung des Mikroskopes auf sein Begrenzungs- und Auflösungsvermögen.

Hat man das Mikroskop auf sein Begrenzungs- und Unterscheidungs- oder Auflösungsvermögen direkt zu prüfen, so ist vor allem hierzu eine günstige Beleuchtung zu wählen;

es ist dies, wie schon bei Besprechung der Beleuchtungsapparate angegeben, das Licht, welches von einem mit weifsen Wolken leicht bedeckten Himmel reflektiert wird. Im übrigen verfahre man bei Vornahme der weiterhin eingehend zu besprechenden Beobachtungen mit Vorsicht, Ruhe und Geduld, wenn anders die erzielten Resultate den gehegten Erwartungen entsprechen sollen.

Wenn auch viele Objekte sich zur Prüfung des Mikroskopes nach den beiden angedeuteten Richtungen eignen, so ist doch darauf zu sehen, dafs möglichst gleichartige Objekte hierfür ausgewählt werden. Diese Objekte hat man mit dem Namen Probeobjekte oder Testobjekte belegt, und es ist jedem mikroskopischen Beobachter anzuempfehlen, sich wenigstens mit einer Anzahl derselben bekannt zu machen, und die Art und Weise, wie sie sich durch ein gutes Mikroskop darstellen, dem Gedächtnis einzuprägen, weil solche Kenntnis ihm einen ziemlich sicheren und leicht anwendbaren Mafsstab an die Hand gibt, um die Tüchtigkeit eines Mikroskopes zu beurteilen.

Die Mehrzahl der benutzten Testobjekte ist fein gestreift oder getüpfelt, und die Prüfung des Instrumentes gipfelt darin, ob die Striche oder Tüpfelchen deutlich unterschieden werden können. Gelingt es, alles, was an einem Testobjekte zu sehen ist, vollkommen deutlich wahrzunehmen, so sagt man: das betreffende Objektiv vermag das Testobjekt aufzulösen. Dieses Auflösen ist aber bei vielen gar nicht leicht und kommt es dabei auf die genaue Einstellung in den Brennpunkt und eine geschickte Handhabung der Beleuchtung sehr viel an. Sind doch die Striche und Tüpfelchen manchmal gar nicht wahrzunehmen, wenn zentrische parallele Strahlen das Gesichtsfeld erhellen, während sie bei divergierenden oder schief von einer Seite einfallenden Strahlen ganz deutlich hervortreten. Einige dieser Objekte sind von einer solchen Schwierigkeit, dafs der Anfänger sich stundenlang ganz vergeblich daran abmühen wird, und dafs sie selbst dem Geübten längere Arbeit verursachen können.

Auf die Sichtbarkeit der feinen Zeichnung ist es aber auch von entschiedenem Einfluſse, ob ein Objekt trocken und luftumgeben, oder ob es in einer Flüssigkeit liegt. Wenn auch in letzterem Falle manchmal Einzelnheiten zur Wahrnehmung gelangen, welche an einem trocken liegenden Objekte nicht erkannt zu werden vermögen, so tritt gleichwohl bei vielen Objekten das entgegengesetzte Verhalten mancher feiner Strukturverhältnisse ein, namentlich, wenn die Objekte in Balsam liegen, weil in diesem Falle das Brechungsvermögen des Objektes und der Umgebung zu wenig von einander differieren, als daſs die Strahlen in einem zum Sichtbarwerden so zarter Striche erforderlichen Grade abgelenkt werden könnten.

Im allgemeinen reichen diejenigen Probeobjekte, welche man zur Prüfung des Auflösungsvermögens gebraucht, auch zur Prüfung des Begrenzungsvermögens aus, wobei für das erstere Vermögen die Beschaffenheit der Zeichnung, die Anzahl und gegenseitige Entfernung der auftretenden Linien und Tüpfelchen; für das zweite Vermögen dagegen die Schärfe und Klarheit, mit welcher ein System derartige Strukturverhältnisse erkennen läſst, in Betracht kommt. Da es jedoch dem Anfänger mehr Schwierigkeiten bereitet, das Begrenzungsvermögen genügend zu beurteilen, so verwendet man zur speziellen Prüfung des letzteren eine Reihe von besonders hierzu geeigneten Probeobjekten.

Was die Art der Beleuchtung betrifft, so ist zur Prüfung des Begrenzungsvermögens ausschlieſslich zentrisches Licht, wie es der Spiegel gewährt, ohne Einschaltung eines weiteren Beleuchtungsapparates, zu empfehlen; auch bei Prüfung des Auflösungsvermögens schreite man erst dann zu schiefer Beleuchtung, wenn bei der zentralen nichts mehr zu erreichen ist, oder wenn man sich darüber unterrichten will, in welcher Weise schiefes Licht auf die Sichtbarmachung sowie auf die Änderung der Ansicht schwierigerer Objekte einwirkt.

Um allgemeine annähernd gültige Anhaltspunkte zu

gewinnen für den Grad des Auflösungsvermögens, welches neben dem nie aufser Acht zu lassenden vollkommenen Begrenzungsvermögen und der möglichsten Farbenfreiheit zu verlangen ist, scheint auch mir die von Carpenter vorgeschlagene Einteilung der verschiedenen Objektivsysteme mit Rücksicht auf ihr Vergröfserungsvermögen in drei Klassen besonders zweckmäfsig, und folge ich in nachstehender Klassifikation der Objektivsysteme sowie der denselben entsprechenden Probeobjekte den Ausführungen Dippel's in dessen Werk »Das Mikroskop und seine Anwendung«, wobei ich mir die seltener zur Benutzung gelangenden Objekte aufser Acht zu lassen erlaube. Bei Mafsangaben erachte ich es für zweckmäfsig, nach dem Vorschlage Harting's als Einheit das »Mikron« = 0,001 mm = 1 μ einzuführen, da diese Mafseinheit in der neueren Mikroskopie eine sehr ausgedehnte Anwendung findet.

I. Klasse: Objektivsysteme, welche vorzugsweise zur Betrachtung undurchsichtiger Objekte mittels auffallenden Lichtes, sowie zur Untersuchung solcher durchsichtiger Objekte dienen, von denen man sich eine allgemeine Übersicht der gröberen Strukturverhältnisse machen will.

Es gehören hierher die Systeme von 60 bis etwa 10 mm Brennweite, welche mit den schwächsten, das objektive Bild etwa 2,5 bis 3 mal vergröfsernden, Okularen eine 10—80 malige, mit den stärkeren aber eine etwa doppelt so grofse Vergröfserung gewähren. Für diese Klasse von Systemen kommt namentlich vollkommenes Begrenzungsvermögen und vollständige Farbenfreiheit in Betracht, während das Auflösungsvermögen in nur mäfsigem Grade entwickelt zu sein braucht, niemals aber auf Kosten der übrigen Eigenschaften bevorzugt sein darf.

Objekte zur Prüfung des Begrenzungsvermögens. Für auffallendes Licht eignen sich nachstehende: Die Pollenkörner verschiedener Malvaceen, z. B. von Althaea rosea Cav. (Stockrose), dann auch von Scorzonera humilis L. (niedrige Schwarzwurz). Dieselben zeigen auf ihrer Oberfläche kleine stachelförmige Erhebungen; diese müssen scharf begrenzt gesehen werden und es darf die Schärfe und Feinheit der Begrenzung auch nicht bei Anwendung stark vergröfsernder Okulare verlieren. Ist dies nicht der Fall, erscheinen dieselben verwaschen oder nebelig, oder verbreitern sich dieselben merklich bei Anwendung stärkerer Okularvergröfserungen, so ist das System mangelhaft korrigiert. In gleicher Weise können auch Teile von Insektenflügeln, welche mit kleinen Schüppchen oder Härchen bedeckt sind, benutzt werden. Hierzu eignen sich besonders Flügeldecken von Entimus imperialis F. (Brillantkäfer), Phyllobius piri L. (Birnbaumrüfsler) und argentatus L. (Silberglanzrüfsler), Polydrosus sericeus Gyl. (Seidenhaarrüfsler), Hoplia farinosa L. (bestäubter Hufkäfer) und argentea F. (silberglänzender Hufkäfer), dann die Flügel verschiedener Fliegen. Die Schüppchen sowohl als die feinen Haare und deren kreisrunde Ansatzstellen müssen scharf begrenzt und deutlich abgehoben erscheinen. Die behaarten Flügel eignen sich aufserdem noch recht gut zur Prüfung des Begrenzungsvermögens bei durchgehendem Lichte, und ist dabei vorzugsweise auf das deutliche Hervortreten der Anheftungsstellen der Haare zu sehen. Die Haare der Hausmaus eignen sich gleichfalls sowohl für auffallendes wie für durchgehendes Licht und können im letzteren Falle trocken, sowie in Kanadabalsam oder Glyceringelatine eingelegt, verwendet werden. Die Haare müssen die hellen und dunklen Stellen deutlich getrennt und durch scharfe Linien von einander geschieden erkennen lassen, wobei die ersteren ein silberglänzendes Ansehen zeigen. Für durchgehendes Licht gewähren die Tracheen der Seidenraupe ein recht brauchbares Probeobjekt, und können die Hauptäste zur Prüfung schwächerer, die immer feiner und zarter werdenden Verzweigungen derselben zur Prüfung der stärkeren Vergröfserungen verwendet werden. Gute Systeme müssen die Spiralbänder deutlich von einander getrennt, sowie deutlich und bestimmt umgrenzt zeigen, ohne dafs sich in den Zwischenräumen die geringste Farbenerscheinung oder nebeliges Ansehen bemerkbar machen dürfte. Sehr gute Dienste leisten in dieser Richtung auch die Radulapräparate mancher Wasserschnecken, so insbesondere die von Bithynella Schmidtii. Gut definierende Systeme müssen bei einem in Glyceringelatine liegenden Präparate, auch schon in den schwächeren Vergröſserungen, die Konturen der einzelnen Zähne einer Querreihe deutlich zeigen, wogegen die stärkeren Systeme dieser Klasse auch die kleinen, sich nur über den Rand ausdehnenden kerbartigen Erhöhungen und Vertiefungen deutlich zeigen müssen; Farbenerscheinungen dürfen sich dabei in keinem Falle zeigen. Sehr gute Objekte sind auch Längsschnitte aus dem Wurzelholze unserer Nadelbäume, namentlich der verschiedenen Kieferarten. Die Reinheit und Feinheit der Grenzlinien des aus der Interzellularsubstanz und den primären Zellstoffhüllen gebildeten Netzwerkes bietet ausgezeichnete Anhaltspunkte zur Beurteilung hierher gehöriger Systeme.

Objekte zur Prüfung des Auflösungsvermögens. Hierzu dienen zunächst die Schuppen von Lepisma saccharina L. (Zuckergast), einem bei uns häufig in Vorratsräumen und alten Wohnhäusern auf Wolle, Leinenzeug und Papier vorkommenden Insekte. Die Schuppen, welche den ganzen Körper dieses Tieres bedecken und demselben einen perlmutterartigen Glanz verleihen, sind von zweierlei Art. Die gröſseren (Fig. 45) sind länglich bis keilförmig und enthalten auf 1 μ (1 μ = 0,001 mm) 0,4 bis 0,5 Längsstreifen, welche zwar schon bei einer schwachen, etwa 20—30 fachen Vergröſserung gesehen

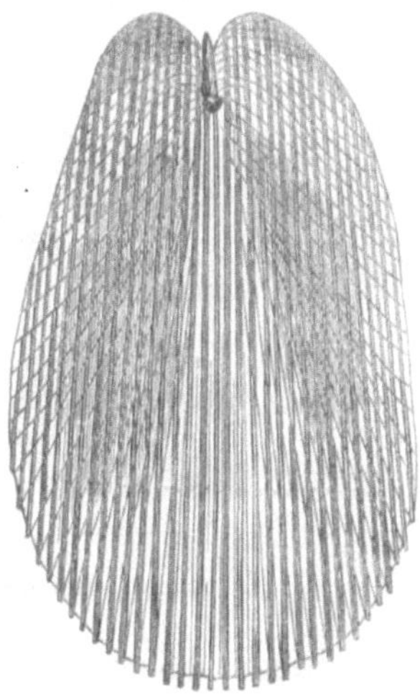

Fig. 45.
Schüppchen von Lepisma saccharina.

werden können, aber der grofsen Durchsichtigkeit des Objektes sowie der Schärfe der Zeichnung halber ein sehr gutes Probeobjekt für die schwächsten Objektive darbieten. Die kleineren Schuppen sind fast kreisrund und noch durchsichtiger und enthalten 0,7 bis 0,8 Längsstreifen auf 1 μ; sie sind sehr geeignet zur Prüfung etwa 100facher Ver-

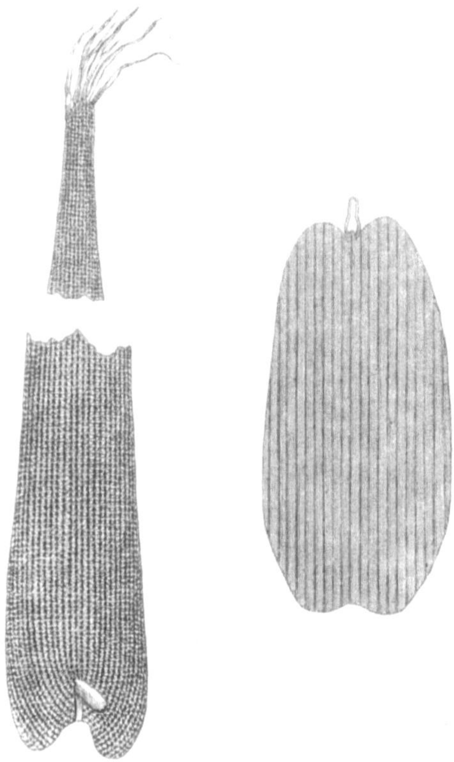

Fig. 46.
Die zweierlei Schüppchen vom Flügel des Kohlweifslings.

gröfserungen. Ferner sind auch sehr brauchbar die Schuppen von Pieris brassicae (Kohlweifsling). Dieser Schmetterling hat zwei Arten von Schuppen (Fig. 46). Als Probeobjekte dürfen nur jene genommen werden, welche sehr langgestreckt herzförmig sind und zwischen den beiden Lappen der Basis ein rundliches Stielchen tragen, mittels dessen jedes Schüppchen an den Flügeln befestigt ist. Diese herzförmigen Schuppen sind über ihre ganze Oberfläche, sowohl auf den Längsstreifen als in den Zwischenräumen, mit sehr kleinen unregelmäfsig eckigen bis runden Körperchen besetzt, wodurch unter gewissen Beleuchtungsverhältnissen die Ansicht von Querstreifen hervorgerufen wird, welche zwischen und neben den Längsstreifen verlaufen; diese scheinbare Querstreifung, eigentlich unregelmäfsige Körperchen, mufs ein gutes System zeigen, doch sei hier bemerkt, dafs wegen der grofsen Durchsichtigkeit dieser Schüppchen das Sichtbarmachen dieser Querstreifen einige Schwierigkeiten bereiten wird. Von Diatomeen finden hier Verwendung die Kieselpanzer von Pinnularia nobilis und viridis. Die erste enthält auf 1 μ 0,4 bis 0,5, die zweite 0,7 bis 0,8 starke Querstreifen, von denen erstere schon bei 20 bis 25 facher, letztere dagegen erst bei 40 bis 50 facher Vergröfserung zu sehen sind, und müssen gute Systeme die einzelnen Linien scharf und deutlich hervortreten lassen. Das erstere Testobjekt eignet sich besonders für Objektive von 40—20 mm, das letztere für solche von 20—10 mm Brennweite.

II. Klasse: Objektivsysteme, welche vorzugsweise zur Beobachtung von Objekten aus der morphologischen Entwicklungsgeschichte, sowie aus der allgemeinen und vergleichenden Histologie des Tier- und Pflanzenreiches dienen.

Solche Systeme besitzen eine Brennweite von 10 bis 3 mm und geben mit den schwächeren Okularen eine etwa 100 bis 300 malige, mit den stärkeren eine 150 bis 500-malige Vergröfserung. Diese Objektivsysteme geniefsen die ausgedehnteste Anwendung zu wissenschaftlichen Untersuchungen. Sollen dieselben ihrem Zwecke vollkommen entsprechen, so ist neben einem vollkommenen Begrenzungsvermögen und möglichster Farbenfreiheit auch ein hinreichender Grad von Auflösungsvermögen erforderlich.

Objekte zur Prüfung des Begrenzungsvermögens. Für die schwächeren Systeme dieser Art sind die Rückenhaare der Hausmaus, die Haare der gemeinen Fledermaus, zarte Längsschnitte aus dem Wurzelholze unserer Coniferen, die dunkleren Schüppchen von Podura plumbea (Springschwanz); für stärkere Systeme die getüpfelten Schuppen von Lycaena Argus (Adonis) oder Lyc. Alexis (Alexisbläuling), die helleren Schüppchen von Podura plumbea, quergestreifte Muskelfasern, sowie die Schleimkörperchen aus der Mundhöhle, sehr geeignete Probeobjekte. Bei den Rückenhaaren der Hausmaus sollen mit diesen Systemen die Stellen deutlich hervortreten, welche durch die zellige Struktur der Rindenschichte hervorgerufen werden (Fig. 47, *d*); auch die

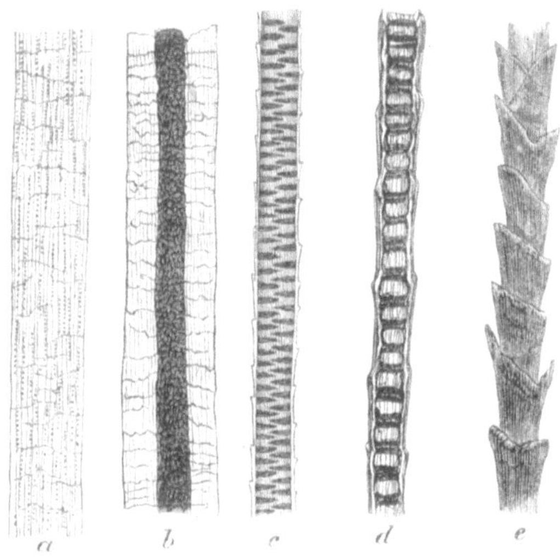

Fig. 47.
Haare: *a* vom Menschen, *b* vom Schaf, *c* vom Eichhörnchen, *d* von der Hausmaus, *e* von der Fledermaus.

Haare von Vespertilio murinus bieten in der Struktur ihrer Rindenschichte, welche aus spiralig geordneten, platten, schuppenartigen Zellen besteht, die am Rande etwas vorspringen (Fig. 47, *e*), ein sehr gutes Objekt. Für Längsschnitte eignet sich hier vorzüglich das Wurzelholz von Pinus sylvestris, Pinus strobus und Pinus abies, dann Abies excelsa; hierbei kommt vorzugsweise die Begrenzung des Tüpfelkanales in Betracht. Derselbe muſs nicht allein bei voller Zartheit noch klar und bestimmt hervortreten, sondern es muſs auch der Innenraum völlig frei sein von jeglicher Farbenzerstreuung, wenn das Objekt allen gerechten Anforderungen entsprechen soll. Das Bild, unter dem sich der ganze Tüpfel darstellt, gibt einen sehr guten Anhaltspunkt zur Beurteilung sowohl der sphärischen als auch der chromatischen Aberration. Lycaena Argus ist einer unserer gewöhnlichsten Hochsommer-Schmetterlinge; er ist entschieden der prächtigste unserer deutschen Bläulinge, denn das Blau seiner Flügel wird in Feuer und Glanz von keinem andern erreicht und fliegt, wo er vorkommt, in Menge auf trockenen Wiesen und Waldplätzen. Die Männchen, welche stets weit häufiger als die Weibchen vorkommen, sind dunkelblau mit schwarzem Streifen und weiſsem Saume. Als Material zu Probeobjekten kommen nur die Schuppen der Männchen in Betracht, und zwar nimmt man von denselben die Schüppchen von der Oberseite der Flügel. Dieselben sind dreierlei Art. Eine Art zeigt getüpfelte Schüppchen, die beiden anderen Arten besitzen Streifen. Die ersteren werden zum Zwecke der Prüfung am besten in Balsam eingeschlossen, weil sie dann ein schön aufgehelltes Bild zeigen. Es müssen dabei sowohl die in Längsreihen geordneten ringförmigen Punkte mit der in ihrer Mitte stehenden haarförmigen Spitze deutlich und scharf umgrenzt gesehen, als auch die die einzelnen Ringe verbindenden, zarten Längsstreifen erkannt werden, ohne daſs einzelne, nahe bei einander stehende Ringe zusammenflieſsen dürfen. Von den beiden gestreiften Schüppchenarten ist die eine, welche wie Bruchstücke eines Schüppchens aussieht, bei auffallendem Lichte blau, bei durchgehendem Lichte citronengelb gefärbt, während die andere, weit mehr symmetrisch entwickelte Art, bei auffallendem Lichte braun, bei durchgehendem Lichte dunkel graubraun erscheint. Beide besitzen auf 1 μ 0,6 bis 0,7 mm

Längsstreifen, die sich sehr gut zur Prüfung von Systemen von etwa 100facher Vergröſserung eignen; die Querstreifen auf den dunkleren Schüppchen, von denen 1,1 bis 1,2 auf 1 μ gehen, sind schon bedeutend schwieriger sichtbar zu machen, und diejenigen auf den helleren erfordern, auch bei einem guten Systeme, immerhin eine 300fache Vergröſserung, obwohl sie etwas weiter von einander entfernt stehen, 0,7 bis 0,9 auf 1 μ, da sie sehr schwach gezeichnet und dabei auſserordentlich durchsichtig sind. Ein noch etwas schwierigeres Objekt bilden die braunen und namentlich die gelben sehr durchsichtigen, denen der vorigen Art ähnlichen, Schüppchen von Lycaena Alexis, welcher etwa zu gleicher Zeit mit dem vorigen fliegt und namentlich auf Kleefeldern zu finden ist. Von Lyc. Argus unterscheidet sich derselbe leicht durch seine himmelblaue Färbung mit rötlichem Schimmer. Die Querstreifen stehen bei ihm weit dichter als bei dem vorhergehenden, da bei den dunkeln Schüppchen 1,4 bis 1,5 und bei den hellen 1 bis 1,1 auf 1 μ treffen und bilden beide sehr wertvolle Objekte für eine vollkommene etwa 300malige Vergröſserung.

Die Schüppchen, welche Körper und Beine von Podura plumbea bedecken, sind zweierlei: gröſsere, dunkler gefärbte, und kleinere, heller gefärbte. Auf den ersteren, die sich auſserdem durch ihre in die Länge gezogene Gestalt leicht bemerklich machen, sind die ihre Oberfläche bedeckenden, in wellenförmigen Querreihen angeordneten keilförmigen Erhebungen stark markiert, während sie auf den letzteren, namentlich bei den fast kreisrunden Exemplaren, weit zarter und schwächer gezeichnet sind. Die genannten Zeichnungen müssen deutlich, von der Umgebung bestimmt abgehoben und scharf begrenzt hervortreten, ohne daſs sie in der Form von zusammenhängenden Längslinien erscheinen, wie es häufig bei weniger gut definierenden Systemen der Fall ist.

Die quergestreiften Muskelfasern, welche man von dem Rinde oder Schweine nehmen kann, bilden für die Systeme dieser Klasse das vorzüglichste Probeobjekt. Nur die allerbesten Systeme dieser Klasse gewähren ein Bild, welches die gesamten Strukturverhältnisse mit der erforderlichen Klarheit und Schärfe erkennen läſst. (Um die Struktur der Primitivfibrillen genügend zu erkennen, hat man jedoch ein sehr gut begrenzendes System der dritten Klasse nötig.)

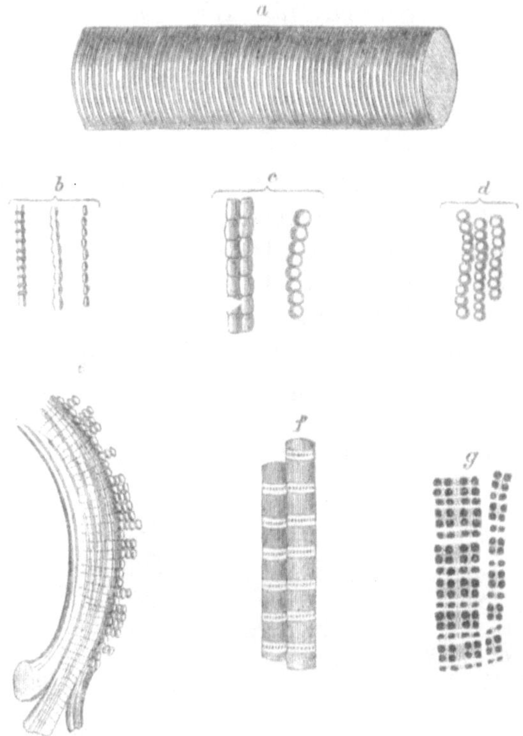

Fig. 48.
Abbildungen von Muskelfasern aus verschiedenen Zeiten.
a nach Leeuwenhoek 1695; *b* nach Muys 1741; *c* nach Home 1818; *d* nach Milne-Edwards 1823
e nach Bowmann 1837; *f* nach Amici 1859; *g* nach Merkel 1873.

Es ist interessant, zu verfolgen, wie die Erkennung dieses vieluntersuchten Gewebes zugleich mit der Verbesserung der Objektivsysteme gefördert wurde. In Fig. 48 *a* bis *g* sind Kopien (Merkel) nach den genauesten mikroskopischen Untersuchern des Muskels dargestellt, und ein Blick auf die Abbildungen ergibt die einzelnen Stadien, welche die Erkennung der Muskelstruktur durchlaufen hat. Die erste Abbildung (*a*), nach Leeuwenhoek, zeigt die Muskelfaser quergestreift, wie sie unter einem guten schwächeren Mikroskope aussieht. Auch Muys (*b*) hat noch Bilder, welche der Wahrheit nicht ferne stehen. Dagegen zeichnen Home (*c*) und Milne-Edwards (*d*), kurz vor dem weiteren Bekanntwerden der achromatischen Mikroskope, noch Gebilde, welche mit Muskeln wenige Ähnlichkeit haben. Bowmann (*e*) hat schon mit achromatischen Instrumenten untersucht und deshalb auch bessere Bilder erhalten. Sehr gut aber ist die Abbildung Amici's (*f*), welche schon richtig zwischen je zwei dunkleren Abteilungen eine helle mit einer Reihe dunkler Punkte abzeichnet. Die letzte Abbildung (*g*) stellt ein Stückchen Froschmuskel in 2000maliger Vergrößerung eines modernen Mikroskopes nach Merkel dar. Hier ist jede dunkle Abteilung Amici's wieder in zwei Teile zerlegt.

Die Schleim- oder Speichelkörperchen (Fig. 49), welche man leicht erhält, wenn man mit einem stumpfen Messerchen an dem Zahnfleisch, der inneren Seite der Wange,

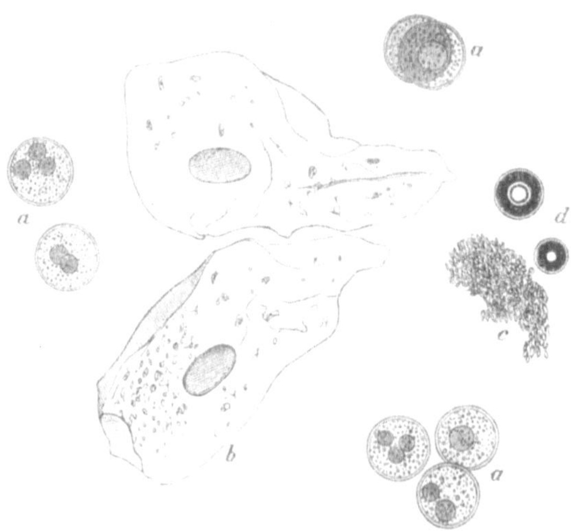

Fig. 49.

Speichel mit darin suspendierten Schleim- oder Speichelkörperchen.
a **Speichelkörperchen;** ***b*** **Epithelzellen;** ***c*** **Pilzsporen;** ***d*** **Luftblasen.**

oder über den Rücken der Zunge hinstreicht, gewähren gleichfalls ein sehr schönes Objekt. Es kommt hierbei hauptsächlich auf die Schärfe der Begrenzung im allgemeinen sowohl als namentlich des Kernes und der kleinen, weifsen, in Molekularbewegung befindlichen Inhaltskörperchen an, welch letztere übrigens in ihrer vollkommenen Deutlichkeit nur mit einem sehr guten Systeme der dritten Klasse erkannt werden können.

Objekte zur Prüfung des Auflösungsvermögens. Die Schuppen von Hipparchia Janira L. (Gelbes Sandauge), Lycaena Argus und Alexis, Hesperia comma L., dann von Diatomeen, die Kieselpanzer von Pleurosigma formosum, balticum, attenuatum, Grammatophora serpentina für gerades Licht, dann diejenigen von Synedra fulgens, Pleurosigma angulatum, Grammatophora marina für schiefes Licht.

Hipparchia Janira (das Männchen) ist ein bei uns gleichfalls den ganzen Sommer über auf Wiesen vorkommender Schmetterling. Als Probeobjekte dienen vorzugsweise die hellgefärbten Schuppen von den Flügeln des Weibchens (Hipparchia Jurtina L.), welches sich vom Männchen leicht durch eine ockergelbe Binde an der Aufsenspitze der Vorderflügel unterscheidet, welche ein schwarzes, weifs gekerntes Auge trägt. Die Längsstreifen, von denen 0,4 bis 0,5 auf 1 μ treffen, sind etwa von gleicher Schwierigkeit wie die auf den gröfseren Schuppen von Lepisma saccharina; von den Querstreifen gehen 1 bis 1,2 auf 1 μ. Bei einer Vergröfserung von 200 bis 300, sowie bei senkrecht einfallendem Lichte erscheinen dieselben als scharfe Linien. Betrachtet man sie aber bei stärkerer Vergröfserung, so stellen sich die Querstreifen, welche sowohl über die erhabenen, als auch über die Zwischenräume verlaufen, wie gezähnt dar, und man erkennt, dafs dieselben von parallelen Reihen kleiner viereckiger, an den Ecken mehr oder weniger abgerundeter erhabenen Körperchen gebildet werden.

Ein noch schwierigeres Objekt liefern die hellen, bei durchfallendem Lichte gelbbraunen Schüppchen auf der Oberseite der Vorderflügel von Hesperia Leucania comma L.

Dieser Schmetterling von gelbbrauner bis graubrauner Farbe erscheint im Juni und August in manchen Gegenden häufig auf Wiesen und ist das Männchen leicht an dem eigentümlichen dicken schwarzen Querstrich, welcher sich von der Wurzel der Vorderflügel nach der Mitte hinzieht, von welchem derselbe auch seinen Namen hat, zu erkennen. Die Querstreifen stehen zu 1,4 bis 1,5 auf 1 μ und kommen in Bezug auf die Schwierigkeit der Sichtbarmachung etwa denen von Pleurosigma balticum gleich. Es bildet für jedes System der zweiten Klasse ein vollkommen ausreichendes Probeobjekt.

Pleurosigma formosa zeichnet sich durch seine eigentümlich geschwungene Mittelrippe und die mit ihrer Längsachse unter schiefem Winkel gegen sie gestellten länglich sechseckigen Körperchen aus. Dadurch enstehen zwei sich unter einem Winkel von 60° bis 80° kreuzende Liniensysteme, von denen das eine stärker, das andere zarter gezeichnet ist. Die Anzahl der diagonalen Linien beträgt 1,1 bis 1,2, beziehungsweise 1,3 bis 1,4 auf 1 μ. Diese Diatomee kann gut in Balsam eingelegt werden, ohne daſs ihre Auflösung dadurch merklich schwieriger wird.

Pleurosigma balticum enthält ziemlich starke Längs- und gleich starke Querstreifen, von denen 1,4 bis 1,5 auf 1 μ gehen. Bei dieser, wie auch der folgenden Art läſst sich bei starker Vergröſserung leicht erkennen, daſs die beiden Streifensysteme durch in die Länge gezogene, am Grunde symmetrisch sechsseitige Höckerchen gebildet werden, welche mit ihrer Längsachse senkrecht zur Mittellinie stehen.

Pleurosigma attenuatum ist ähnlich der vorigen gezeichnet, nur sind die Längslinien schärfer und es stehen die Querlinien etwas näher bei einander.

Grammatophora serpentina und marina. Bei ersterer, mit 2 bis 2,2 Querlinien auf 1 μ erkennt man bei zentraler Beleuchtung diese Querlinien schon recht gut bei 300 bis 400maliger Vergröſserung; etwas schwieriger dagegen ist die zweite Art, mit 2,5 Querstreifen auf 1 μ, aufzulösen;

beide zeigen neben den Querlinien auch sich schief kreuzende Linien.

Synedra fulgens mit 1,7 bis 1,8 Querstreifen auf 1 μ bildet für mittelstarke Systeme dieser Klasse ein sehr brauchbares Objekt.

Pleurosigma angulatum, wohl am meisten als Testobjekt verbreitet und bekannt, zeichnet sich durch die vollständig regelmäßsigen sechsseitigen Zeichnungen aus, welche dessen Schale bedecken. Man sieht daher auf derselben drei in verschiedenen Richtungen verlaufende Liniensysteme, von denen das eine senkrecht zur Mittellinie, also quer verläuft, während die beiden andern sich unter einem Winkel von 50—60° schneiden. Mittels sehr guter Systeme und bei günstiger zentraler Beleuchtung erkennt man schon bei etwa 400 bis 500 maliger Vergrößserung deutlich die sechsseitige Zeichnung (Vertiefungen und deren erhabene Ränder); die vollständige Auflösung dieses Objektes kann aber nur durch ein System der dritten Klasse erfolgen.

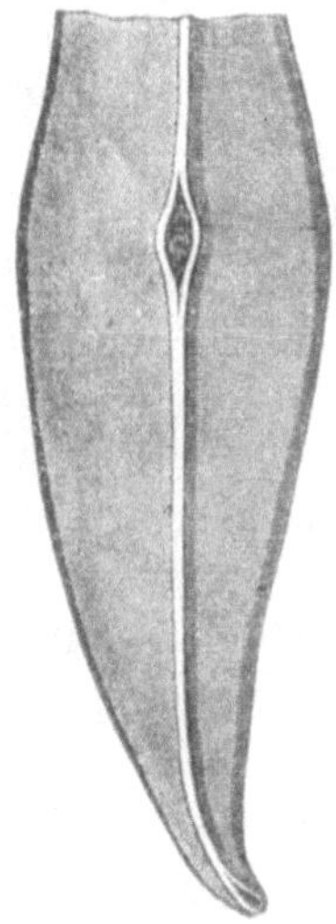

Fig. 50.
Pleurosigma angulatum. (Nach Nägeli und Schwendener.)

III. Klasse: Hierher gehören alle Objektivsysteme von unter 3 mm Brennweite, welche mit den schwächeren Okularen eine 300 bis 600-malige Vergrößserung gewähren, während dieselbe durch starke Okulare von 1500 bis 2500 gesteigert werden kann.

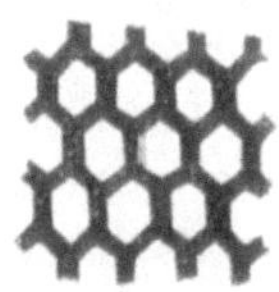

Fig. 51.
Pleurosigma angulatum bei starker Vergrößserung.

Für die eigentliche Beobachtung kommen allerdings in den meisten Fällen nur die mittels der schwächeren Okulare erzielten Vergrößserungen in Betracht, allein für manche Zwecke, z. B. zum Zählen sehr kleiner Objekte, bei mikrometrischen Messungen u. s. w. sind jene starken Vergröfserungen sehr erwünscht. Diese starken Objektive sind von weit beschränkterer Anwendung als die der vorhergehenden Klasse. Sie dienen vorzugsweise zu Untersuchungen der feinsten anatomischen Objekte, bei denen es sehr zarte Strukturverhältnisse zu erforschen gilt, dann zu Untersuchungen über die Entwicklungsgeschichte der organischen Elementargewebe. Wer solche Systeme anwenden will, der mufs sich aber auch mit deren immerhin nicht sehr einfachen Behandlung vertraut machen, und sich in der Präparation der erforderlichen Objekte die nötige technische Fertigkeit erwerben, denn nur ganz gelungene Präparate können mit solchen Systemen untersucht werden. Für solche Systeme ist neben vollkommenem Begrenzungsvermögen und hohem Achromatismus, sowie neben bedeutender Lichtstärke ein hohes auflösendes Vermögen unbedingt erforderlich, und in je höherem Grade dieses unter vollständiger Beibehaltung der übrigen genannten Eigenschaften entwickelt ist, desto höher steigt der Wert eines solchen Objektivsystemes. Dafs dieses Ziel ein schwierig zu erreichendes ist, darauf wurde bereits früher hingewiesen. Man darf sich daher auch nicht wundern, wenn solche Meisterwerke der praktischen Optik mit 300 bis 400 Mk. bezahlt werden müssen. Die vorzüglichsten Systeme dieser Art sind die erst in allerneuester Zeit in Gebrauch gekommenen Systeme für homogene Immersion, deren beste wohl aus den Werkstätten von Hartnack, Reichert, Seibert und Zeiss hervorgehen dürften.

Als Probeobjekte für das Begrenzungsvermögen können die helleren Schuppen von Podura plumbea, die Schleimkörperchen, die Primitivfibrillen der quergestreiften Muskelfasern, und vor allem, als bester Prüfstein, die Schärfe der kleinsten Bildchen auf Luftblasen sowie der Zeichnungen auf den Flügelschuppen der Schmetterlinge und Kieselschalen der Diatomeen dienen, deren wahre Beschaffenheit bei den schwierigeren Objekten nur mittels Systemen von ganz hervorragendem Begrenzungsvermögen erkannt zu werden vermag.

Zur Prüfung des Auflösungsvermögens dient neben den Bildchen von Luftblasen vorzugsweise die Nobert'sche Probetafel, über welche alsbald nähere Aufschlüsse erfolgen werden, dann von den natürlichen Probeobjekten Pleurosigma angulatum und scalparum, Grammatophora subtilissima, Navicula veneta und rhomboides Soll., Fragillaria capucina, Striatella unipunctata, Surirella Gemma, Rhizosolenia styliformis, Nitzschia sigmoidea, Frustulia saxonica, Amphipleura pellucida. Nur die besten Systeme lösen die leichteren der genannten Probeobjekte bei sehr günstigem, weifsem und intensivem Lichte und gerader Beleuchtung vollkommen, während man in der Regel schiefes Licht anwenden mufs, um die erforderlichen Einzelnheiten zu sehen.

Pleurosigma angulatum. Bei 1000 bis 1500maliger Vergröfserung mufs ein gutes System bei zentraler Beleuchtung vollkommen darüber Aufschlufs geben, dafs die gesehenen Liniensysteme (Fig. 50) ihre Entstehung den durch Vertiefungen und erhabene Ränder hervorgerufenen sechsseitigen Zeichnungen verdanken. Die Begrenzung der Sechsecke ist dabei nach allen Seiten hin gleich scharf und stark (Fig. 51), was die Behauptung, die drei Liniensysteme liegen auf gleicher Höhe, vollkommen rechtfertigt. Wendet man schief einfallendes Licht an, so tritt, je nach Lage der Kieselschalen gegen die Lichtstrahlen, das eine oder andere der Liniensysteme besonders hervor. Die etwas weiter von einander abstehenden Querlinien treten auf, wenn das schiefe Licht parallel mit der Längsachse einfällt. Diese Diatomee soll trocken eingelegt sein, da sie durch Kanadabalsam bedeutend an Schwierigkeit zunimmt.

Grammatophora subtilissima (Fig. 52) mit 3,2 bis 3,4 Querlinien auf 1 μ. Um die Querlinien derselben deutlich zu sehen, ist schiefe Beleuchtung und sehr helles Licht erforderlich. Neben den eigentlichen Querlinien kommen bei derselben wie bei Pl. angulatum auch sich schief durchkreuzende Linien vor, die aber äufserst schwierig zu sehen sind und zu ihrer Lösung günstiges Licht und gut regulierte schiefe Beleuchtung erfordern. Gewöhnlich ist dieses Testobjekt in Kanadabalsam eingelegt.

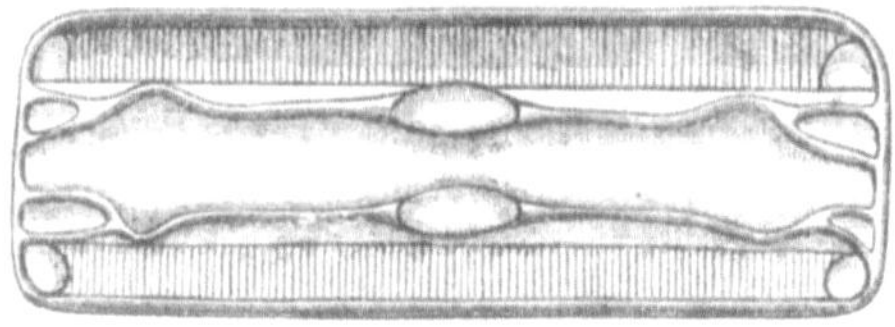

Fig. 52.
Grammatophora subtilissima. (Nach Dippel.)

Navicula veneta zeigt zwar nur 2,6 Querstreifen auf 1 μ, gehört jedoch, der Feinheit der Streifung wegen, selbst trocken liegend, zu den schwierigeren Probeobjekten für die stärksten Systeme bei zentraler Beleuchtung.

Fragillaria capucina mit 2,6 bis 2,8 Querstreifen auf 1 μ, bildet ein etwas schwierigeres aber sehr schönes Objekt für die stärksten Systeme bei schiefer Beleuchtung.

Striatella unipunctata mit 3 bis 3,2 Querstreifen auf 1 μ, bildet eines der schwierigsten Objekte und ist in Bezug auf seine Lösbarkeit schwieriger als Gr. subtilissima.

Surirella Gemma, ein prachtvolles aber schwer zu bewältigendes Objekt. Die parallel den Querstreifen verlaufenden stärkeren Querstreifen, von denen 2,2 bis 2,4 auf 1 μ kommen, sind zwar schon mit den starken Systemen der zweiten Klasse deutlich bei schiefer Beleuchtung zu sehen, dagegen sind die äufserst zart gezeichneten Längsstreifen, welche auch über die Querleisten verlaufen, und von denen 3 bis 3,2 auf 1 μ treffen, sehr schwer sichtbar zu machen und verlangen vorzügliche Systeme und gute schiefe Beleuchtung. Ein sehr hübsches Bild gewährt diese Diatomee bei letzterer Beleuchtung, wenn die Strahlen etwa unter einem Winkel von 25° bis 30° auf die Längsstreifen treffen, in welchem Falle dann die Zwischenräume wie von einem korbartigen Gewebe erfüllt erscheinen.

Nitzschia sigmoidea mit 3 Querstreifen auf 1 μ, ist zwar ein sehr schwieriges, aber nicht besonders dankbares, Objekt für die stärksten Systeme und schiefe Beleuchtung.

Rhizosolenia styliformis, ein in neuer Zeit vielgenanntes Probeobjekt von bedeutender Gröfse, enthält drei Liniensysteme, von denen das eine 2,8 Streifen auf 1 μ enthält und parallel mit der Achse verläuft, während die beiden anderen 3 bis 3,2 Streifen haben und sich schiefwinkelig kreuzen.

Frustulia saxonica, auch erst in neuerer Zeit als Testobjekt eingeführt, besitzt Längsstreifen, deren 1,8 bis 2 auf 1 μ treffen und sehr enge Querstreifen, von denen 3,4 bis 3,5 auf 1 μ kommen. Beide Streifensysteme sind sehr schwach gezeichnet und verlangen ein sehr gutes System zu ihrer Lösung; das Präparat wird meist trocken eingelegt.

Amphipleura pelucida mit 5,1 bis 5,2 Streifen auf 1 μ ist wohl das neueste und, soweit meine Kenntnis hierüber reicht, bisher nur mittels Systemen für homogene Immersion vollständig gelöste Testobjekt.

Aus der grofsen Anzahl der hier, und zwar keineswegs vollzählig, genannten Probeobjekte hat man bei Prüfung eines Mikroskopes geeignete Auswahl zu treffen. Dippel empfiehlt hiervon folgende auszuwählen:

Für Systeme erster Klasse: die Schüppchen von Lepisma saccharina (grofse und kleine) oder statt deren Pinnularia nobilis und viridis.

Für Systeme zweiter Klasse: die Schüppchen von Hipparchia Janira, Pleurosigma attenuatum und allenfalls noch Grammatophora serpentina und Synedra fulgens.

Für Systeme dritter Klasse: Pleurosigma angulatum und Grammatophora marina.

Für die stärksten Systeme bei schiefer Beleuchtung Surirella Gemma, Grammatophora subtilissima und Amphipleura pelucida.

Nobert'sche Probeplatte. Mancherlei individuelle Verschiedenheiten sind häufig die Ursache, dafs gleichnamige Diatomeen-Probeobjekte von sehr ungleichem Werte sein können, überdies variiert die Sichtbarkeit der einzelnen Streifen nicht unbedeutend, wodurch der Mafsstab zur Prüfung eines Systemes nicht selten unrichtig wird. Dies gab Anlafs zur

Herstellung eines künstlichen Probeobjektes, der Nobertschen Probeplatte.

Diese besteht aus einer Anzahl zu Gruppen vereinigter Linien, die sehr eng an einander gereiht, mit Diamant auf Glas eingerissen oder mit Flufssäure auf Glas eingeätzt sind. Die Linien sind in der Art gezogen, dafs sie in der ersten Gruppe am weitesten von einander entfernt und am stärksten, in der letzten Gruppe am meisten einander genähert und am feinsten sind, so dafs sämtliche Gruppen, in Bezug auf die Schwierigkeit ihrer Auflösbarkeit in einzelne Linien, eine regelmäfsig aufsteigende Reihe bilden. Nobert hat zwei solche Platten angefertigt. Die ältere enthält 30 Liniengruppen, von denen immer je 5 zu einer gröfseren Gruppe vereinigt sind; die zweite neuere enthält 19 Gruppen.

Im Nachstehenden sind die Abstände der einzelnen Linien auf den beiden Platten aufgeführt.

1. Probeplatte mit 30 Liniengruppen:

Gruppe	Entfernung der Linien in μ	Anzahl der Linien in einer Gruppe	Zahl der Linien auf 1 mm
1	2,256	7	550
2	1,917	8	600
3	1,647	9	700
4	1,399	10	800
5	1,240	12	900
6	1,082	13	1000
7	0,902	15	1100
8	0,789	17	1300
9	0,677	20	1500
10	0,620	22	1600
11	0,591	24	1700
12	0,566	25	1800
13	0,533	26	1900
14	0,508	28	2000

Gruppe	Entfernung der Linien in μ	Anzahl der Linien in einer Gruppe	Zahl der Linien auf 1 mm
15	0,451	29	2100
16	0,433	30	2200
17	0,417	31	2300
18	0,401	32	2400
19	0,388	33	2500
20	0,376	34	2600
21	0,365	36	2700
22	0,354	37	2800
23	0,342	38	2900
24	0,331	40	3000
25	0,322	41	3100
26	0,313	42	3200
27	0,304	43	3300
28	0,295	44	3400
29	0,288	45	3500
30	0,282	46	3600

2. Probeplatte mit 19 Liniengruppen:

Gruppe	Entfernung der Linien in par. Lin.	Entfernung der Linien in μ	Zahl der Linien auf 1 mm
I	$\frac{1}{1000}$	2,256	445
II	$\frac{1}{1500}$	1,504	666
III	$\frac{1}{2000}$	1,128	890
IV	$\frac{1}{2500}$	0,902	1108
V	$\frac{1}{3000}$	0,752	1320
VI	$\frac{1}{3500}$	0,645	1550
VII	$\frac{1}{4000}$	0,564	1800
VIII	$\frac{1}{4500}$	0,501	1995

Gruppe	Entfernung der Linien in par. Lin.	Entfernung der Linien in μ	Zahl der Linien auf 1 mm
IX	$\frac{1}{5000}$	0,451	2215
X	$\frac{1}{5500}$	0,410	2450
XI	$\frac{1}{6000}$	0,376	2700
XII	$\frac{1}{6500}$	0,347	2900
XIII	$\frac{1}{7000}$	0,322	3100
XIV	$\frac{1}{7500}$	0,301	3320
XV	$\frac{1}{8000}$	0,282	3540
XVI	$\frac{1}{8500}$	0,265	3800
XVII	$\frac{1}{9000}$	0,251	4000
XVIII	$\frac{1}{9500}$	0,237	4200
XIX	$\frac{1}{10000}$	0,226	4430

Diese Nobert'schen Probeplatten bilden ein weit sichereres, weil unter allen Umständen gleichbleibendes, Testobjekt als die Kieselschalen der Diatomeen, obwohl auch sie nicht ganz frei von allen Unvollkommenheiten sind. Die Auflösung sämtlicher 30 Gruppen der älteren Tafel ist kein übermäſsig groſses Kunststück; die letzten Gruppen der zweiten Tafel dagegen sind mit Sicherheit noch von keinem unserer modernen Objektivsysteme gelöst worden. Der gröſste Fehler, den jedoch diese Probeplatten an sich haben, ist ihr begreiflich sehr hoher Preis.

Luftblasenbild eines Drahtgitters. Die Grenze des Sichtbarmachens kleinster Objekte durch ein Objektivsystem kann übrigens auch durch eine sehr einfache Vorrichtung erreicht werden, welche sich jedermann ohne Kosten und ohne groſse Mühe selbst herstellen kann. Sie besteht im wesentlichen darin, daſs man das, durch eine Luftblase verkleinerte, Bild eines feinen Drahtgitters durch ein Mikroskop betrachtet und für die verschiedenen Vergröſserungen desselben die äufserste Grenze bestimmt, bei welcher sich die einzelnen Linien desselben noch deutlich unterscheiden lassen. Da diese Methode jeden in den Stand setzt, die Güte des optischen Teiles irgend eines Mikroskopes genau zu prüfen, so soll hier die Herstellung dieser Vorrichtung und das bei der Prüfung einzuschlagende Verfahren genauer beschrieben werden.

Als Gitter benutzt man ein feines Drahtgeflecht, dessen Metallfäden sich rechtwinkelig kreuzen und etwa 1 mm weit von einander abstehen. Solche Drahtgitter gebrauchen die Müller als Siebe und sind daher in Eisenhandlungen oder bei Gitterstrickern um geringen Preis zu haben. Von diesem Drahtgeflecht schneidet man ein kleines rundes oder quadratisches Stückchen ab und überstreicht es mit Asphalt- oder Maskenlack, wie er zur Anfertigung von Lackringen bei Präparaten gebraucht wird, derart, dafs ein quadratischer Raum von einer bestimmten Anzahl von Maschen z. B. 5×5 frei bleibt, während der übrige Teil der Maschen wiederholt mit Lack überstrichen wird bis keinerlei leerer Zwischenraum bleibt. Statt des Bestreichens mit Lack kann, bis auf den freibleibenden quadratischen Zwischenraum, auch mattschwarzes Papier auf das Drahtnetz geklebt werden. Dieses Drahtgitter befestigt man nun möglichst zentrisch auf der Unterseite einer Drehscheibenblendung oder legt es einer Cylinderblendung auf und gibt ihm eine solche Stellung, dafs man durch die Öffnung des Objekttisches hindurch sämtliche freien Drahtmaschen wahrnimmt, wenn man nach Hinwegnahme des Okulares durch den Tubus blickt.

Nun bereitet man sich eine Flüssigkeit, die viele Luftblasen einschliefst, indem man reines arabisches Gummi mit Wasser, das längere Zeit an der Luft gestanden hat, tüchtig schüttelt oder darin auflöst. Von dieser mit Luftblasen, welche ihre Gröfse längere Zeit konstant bewahren, durchsetzten Flüssigkeit bringt man nun eine kleine Partie auf einen Objektträger und bedeckt dieselbe sodann mit einem Deckgläschen. Um die Abplattung der Luftbläschen infolge des Druckes des Deckgläschens zu verhüten, bringt man zuvor auf dem Objektträger einen entsprechend dicken Lackring an. Bringt man nun den Objektträger unter das Mikroskop, so hat man es durch die Auswahl verschieden grofser Luftblasen sowie durch Änderung des Abstandes des Drahtnetzes von der Einstellungsebene (falls das Mikroskop Cylinderblenden besitzt) in der Hand, Bildchen der verschiedensten Gröfse zu erzeugen, welche sowohl für schwächere wie für stärkere Systeme bis zur Grenze der Unterscheidbarkeit der Gesichtseindrücke reichen. Das Bildchen wird nämlich um so kleiner, je kleiner die Luftblase ist und je weiter das Drahtnetz von der Einstellungsebene entfernt wird. Man wählt nun eine Luftblase von solcher Gröfse, dafs sich die Linien des Gitters gerade noch deutlich erkennen lassen, während sie in kleineren nur mehr verschwommen sichtbar sind; durch weiteres Entfernen des Objektes von der Einstellungsebene läfst sich dann leicht die äufserste Grenze der Wahrnehmbarkeit auffinden, wobei übrigens zu beachten ist, dafs man nur solche Luftblasen hierzu auswählen darf, welche scharfe und reine Zeichnungen liefern, also von Abplattung, verunreinigenden Beimengungen, Stäubchen und dergleichen vollkommen frei sind, und dafs man der Verkleinerung des Bildchens da ein Ziel setzt, wo die Schärfe des Bildchens zu leiden und die Zeichnung der Maschen ein verschwommenes Ansehen zu nehmen beginnt.

Nun handelt es sich darum die Leistungsgrenze numerisch festzustellen. Dies geschieht dadurch, dafs man mittels eines Okularmikrometers die Gröfse einer Seite des Bildchens mifst, in welchem man die Fäden eben noch erkennen kann. Würde z. B. die Seite des aus 25 Maschen bestehenden Quadrates $= 15\,\mu$ gemessen worden sein, so beträgt die Entfernung der einzelnen Fäden $15 : 5 = 3\,\mu$. Dies ist also die Grenze der Leistungsfähigkeit des Mikroskopes für die angewandte Kombination von Objektivsystem und Okular. Findet man für eine andere Kombination und bei Anwendung eines Gitters von 10 Seitenmaschen, dafs das kleinste Bildchen des Gitters, welches die einzelnen Fäden eben noch deutlich erkennen läfst, eine Länge von $4{,}5\,\mu$ besitzt, so beträgt die Leistungsfähigkeit der angewandten Kombination 4,5 : 10 = 0,45 μ.

Es lassen sich also in kurzer Zeit ohne weitere Hilfsmittel, als das erwähnte Drahtgitter und ein Okularmikrometer, dessen Wert für die betreffenden Kombinationen bekannt ist, alle verschiedenen Vergröſserungen eines Mikroskopes sehr leicht auf die Gröſse ihrer Leistungsfähigkeit prüfen, und danach auch die Güte und Brauchbarkeit verschiedener Instrumente mit einander vergleichen. Aber auch hier darf nicht vergessen werden, daſs die Bestimmung der Leistungsgrenze kleine Schwankungen zeigen kann, welche von der mehr oder weniger günstigen Beleuchtung, der Übung, ja selbst der augenblicklichen Stimmung des Beobachters und manchen anderen Einflüssen abhängen können; es ist daher gut derartige Untersuchungen öfters, und unter verschiedenen Umständen zu wiederholen.

XII. Die Vergröſserung des Mikroskopes.

Wenn man ein in Zehntel-Millimeter geteiltes Glasmikrometer durch ein Mikroskop betrachtet und die Abteilungen desselben einen Zentimeter groſs erblickt, so sagt man, das Instrument vergröſsere 100 mal. Sonach erscheint der Begriff »Vergröſserung« sehr einfach. Betrachtet man aber die Sache genauer, so tritt sofort ein neuer Faktor hinzu, welcher nicht unberücksichtigt bleiben darf. Die Entfernung nämlich, in welcher jemand deutlich sieht, und die dem gewöhnlichen Accommodationsvermögen des Auges entspricht, kann für jedermann eine andere sein. Nun wirkt aber die Gröſse der Entfernung eines Objektes vom Auge unmittelbar auf die Gröſse des Netzhautbildes ein, woraus folgt, daſs die durch eine Linse erzielte Vergröſserung niemals eine absolute, sondern stets nur eine relative ist, sie ist mit abhängig von dem Auge, welches durch die Linse sieht. Da aber die vergröſsernde Wirkung eines zusammengesetzten Mikroskopes aus den Vergröſserungen der verschiedenen Linsenkombinationen, aus denen es besteht, resultiert, so ist klar, dafs auch die Vergröfserung eines Mikroskopes niemals eine absolute, sondern immer nur eine relative ist, dafs also das nämliche Mikroskop für das Auge eines Beobachters stärker oder schwächer vergröfsernd wirkt, als für das eines andern. Ja selbst ein und derselbe Beobachter sieht durch das nämliche Mikroskop die Objekte einmal etwas stärker, ein andermal etwas schwächer vergröfsert, je nach dem Accommodationszustande seiner Augen im Augenblick der Beobachtung. Diese Wahrnehmung machen namentlich Personen, welche nur selten durch ein Mikroskop sehen; sie werden das gleiche Objekt zu verschiedenen Zeiten verschieden grofs sehen. Bei einem, der an mikroskopisches Sehen gewohnt ist, wird indes das Accommodationsvermögen des Auges stets nahezu das gleiche bleiben, für ihn wird sich also die vergröfsernde Kraft eines Instrumentes fast gar nicht ändern.

Um also die Vergröfserung eines Mikroskopes zu einer positiv bestimmten, für jeden verständlichen Gröfse zu gestalten, mufs der numerische Wert derselben ein für allemal auf eine bestimmte Sehweite bezogen werden. Die kontinentalen Mikroskopiker und Optiker sind nun darin übereingekommen, die mittlere deutliche Sehweite eines normalen Auges als Basis für den numerischen Wert der Vergröfserung anzunehmen, und haben dieselbe auf 250 mm festgesetzt (die Engländer und Amerikaner haben hierfür 10 engl. Zoll = 254 mm angenommen). Unter dieser Voraussetzung hat z. B. die Angabe, dafs die höchste Vergröfserung eines Mikroskopes eine 1000 fache sei, die Bedeutung: das im Mikroskope unter Anwendung der stärksten Linsenkombination erzeugte Bild ist, in einer Entfernung von 250 mm vom Auge gemessen, sowohl in Länge als Breite 1000 mal gröfser als das Objekt. Ein Objekt von 1 mm Durchmesser wird daher in dem angezogenen Falle dem normalen Auge unter einem Durchmesser von 1000 mm = 1 m erscheinen. Für einen Kurzsichtigen wird natürlich das Bild merklich kleiner, für einen Fernsichtigen dagegen gröfser erscheinen.

Wenn man, wie in der Einleitung geschehen, den Gang

der Lichtstrahlen durch Linsen und die dabei auftretenden Erscheinungen verfolgt, so ist leicht ersichtlich, dafs sich hierbei alles nach bestimmten einfachen mathematischen Gesetzen regelt, woraus hervorgeht, dafs die Berechnung der Vergröfserung eines Mikroskopes eigentlich auf die Lösung eines mathematischen Problems hinausläuft. Dem ist nun allerdings so, und hält es nicht schwer, aus der äquivalenten Brennweite des Objektives, den Brennweiten des Okulares und Kollektives, sowie den Abständen der optischen Mittelpunkte dieser drei Stücke, unter Zugrundelegung der mittleren Sehweite, die Vergröfserung der betreffenden Kombination zu berechnen. Allein die erwähnten fünf Werte müfsten in diesem Falle erst durch Messen und Rechnen gefunden werden, wobei fünf verschiedene Fehler unterlaufen können, die unter Umständen das Resultat merklich beeinflufsen könnten, wodurch diese Methode sich keineswegs als besonders empfehlenswert erweist. Besser, weil kürzer und zuverlässiger, ist es, die Vergröfserung eines Mikroskopes direkt zu messen, wobei jedoch daran erinnert werden soll, dafs der Vergröfserungsziffer eines Mikroskopes nur eine untergeordnete Bedeutung zukommt, bei Abschätzung der Tüchtigkeit eines Instrumentes vielmehr die bei Besprechung des optischen Vermögens betonten übrigen Eigenschaften mafsgebend sind.

Die Methode, deren man sich zur direkten Bestimmung der Vergröfserung eines Mikroskopes bedient, gipfelt darin, dafs das auf die Entfernung der mittleren Sehweite projicierte Bild des Objektes mit der wirklichen Gröfse des Objektes verglichen, durch dasselbe gemessen wird. Am einfachsten und sichersten erreicht man diesen Zweck durch die Methode des sogenannten Doppelsehens; man versteht darunter die Fähigkeit des Auges, Bilder, welche von dem einen Auge wahrgenommen werden, auf jene Bilder zu projicieren, welche das andere Auge sieht.

Beobachtet man nämlich mit einem Auge das Bild eines Objektes im Gesichtsfelde des Mikroskopes und blickt man gleichzeitig mit dem andern auf einen zur Seite des Mikroskopes befindlichen Körper, z. B. auf einen Bleistift, so wird sich nach kurzer Zeit, bei einiger Übung, der Bleistift zugleich mit dem Bilde des Objektes im Gesichtsfelde zeigen. Bringt man demnach rechts neben das Mikroskop ein Stück Papier und sieht mit dem linken Auge durch das Mikroskop, während das rechte die Papierfläche betrachtet, so werden sich bald Gesichtsfeld und Papierfläche auf einander projiciert zeigen und man wird im Stande sein, auf letzterer die Umrisse der Bilder zeichnen zu können, die sich in ersterem befinden.

Für den vorwürfigen Zweck handelt es sich nun allerdings nicht darum, eine Zeichnung des mikroskopischen Bildes auf der Papierfläche zu entwerfen, sondern lediglich darum, irgend eine Dimension des Bildes, z. B. seine Länge, möglichst genau auf der Papierfläche zu skizzieren, was das Verfahren bedeutend vereinfacht. Man wird daher ein Objekt wählen, dessen Längenausdehnung gegenüber der Breitendimension besonders hervortritt, und da schliefslich das projicierte Bild durch die Länge des Objektes gemessen werden soll, wird man von vornherein ein Objekt von bestimmter Gröfse wählen. Als geeignetstes Objekt ist ein Glasmikrometer mit Millimeterteilung zu bezeichnen.

Man verfährt dabei auf folgende Weise: Man bringt das Mikroskop auf den Tisch und befestigt rechts von demselben (wenn man mit dem linken Auge in das Instrument sieht, im entgegengesetzten Falle bringt man das Papier links von dem Mikroskope an) ein Blatt Papier, legt ein Glasmikrometer als Objekt auf den Objekttisch und stellt scharf ein, und zwar so, dafs die Abstände, welche man messen will, möglichst in die Mitte des Gesichtsfeldes zu liegen kommen. Es ist zwar hinreichend, wenn bei dem Glasmikrometer das Millimeter in 20 Teile geteilt ist, doch ist es für starke Vergröfserungen im Interesse der Genauigkeit und Bequemlichkeit wünschenswert, wenn dasselbe in 100 Teile geteilt ist. Man sieht nun mit dem linken Auge in das Instrument und mit dem rechten auf das Papier und sucht die Achsenrichtung beider Augen möglichst unverändert zu erhalten, was allerdings einige Anstrengung und Übung erfordert. Bald wird man die Teilung des Mikrometers auf dem Papier projiciert sehen, und kann nun mit einem Zirkel die Gröfse derselben vorsichtig abgreifen. Bei einiger Übung wird die kleine Schwierigkeit des sicheren Abgreifens bald beseitigt sein.

Ich habe an meinem Auge die Wahrnehmung gemacht, dafs öfters das Projicieren der Millimeterteilung auf die nebenliegende Papierfläche nicht gelingen will, trotz sorgfältigen und geduldigen Versuchens. In diesem Falle bin ich aber ausnahmslos zum Ziele gekommen, wenn ich das Blatt Papier nicht neben, sondern unmittelbar vor das Mikroskop legte, oder kurzweg das Instrument auf ein Blatt Papier stellte, so dafs letzteres nach vorne unter dem Objekttische um einige Centimeter hervorsah. Blickt man jetzt mit dem einen Auge in das Mikroskop und verfolgt mit dem andern die Fortsetzung der Teilstriche über das Gesichtsfeld hinaus gegen vorne zu, so wird man alsbald die einzelnen Teilstriche auf dem Papier projiciert sehen und kann deren Entfernung genau abgreifen. Zur Kontrolle über die Richtigkeit der Zirkelöffnung empfiehlt es sich auch, die beiden Zirkelspitzen leicht in das Papier vor dem Instrument einzudrücken und sodann durch langsames Drehen der Augenachse die einzelnen Teilstriche langsam an den Zirkelspitzen vorbeipassieren zu lassen, wobei, wenn genau abgegriffen ist, immer je zwei Teilstriche gleichzeitig die beiden Spitzen durchkreuzen müssen.

Um beim Abgreifen des Bildes auf der Papierfläche möglichst sicher zu gehen, sind einige Vorsichtsmafsregeln zu beobachten.

1. Man lasse das Bild nicht auf einen Mafsstab fallen, sondern benutze dazu stets, wie angegeben, den Zirkel, denn die Teilstriche eines Mafsstabes erzeugen beim Ablesen leicht Verwirrung.

2. Man wähle das Papier von einer Farbe, die mit der des Gesichtsfeldes möglichst übereinstimmt. Diese Überein-

stimmung begünstigt die Illusion, als ob beide Augen gleichzeitig Zirkelspitzen und Bild sähen, wodurch das Auge an Sicherheit gewinnt und weniger rasch ermüdet.

3. Während des Messens müssen die Augen ganz ruhig auf die Zirkelspitzen und das Bild sehen; auch messe man keine zu grofse Strecken, äufserstenfalls 40 mm, weil bei grofser Entfernung der beiden Zirkelspitzen von einander beide nicht mehr gleichzeitig ohne Bewegung der Augen betrachtet werden können.

4. Man nehme, um ein genaues Resultat zu erhalten, jede Messung öfters, etwa 10 mal vor, natürlich immer bei unverändert gelassener Mikroskopstellung, wobei man jedoch zur Vermeidung der Anstrengung der Augen nach jeder Messung eine kleine Pause eintreten läfst. Dafs man jede Messung selbst so genau als möglich zu machen hat und sich von der Richtigkeit derselben überzeugt, ehe man sie notiert, ist wohl selbstverständlich. Die bei starken Vergröfserungen auftretende beträchtliche Breite der Teilstriche übt auf die Genauigkeit der Messung kaum einen störenden Einflufs, man darf nur entweder ganz scharf auf deren Mitte, oder noch besser auf ihre gleichliegenden scharfgezogenen Ränder einstellen.

5. Sämtliche Messungen dürfen nur in der Mitte des Gesichtsfeldes vorgenommen werden, da wohl wenige Okulare ein vollkommen gleichmäfsig vergröfserndes Gesichtsfeld aufweisen, vielmehr die Randpartien meist stärker vergröfsert erscheinen.

6. Da der Grad der Genauigkeit des erzielten Resultates von der Richtigkeit und Genauigkeit der Teilung des Objektivmikrometers abhängt, so beziehe man dasselbe nicht aus der nächsten Glashandlung oder vom Brillenhändler, sondern von einem der später genannten Optiker, bei welchen ganz verlässige Mikrometer 1 mm = 100 Teile im Preise von 9—15 *M.* zu haben sind. Schliefslich ist noch daran zu erinnern, dafs sowohl der Kurzsichtige als auch der Fernsichtige sich beim Messen mittels Doppelsehens hinsichtlich des e i n e n nach der Papierfläche gerichteten Auges einer

Brille zu bedienen hat, da ihnen aufserdem das Projicieren des Mafsstabes auf das Papier nur schwer gelingt; die Brille mufs aber immer dieselbe bleiben, da durch sie die Bildgröfse eine Änderung erfährt.

Hat man unter Beachtung dieser Vorsichtsmafsregeln die Vergröfserung einer Linsenkombination gefunden, so erübrigt noch, die Sehweite festzustellen, für welche dieselbe gültig ist. Die Annahme, dafs der Abstand der planen Oberfläche der Okularlinse vom Tische zugleich auch die Sehweite sei, beruht auf Irrtum, denn die das Bild erzeugenden Strahlen schneiden sich nicht auf der Oberfläche des Okulares, sondern auf der Netzhaut des Auges, die Sehweite ist also um den Abstand des Netzhautbildes von der Oberfläche des Okulares gröfser als der obengenannte Abstand.

Bezeichnet man den senkrechten Abstand der obersten Linsenfläche des Okulares von dem Tische mit a und die Entfernung des Netzhautbildes von dieser obersten Okularlinsenfläche (Augenabstand) mit x, so ist die Sehweite, für welche die gefundene Vergröfserung gültig ist, ausgedrückt durch $a + x$. Um nun x zu finden, wird die vorbeschriebene Messung in gleicher Weise bei einer von der ersten stark abweichenden, etwa noch einmal so grofsen Sehweite wiederholt, indem man das Instrument auf einen erhöhten Standpunkt, etwa auf seinen Kasten stellt, das Blatt Papier aber auf der Tischfläche liegen läfst. Die hierbei erhaltene Vergröfserung bezieht sich, wenn man jetzt den Abstand der obersten Linsenfläche des Okulares vom Tische mit b bezeichnet, auf die Sehweite $b + x$, wobei x wieder den nämlichen Augenabstand bezeichnet. Nach einem elementaren Satze über die Ähnlichkeit der Dreiecke hat man nun zur Berechnung der Gröfse x, wenn man die der Sehweite $a + x$ entsprechende Vergröfserung mit α und die der Sehweite $b + x$ entsprechende mit β bezeichnet, folgende Proportion:

$$(a + x) : (b + x) = \alpha : \beta$$

und hieraus:

$$x = \frac{b \cdot \alpha - a\ \beta}{\beta - \alpha}.$$

Addiert man den aus dieser Gleichung zu berechnenden Wert von x zu a und b, so erhält man die beiden Sehweiten, welche den gefundenen Vergröfserungen entsprechen, sie seien s und s'.

Überträgt man endlich die gefundenen Vergröfserungen auf die zu 250 mm normierte mittlere Sehweite, so hat man hierzu die Proportionen:

$$s : 250 = a : x \quad \text{oder} \quad s' : 250 = b : x'$$

und hieraus:

$$x = \frac{250 \cdot a}{s} \quad \text{oder} \quad x' = \frac{250 \cdot b}{s'} .$$

Zur Exemplifizierung dieses Verfahrens soll in nachstehendem das Resultat der vollzogenen Vergröfserungsbestimmung an einer einzelnen Linsenkombination mitgeteilt werden. Nach Einstellung auf das als Objekt benutzte Mikrometer hatte die oberste Linsenfläche des Okulares von der Tischfläche einen Abstand von 324 mm. Die zum Abmessen benutzte Länge des Mikrometers betrug 0,05 mm.

Das Abgreifen dieser 0,05 mm ergab bei 10 Messungen folgende Werte:

1.	Messung	16,2 mm
2.	„	16,4 „
3.	„	16,7 „
4.	„	16,5 „
5.	„	16,3 „
6.	„	16,8 „
7.	„	16,7 „
8.	„	16,8 „
9.	„	16,6 „
10.	„	16,0 „
	Mittel:	16,5 mm

Hierauf wurde das Instrument auf eine 266 mm hohe Unterlage gebracht, so dafs nunmehr die oberste Linsenfläche des Okulares von der Tischfläche einen Abstand von

$324 + 266 = 590$ mm hatte und sodann die Messung unter Benutzung der nämlichen Gröſse von 0,05 mm wiederholt.

Nunmehr ergaben sich in 10 Messungen folgende Werte:

1.	Messung	29,4 mm
2.	„	29,2 „
3.	„	29,0 „
4.	„	28,8 „
5.	„	28,9 „
6.	„	29,3 „
7.	„	29,3 „
8.	„	29,0 „
9.	„	29,0 „
10.	„	29,1 „
	Mittel:	29,1 mm

Unter Benutzung vorstehend angegebener Formel:

$$x = \frac{b \cdot \alpha - a \cdot \beta}{\beta - \alpha}$$

kann nunmehr der Augenabstand berechnet werden. Derselbe beträgt:

$$x = \frac{590 \cdot 16{,}5 - 324 \cdot 29{,}1}{29{,}1 - 16{,}5} = 24{,}333\ldots \text{mm.}$$

Hieraus ergibt sich:

Sehweite für die erste Messung $324 + 24{,}33 = 348{,}33$ mm
„ „ zweite „ $590 + 24{,}33 = 614{,}33$ mm

Ferner:

Vergröſserung bei der ersten Messung $\frac{16{,}5}{0{,}05} = \mathbf{330}$

„ „ zweiten „ $\frac{29{,}1}{0{,}05} = \mathbf{582}$

Reduziert man diese beiden Vergröſserungen mittels der angegebenen Proportionen auf die Sehweite von 250 mm, so beträgt die Vergröſserung auf Grundlage der ersten

Messung **237**, und auf Grund der zweiten **235**, eine Differenz, welche noch weit innerhalb des Rahmens der möglichen Fehlergrenze liegt.

Diese Methode der Bestimmung der Vergröſserung eines Mikroskopes ist aber auſserordentlich zeitraubend, zudem in den höheren Vergröſserungen für die Augen in hohem Maſse anstrengend. Pohl hat daher eine Methode in Vorschlag gebracht, welche diese beiden Fehler teilweise beseitigt. Es liegt derselben der Satz zu Grunde, daſs die Vergröſserungskraft der Okulare bei den verschiedenen Objektivsystemen unabänderlich dasselbe Verhältnis zeigt. Um nach dieser Methode die Vergröſserungen eines Mikroskopes festzustellen, werden auf die oben angegebene Weise durch Doppelsehen die Vergröſserungsziffern sämtlicher Okulare mit einem passenden Objektivsystem direkt gemessen und sodann die Anzahl der Teilstriche eines Mikrometers ermittelt, welche für ein Okular in Verbindung mit sämtlichen Objektivsystemen die ganze Breite des Gesichtsfeldes einnehmen. Bildet man hierauf die Vergröſserungsexponenten der verschiedenen Okulare, indem man mit der Vergröſserungsziffer des schwächsten Okulares in Verbindung mit dem zum Messen durch Doppelsehen benutzten Objektiv in die Vergröſserungsziffer der übrigen Okulare mit demselben Objektive dividiert, und multipliziert hiermit die für ein Okular und die übrigen Objektivsysteme nach der Methode des Doppelsehens berechneten Vergröſserungsziffern, so erhält man sämtliche Vergröſserungen des Mikroskopes.

Häufig kommt es vor, daſs bei einem Vergleiche der nach der einen oder anderen Methode gefundenen Vergröſserungswerte der einzelnen Kombinationen mit den auf der Tabelle der Optiker verzeichneten die betreffenden Zahlen nicht mit einander übereinstimmen; fast immer sind letztere bedeutend höher, trotz der Versicherung, daſs sich dieselben auf die Sehweite von 250 mm beziehen. Es geht daraus zur Genüge hervor, daſs jeder Besitzer eines Mikroskopes, wenn er es zu wissenschaftlichen Arbeiten benutzt, Ursache hat, die Messung der Vergröſserungen seines Instrumentes eigenhändig vorzunehmen, wenn er sich nicht Täuschungen in dieser Beziehung hingeben will. Aufserdem ist noch daran zurückzuerinnern, dafs die erhaltenen Vergröfserungen, auch wenn ihnen dieselbe Sehweite zugrunde gelegt ist, immer nur einen relativen Wert haben, der streng genommen nur für das Auge desjenigen gilt, welcher die Bestimmung ausführte. Ist die hieraus sich ergebende Differenz auch im allgemeinen nicht von grofser Erheblichkeit, so darf sie doch, wo es sich um genaue Messungen handelt, nicht aufser Acht gelassen werden. Besitzt man bei seinem Instrumente einen Zeichenapparat, welcher die mikroskopischen Bilder auf das Zeichenblatt projiciert, so läfst sich die Vergröfserung des Mikroskopes auf besonders einfache Weise erhalten. Näheres hierüber bei Beschreibung von Hartnack's Embryoskop.

XIII. Messen mikroskopischer Gegenstände.

Wichtiger als die Frage, wie stark ein Mikroskop vergröfsert, ist die Frage nach der wirklichen Gröfse eines, unter Anwendung einer bestimmten Objektiv- und Okular-Kombination, unter dem Mikroskope vergröfsert gesehenen Objektes.

Die früher für diesen Zweck meist in Anwendung gekommenen, auf direkter Messung des Objektes beruhenden Schraubenmikrometer sind ihres hohen Preises und ihrer Unzuverlässigkeit halber gegenwärtig kaum mehr in Verwendung, vielmehr allgemein durch die weit billigeren, einfacher und bequemer zu handhabenden, und bei einiger Achtsamkeit zu einem wünschenswert genauen Resultate führenden Okularmikrometer ersetzt.

Es besteht dieses aus einer eingeteilten Glasplatte, welche auf das Diaphragma des Okulares zwischen Okular- und Kollektivlinse gelegt wird. Es genügt, wenn bei demselben das Millimeter in 10 Teile geteilt ist. Bild des Objektes und Mafsstabteilung kommen bei dieser Lage des Okularmikrometers zur Deckung und man kann daher genau angeben, wie viel Teilstriche des eingeschalteten Mikrometers mit der

Länge eines Objektes zusammenfallen. Da das Okularmikrometer sich mit dem Okulare um seine Achse drehen läfst, so kann mit demselben bequem jede beliebige Durchmesserrichtung des Objektes gemessen werden.

Gewöhnlich benutzt man zu solchen Messungen nur ein einziges Okular, meist das stärkst vergröfsernde, das an zwei diametral gegenüberliegenden Stellen in der Höhe des Luftbildes einen Schlitz zur Aufnahme des in eine Messingplatte gefafsten Mikrometers trägt, welch letzteres durch einen um den Hals des Okulares gelegten losen Ring in der angenommenen Lage festgehalten wird. Bequemer, aber allerdings etwas teuer, ist ein eigens für die Zwecke des Messens eingerichtetes Okular mit Okularmikrometer, in welchem letzteres durch eine Schraube in sanfter Bewegung quer über das Gesichtsfeld geführt werden kann. Für sehr Kurz- oder Weitsichtige hat es bisweilen Schwierigkeiten, Bild und Mikrometerteilung gleichzeitig zu sehen; diesem Übelstande wird dadurch abgeholfen, dafs man die Fassung der Augenlinse in senkrechter Richtung beweglich macht. Kurzsichtige müssen den Abstand zwischen Augenlinse und Mikrometer etwas verringern, Fernsichtige dagegen etwas vergröfsern.

Das Mikrometer im Okular ist aber durch das Okular betrachtet kein absoluter Mafsstab, wie das bei Berechnung der Vergröfserung benutzte Objektivmikrometer; sein Wert mufs vielmehr erst bestimmt werden, und zwar für jedes Mikroskop und f ü r j e d e V e r g r ö f s e r u n g e i n e s M i k r o s k o p e s b e s o n d e r s, da derselbe für jede Vergröfserung ein anderer ist. Es ist daher zweckmäfsig, sich für jedes Mikroskop eine kleine Tabelle zu entwerfen, die angibt, welchen Wert e i n Teilstrich des Okularmikrometers für jede Vergröfserung besitzt, und zwar auch dann, wenn der Optiker dem Instrumente eine solche Tabelle beigegeben hat, man kann sich dabei am sichersten die Überzeugung verschaffen, auf welchen Grad der Genauigkeit derartige Tabellen Anspruch erheben können.

Die Wertbestimmung, welche jeder Teil eines Okularmikrometers bei einer bestimmten Vergröfserung des Mikroskopes hat, läfst sich auf verschiedene Weise vollziehen, hier soll jedoch nur die bequemste, praktisch am einfachsten ausführbare, Methode eingehende Erörterung finden. Dieselbe besteht darin, dafs man ein zweites Glasmikrometer auf den Objekttisch bringt und untersucht, wie viele Teile des Okularmikrometers und wie viele Teile des Objektivmikrometers sich gegenseitig vollkommen decken, sodann berechnet man sich den Wert eines Teilstriches des Okularmikrometers, ausgedrückt in Bruchteilen des Millimeters. Hat man dann die Länge eines beliebigen Objektes, durch die entsprechende Anzahl von Teilstrichen des Okularmikrometers ausgedrückt, gefunden, so ist diese Zahl lediglich mit dem Werte eines Teilstriches des Okularmikrometers (Mikrometerwert) zu multiplizieren, um die wirkliche Gröfse des Objektes zu erhalten. Bemerkt sei noch, dafs die gefundenen Mikrometerwerte, abgesehen von der vergröfsernden Kraft der benutzten Linsenkombination, auch von der Entfernung des Auges vom Objekte, also von der Tubuslänge des Instrumentes abhängig sind, somit nur für das Stativ Gültigkeit haben, welches bei Aufstellung der Tabelle gebraucht wurde.

Es soll nachstehend die Herstellung einer solchen Tabelle für zwei neue, aus der Werkstätte von Seibert und Krafft in Wetzlar stammende Instrumente und zwar für dessen grofses Stativ Nr. 2 und das zu dessen Reiseinstrument gehörige Stativ Nr. 6 ausgeführt werden. Benutzt wurde hierbei Okular Nr. III mit beweglichem Okular-Glas-Mikrometer und die Objektive Nr. I, II, III, IV und VI[a]. Beide Mikrometer waren in Zehntelsmillimeter geteilt.

a) Grofses Stativ Nr. 2.

Es wurde gefunden:

Obj.	I:	100 Teile	Okularmikr.	= 30,61	Teile	Objektivmikr.
„	II:	100 „	„	= 20,50	„	„
„	III:	100 „	„	= 14,25	„	„
„	IV:	100 „	„	= 9,24	„	„
„	VI:	95 „	„	= 2,50	„	„

also 1 Teil des Okularmikrometers bei

Obj.	I = 0,3061	Tle. d. Ok.-Mikr.	= 0,1 · 0,3061 mm	=	**30,61** μ
„	II = 0,205	„ „	= 0,1 · 0,205 mm	=	**20,5** μ
„	III = 0,1425	„ „	= 0,1 · 0,1425 mm	=	**14,25** μ
„	IV = 0,0924	„ „	= 0,1 · 0,0924 mm	=	**9,24** μ
„	VI = 0,0263	„ „	= 0,1 · 0,0263 mm	=	**2,63** μ

b) Kleines Stativ Nr. 6.

Es wurde unter Benutzung des gleichen Okulares und der nämlichen Objektive gefunden:

Obj.	I:	100 Teile Okularmikr.	=	33,00 Teile Objektivmikr.
„	II:	100 „ „	=	21,70 „ „
„	III:	100 „ „	=	15,40 „ „
„	IV:	100 „ „	=	10,00 „ „
„	VI:	72 „ „	=	2,00 „ „

also 1 Teil des Okularmikrometers bei

Obj.	I = 0,33	Teile d. Obj.-Mikr.	= 0,1 · 0,33 mm	=	**33,0** μ
„	II = 0,217	„ „	= 0,1 · 0,217 mm	=	**21,7** μ
„	III = 0,154	„ „	= 0,1 · 0,154 mm	=	**15,4** μ
„	IV = 0,10	„ „	= 0,1 · 0,10 mm	=	**10,0** μ
„	VI = 0,0278	„ „	= 0,1 · 0,0278 mm	=	**2,78** μ

Wer nur ein einziges Mikrometer, ein Okularmikrometer, besitzt, kann sich das zu solchen Messungen nötige zweite, Objektivmikrometer, nach einer Anleitung Vogel's, die ich aus Erfahrung als ziemlich zuverlässig empfehlen kann, leicht und ohne Kosten selbst herstellen, indem er sich mittels Kollodium eine Kopie seines Mikrometers verfertigt. Man braucht zu diesem Zwecke nur einen Tropfen Kollodium auf die Teilung der Mikrometerplatte zu giefsen. Dieser breitet sich auf derselben aus und ist nach spätestens einer Viertelstunde zu einem dünnen Häutchen eingetrocknet, welches eine genaue, unter dem Mikroskope deutlich sichtbare Kopie des Mikrometers enthält. Nachdem man das Kollodiumhäutchen durch Abschneiden seiner Ränder von der Mikrometerplatte mit einem feinen Skalpell sorgfältig abgelöst hat kann man es wie das Objekt eines Dauerpräparates auf einen Objektträger bringen und trocken einschliefsen, worauf es ohne weiters als Objektivmikrometer zu gebrauchen ist. Es wird zwar die erstmalige Ausführung der hier beschriebenen Manipulation wahrscheinlich noch zu keinem gelungenen Objektivmikrometer führen, weil das Gelingen von der Konsistenz des Kollodiums in erster Linie abhängig ist, doch wird man bald das Richtige treffen, und wenn das Häutchen zu dünn sein sollte, dasselbe durch Aufbringen eines zweiten Tropfens verstärken.

Will man nun mit dem Okularmikrometer eine Messung ausführen, so bringt man das Objekt in das Gesichtsfeld, stellt den Mafsstab so ein, dafs dessen Teilstriche gleichzeitig mit dem Bilde sichtbar werden, und dreht das Okular mit dem Mafsstabe so weit um seine Achse, bis die Teilstriche des Mikrometers auf dem zu messenden Durchmesser senkrecht stehen, worauf man die Ablesung bequem vornehmen kann. Der wiederholt erfolgte Hinweis darauf, dafs das zu messende Objekt thunlichst in das Zentrum des Gesichtsfeldes gebracht, und die Messung selbst nicht bis auf die Randpartien desselben ausgedehnt werde, ist auch hier zu beachten, wenn genaue Resultate erzielt werden sollen. Um Klarheit über die Grenzen der Fehler, welche man bei einer solchen Messung begehen kann, zu erhalten, ist es gut, jede Messung mindestens zweimal zu wiederholen.

Zur Veranschaulichung der Genauigkeit des durch die Messung erzielten Resultates mag der folgende an der strahlenförmigen Saugscheibe von Dyticus marginalis auf Stativ Nr. 2 vorgenommene Versuch dienen. Der Durchmesser des Bildes ergab

mit Obj.	I	24	Teilstriche	des	Okularmikrometers.
,, ,,	II	35,8	,,	,,	,,
,, ,,	III	51,5	,,	,,	,,
,, ,,	IV	80	,,	,,	,,

(Zur Messung mit Obj. VI war der Gegenstand zu grofs.)

Wirklicher Durchmesser der Saugscheibe:

bei Obj.	I	24 · 30,61 μ	=	**0,73464**	mm
„ „	II	35,8 · 20,5 μ	=	**0,7339**	mm
„ „	III	51,8 · 14,25 μ	=	**0,7338**	mm
„ „	IV	80 · 9,24 μ	=	**0,7312**	mm

Das Zeichnen mikroskopischer Objekte.

XIV. Erfordernisse einer guten mikroskopischen Zeichnung.

Wer sich mit mikroskopischen Untersuchungen und Präparationen beschäftigt, mufs auch im stande sein, das im Mikroskop Wahrgenommene in möglichst getreuer Abbildung wiedergeben zu können. Es erscheint dies um so gebotener, als manche mikroskopische Präparate nur von kurzer Dauer sind, demnach die gemachten Untersuchungen in solchen Fällen für Andere kaum verwertbar sind; zudem sind gute Zeichnungen wertvoller als die ausführlichste Beschreibung und werden von jedermann, der nur einige Begriffe von der Bedeutung einer Zeichnung hat, leicht verstanden. Dazu kommt noch, wie Harting ganz richtig sagt, dafs es kein besseres Mittel gibt, sich zu einem guten Beobachter auszubilden, als wenn man sich daran gewöhnt, sobald Zeit und Gelegenheit sich hierzu darbieten, selbst während der Beobachtung von dem Gesehenen Abbildungen zu machen. Die Erfahrung wird jeder machen, dafs, wenn man dieses thut, die Aufmerksamkeit auf manche oftmals wichtige Einzelnheiten hingelenkt wird, die aufserdem nicht wahrgenommen worden wären.

Ist demnach auch die Kenntnis des Zeichnens für jeden Mikroskopiker, wie überhaupt für jeden, der sich mit naturwissenschaftlichen oder medizinischen Studien beschäftigt, unentbehrlich, so ist damit keineswegs ausgesprochen, dafs er ein gelernter Zeichenkünstler sein müsse. Die Kunstfertigkeit, die hierin erreicht werden mufs, setzt keineswegs jahrelange Übung voraus; was hierzu notwendig ist: gutes Auge, ruhige sichere Hand und Geduld, sind Eigenschaften, die jeder mikroskopische Beobachter an und für sich schon besitzen mufs. Um jedoch auch denjenigen, der in seiner Jugend keinerlei systemastischen Zeichenunterricht genossen hat, dem somit das hier von ihm Geforderte ganz fremdartig erscheinen mag, bei seinen ersten Versuchen zu unterstützen, und um demselben Anhaltspunkte für die Anfertigung einer brauchbaren mikroskopischen Zeichnung zu bieten, sollen die Haupterfordernisse, welche an eine solche zu stellen sind, kurz erörtert werden.

Diese Haupterfordernisse sind Richtigkeit und Deutlichkeit; Schönheit ist eine angenehme Nebeneigenschaft, welcher aber die beiden ersteren Eigenschaften nie geopfert werden dürfen.

So klar die Bedeutung der genannten beiden Eigenschaften an und für sich sein mag, so erfordert dieselbe doch mit Rücksicht auf die Eigenartigkeit des mikroskopischen Sehens und der mikroskopischen Darstellung eine weitere Auseinandersetzung. Die Zeichnung soll eine gemachte Beobachtung wiedergeben, mufs deshalb auch wirklich das Resultat der Beobachtung sein. Sie mufs also, um deutlich und verständlich zu sein, alles das enthalten, was durch die Beobachtung aufgefunden wurde, was also zur Darstellung des Ganzen gehört, ohne Rücksicht darauf, ob alle Einzelnheiten sich bei einer einmaligen Einstellung des Objektives ergaben, oder ob sie das Ergebnis einer Reihe aufeinander folgender veränderter Einstellungen sind. Ebenso mufs alles das, was nicht direkt zur beabsichtigten Darstellung gehört, auch dann, wenn es mit dem Objekte sonst in unmittelbarem Zusammenhange steht, wie auch alle zufälligen im Gesichtsfelde erscheinenden Gebilde, seien dieselben infolge einer vorhergegangenen Präparation oder durch Zufall auf das Objekt gelangt, wie z. B. Fasern, Härchen, Staubteilchen oder sonstige Verunreinigungen, von der Zeichnung ferne gehalten werden.

Hieraus ergibt sich z. B., dafs bei Darstellung einer körperlichen Form, welche während der Beobachtung erst nach und nach durch verschiedene Tubuseinstellungen erkannt zu werden vermag, die Zeichnung nicht bloss eine Flächenansicht des betreffenden Gebildes enthalten darf, vielmehr die zur Erfassung der körperlichen Form des Objektes erforderlichen Einzeldarstellungen in sich vereinigen mufs, es darf sich also die Zeichnung in diesem Falle nicht auf einfache gleichmäfsig starke Striche beschränken, wodurch immer nur flächenhafte Bilder entstehen, sondern es müssen die, der körperlichen Anschauung entsprechenden, Licht- und Schattenverhältnisse wohl beachtet werden. Umgekehrt mufs bei Darstellung einer reinen Flächenansicht alles das aus der Zeichnung ferne bleiben, was bei der Betrachtung durch das Mikroskop etwa aus höher oder tiefer gelegenen Partien des Objektes mit zur Wahrnehmung gelangt; so soll z. B. bei einem Querschnitt durch ein Zellgewebe nur die gerade eingestellte Schnittfläche zur Darstellung gelangen, alle etwa aus tieferen Schichten noch in das Gesichtsfeld hereinragenden Zellschichten dürfen nicht abgebildet werden, da sie nur zu Verwirrung statt zur Aufklärung beitragen.

Die Richtigkeit einer Zeichnung verlangt, dafs die gegenseitige Lage, Richtung, Entfernung und Gröfse der betrachteten Einzelnheiten so naturgetreu als möglich auf der Zeichnung wiedergegeben werde; es genügt also nicht, wenn die erforderlichen Details überhaupt aus der Zeichnung ersichtlich sind, sondern sie müssen zu einander möglichst dieselben Verhältnisse einnehmen wie im Objekte.

Vollkommen einverstanden bin ich mit Dippel in dem Urteile, das derselbe über schematische Zeichnungen fällt. Derselbe äufsert sich darüber folgendermafsen: »Diese schematischen Zeichnungen sind, vereinzelte Fälle ausgenommen, ganz zu verwerfen. Durch dieselben lernt man nicht nur nichts, indem sie keine Anschauung der Natur geben, sondern in den meisten Fällen erwecken sie ganz falsche Vorstellungen, weil in der Regel der Beobachter zu viel von seiner individuellen Anschauung hineinträgt, die

Sache mehr zeichnet wie er sie sich denkt und so die Natur gleichsam in sein Schema zwängt. Nur in solchen Fällen, wo mehrere Einzelnanschauungen, die in der Beobachtung nur getrennt von einander vorkommen, in einer Gesamtanschauung auf einander bezogen werden sollen, kann man sich sogenannte halbschematische Figuren gestatten, die im Grunde doch ganz und gar auf der Natur beruhen. Dann ist dies aber immer anzugeben. Wo bestimmte Erscheinungen oder Formen wiederzugeben sind, da halte man dieselben nur durch ein getreues Bild fest, lasse sich niemals durch die Mühe, welche eine sorgfältig und genau ausgeführte, auf gründliche Beobachtung fuſsende Zeichnung verlangt, von dieser abhalten, und suche nicht den fremden Beschauer durch ein paar hingeworfene Striche und Zeichen abzufinden, die aus einer meist oberflächlichen Beobachtung geschöpft sind.«

In so weit man es bei der Wiedergabe eines mikroskopischen Bildes lediglich mit Umriſszeichnungen zu thun hat, genügt es die durch freies Sehen oder mittels der Camera lucida entworfenen Umrisse eines Bildes nochmals möglichst genau durch das Mikroskop mit dem Objekte zu vergleichen und dabei die nötigen Korrekturen vorzunehmen. Bezüglich des Anbringens von Licht und Schatten hat man sich streng an das im Mikroskope Gesehene zu halten und darf in keiner Weise hierbei der beim Zeichnen sonst allgemein gebräuchlichen Regel über die Richtung des einfallenden Lichtes folgen. Gerade in der richtigen, dem beobachteten Bilde möglichst genau entsprechenden, Verteilung von Licht und Schatten zeigt sich der Meister im Zeichnen, auf ihr beruht zum weitaus gröſsten Teile die Möglichkeit einer richtigen Beurteilung der gefertigten Zeichnung seitens eines Anderen. Ein ganz besonderes Augenmerk ist dabei den Höhen- und Tiefenverhältnissen des Präparates zuzuwenden, welche, so lange es sich um Flächenzeichnungen handelt, lediglich durch Licht und Schattenlinien zu markieren sind. Je tiefer die Einsenkung, desto kräftiger, breiter der Schatten.

Eine noch gröſsere Sorgfalt in der Ausführung erfordern morphologische Figuren sowie die Habituszeichnungen mikroskopischer Pflanzen und Tiere. Hier müssen die betreffenden Organe oder das dargestellte Geschöpf in voller Körperlichkeit auftreten, was nicht allein die Beachtung von Licht und Schatten, sondern auch der Gesetze der Perspektive erfordert. Um die hierbei auftretenden Schwierigkeiten zu überwinden, müssen derartige gute, von Anderen ausgeführte Zeichnungen, gleichsam als Vorlagemuster betrachtet, studiert und nachgebildet werden, wobei man sich sofort bezüglich der Genauigkeit in der Übereinstimmung der gefertigten Kopie mit dem Originale kontrollieren kann. Gute derartige Zeichnungen sind gegenwärtig in den betreffenden Fachwerken in genügender Anzahl und Auswahl zu treffen. Erst wenn die manuellen Schwierigkeiten überwunden sind, ist es angezeigt, sich an die Herstellung einer derartigen mikroskopischen Zeichnung zu machen. Man wird hierbei gut thun, zuerst bei zulässig hoher Vergröſserung eine Umriſszeichnung anzufertigen und dieselbe sodann bei schwacher Vergröſserung weiter auszuführen. Die starke Vergröſserung erleichtert uns die richtige Wiedergabe des Umrisses, die schwache Vergröſserung unterstützt die körperliche Auffassung, da diese keine so absolute Flächenansicht gewährt, wie eine starke Vergröſserung. Bei einiger Übung und Geduld wird man bald brauchbare Zeichnungen zu fertigen im stande sein.

XV. Zeichnen ohne besondere Apparate.

Ein geübter Zeichner wird wohl alle Zeichnungen ohne irgend ein Hilfsmittel herzustellen in der Lage sein. Er wird zu diesem Zwecke die maſsgebenden Längen- und Breitenausdehnungen des Objektes mittels des Okularmikrometers messen, die gemessenen Dimensionen, der Ausdehnung der gewünschten Zeichnung entsprechend, vergröſsern, und der Zeichnung gewissermaſsen als Koordinatensystem zu Grunde legen und sodann die Zeichnung ausführen, indem er abwechslungsweise durch das Mikroskop und auf sein Zeichenblatt blickt. Es unterliegt keinem Zweifel, und ist durch die Erfahrung vielfach bestätigt, dafs die auf diese Weise hergestellten Zeichnungen, wenn anders der Zeichner zugleich Mikroskopiker ist, den an sie zu stellenden Anforderungen in der vollkommensten Weise genügen. Der ohnehin an richtige Mafs- und Raumverteilung gewohnte Zeichner würde sich bei Benutzung irgend eines weiteren Hilfsmittels beengt fühlen, wodurch seine Zeichnung an Natürlichkeit und Schönheit nur verlieren würde.

Reicht die Fertigkeit des Zeichners zur vollständig freien Wiedergabe des Gesehenen nicht aus, so mag er ein in Quadrate geteiltes Okularmikrometer (das bei der Malassezschen Methode zum Zählen der Blutkörperchen in Anwendung kommende Okulargitter thut auch hier sehr gute Dienste) benutzen, das er ins Okular auf das Diaphragma legt, wodurch sein ganzes Gesichtsfeld in quadratische Felder abgeteilt wird. Das Zeichenblatt wird nun gleichfalls in Quadrate geteilt, deren Gröfse zu der Quadratseite des Okulargitters in einem beliebigen Verhältnisse genommen werden kann, wodurch man zugleich mit absoluter Genauigkeit die Zeichnung in jedem gewünschten Grade zu vergröfsern in der Lage ist. Nunmehr zeichnet man die in jedem Quadrate des Gesichtsfeldes durch das Mikroskop wahrgenommenen Konturen auf das gleichliegende Quadrat des Zeichenblattes. In je kleinere Quadrate die im Okulare liegende Glasplatte geteilt ist, desto genauer wird die Zeichnung. Unter Benutzung dieser Methode wird auch ein ungeübter Zeichner in ganz kurzer Zeit erstaunliche Fortschritte machen, und hat unter Anwendung derselben den grofsen Vorteil, nicht nur während des Zeichnens ohne weiteres die wirkliche Gröfse irgend eines Details zu bestimmen; sondern bei Belassung des Quadratnetzes an der gefertigten Zeichnung unter Zuhilfenahme der Vergröfserungszahl es jedem Betrachter der Zeichnung zu ermöglichen, die wirkliche Gröfse einer gewünschten Partie der Zeichnung unmittelbar aus dieser abzulesen.

Den Rat, mikroskopische Bilder mittels des Doppelsehens zu zeichnen, halte ich nicht für gut. Es ist zwar keineswegs zu bestreiten, daſs ein im Doppelsehen genügend Bewanderter an der Hand dieser Methode ganz gute Zeichnungen von kleinen Objekten herzustellen im stande ist, aber bei der Abbildung gröſserer Objekte steigern sich die Schwierigkeiten in der Projicierung des Bildes auf die Papierfläche derart, daſs der Zeichner notwendigerweise alle Sicherheit in der Übertragung verlieren muſs. Zudem wird dabei dem Auge, das sich während der ganzen Dauer des Zeichenvorganges unverändert ruhig halten soll, eine Anstrengung aufgebürdet, der es schlieſslich unterliegen muſs; läſst aber der Zeichner seine Augen während der Arbeit öfters ausruhen, so erfordert es nicht geringe Mühe, es dahin zu bringen, daſs das Bild wieder genau mit der angefangenen Zeichnung zusammenfällt.

XVI. Zeichnen mit Apparaten.

Man hat im Laufe der Zeit mancherlei Apparate erfunden, welche zur Unterstützung in der Herstellung mikroskopischer Zeichnungen dienen und sich für den fraglichen Zweck auch alle ziemlich gleich gut eignen. Sie beruhen insgesamt darauf, daſs das Bild durch einen Apparat auf eine schwach erhellte Oberfläche projiciert wird, auf welcher dann seine Konturen nachzuzeichnen sind. Solche Apparate sind namentlich dann besonders zweckmäſsig, wenn es sich um die Herstellung eines komplizierten Bildes handelt, dessen verschiedene Form- und Gröſsenverhältnisse eine besonders getreue Wiedergabe erheischen. So wichtig derartige Apparate in besonderen Fällen auch sein mögen, so hüte man sich doch davor, ihre Leistung zu überschätzen. Wer nicht gelernt hat, Lagen- und Gröſsenverhältnisse richtig zu schätzen, wem es mit freier Hand nicht gelingen will, irgend eine einfache Zeichnung in brauchbarer Form herzustellen, dem wird es, auch unter Anwendung der vollkommenst funktionierenden zeichnerischen Hilfsapparate, nicht gelingen, eine gut ausgeführte Zeichnung anzufertigen.

Das Sömmering'sche Spiegelchen. Hat das Mikroskop eine solche Einrichtung, daſs sein Tubus wagrecht gestellt werden kann, oder besitzt es, wovon später eingehend die Rede sein wird, ein knieförmig gebogenes Okular, so kann zur Unterstützung in der Anfertigung von Zeichnungen das Sömmering'sche Spiegelchen angewendet werden. Es ist dies ein kleines metallenes Planspiegelchen von einigen Millimetern Durchmesser, das so vor das Okular befestigt wird, daſs seine spiegelnde Fläche mit diesem und zugleich mit der Fläche des Zeichentisches einen Winkel von 45° bildet. Blickt das Auge von oben herab auf das Spiegelchen, so sieht es neben demselben auf dem Tische das Papier, die den Bleistift führende Hand und das von dem Spiegelchen zurückgeworfene Bild des Objektes auf dem Papier, so daſs es leicht nachgezeichnet werden kann.

Zeichenapparat nach Oberhäuser (Camera lucida). Dieses Instrument, das in Fig. 53 in Ansicht und Durchschnitt abgebildet ist, wird mit Hilfe von Prismen konstruiert. Die rechtwinkelig geknickte Röhre trägt an der Abbiegungsstelle ein gröſseres und auſserhalb des Okulares ein kleineres Prisma, welch beide die Lichtstrahlen durch zweimalige totale Reflexion ins Auge leiten. Da aber das Auge gebrochene Strahlen stets in gerader Linie verlängert, so erzeugt dies in dem von oben herab in das kleine Prisma schauenden Auge die Wirkung, als kämen die Lichtstrahlen von einer unterhalb des Auges liegenden Fläche her, auf welcher

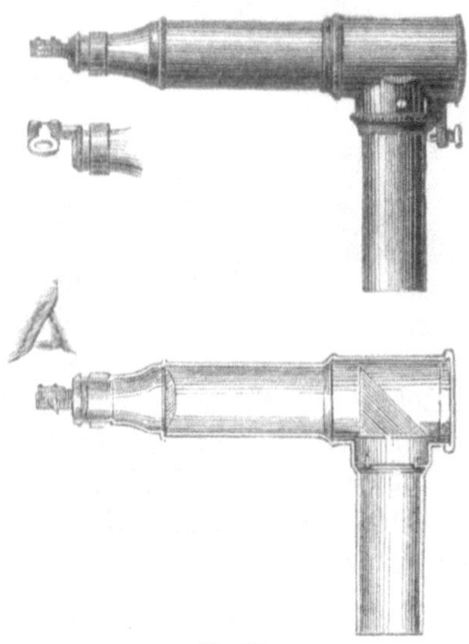

Fig. 53.
Camera lucida nach Oberhäuser

sonach das Bild gezeichnet werden kann. Bei der Benutzung dieses Apparates setzt man denselben nach Wegnahme des Okulares dem Tubus auf und blickt in senkrechter Richtung nach dem Tische herab, auf welchem dann in horizontaler Lage die Zeichnung angefertigt werden kann. Um das Bild auf dem Zeichenpapier kräftiger hervortreten zu lassen, bringt man vor das Papier zur Abhaltung der Lichtstrahlen einen Schirm an. Damit die Papierfläche dem Zeichner nicht durch das kleinere Prisma ganz verdeckt werde, darf letzteres die Gröfse der Pupille nicht ganz erreichen.

Nachet's Prisma (Chambre claire). Bei diesem Zeichenapparat erscheint das Bild von Papier und Stift in das Gesichtsfeld des Mikroskopes hineinverlegt. Derselbe ist in Fig. 54 abgebildet. Das Prisma, welches mittels eines Metallringes über dem Okular an dem Tubus befestigt wird, enthält zwei unmittelbar aneinander liegende Prismen, welche durch doppelte totale Reflexion die Richtung der Lichtstrahlen derart ändern, dafs sie parallel zu ihrer ursprünglichen Richtung von einem neben dem Mikroskope liegenden Blatt Papier zu kommen scheinen, auf welchem demnach das mikroskopische Bild erscheint.

Fig. 54.
Chambre claire von Nachet.

Gleichzeitig erblickt der Zeichner durch entgegengesetzte Strahlenreflexion die Spitze des Bleistiftes und kann somit die Konturen des Bildes mit dem Stifte bequem nachzeichnen. Zu beziehen durch Nachet in Paris (Rue Saint-Severin 17), Preis 30 frs.

Eine ähnliche Einrichtung wie die Chambre claire von Nachet zeigt Nobert's Camera lucida (Fig. 55). Dieselbe besteht im wesentlichen aus einem rhombischen Prisma, an deren vordere, über dem Okulare liegende Fläche sich ein kleines gleichseitiges Prisma anschliefst. Beide Prismen sind in ein Messinggehäuse gefaſst, welches ober und unter dem kleinen Prisma eine runde Öffnung hat und den hinteren Teil des groſsen Prisma frei läſst. Mittels eines Stiftes dreht sich das Gehäuse mit den Prismen in dem Fortsatze eines federnden Ringes, der über das Tubusrohr des Mikro-

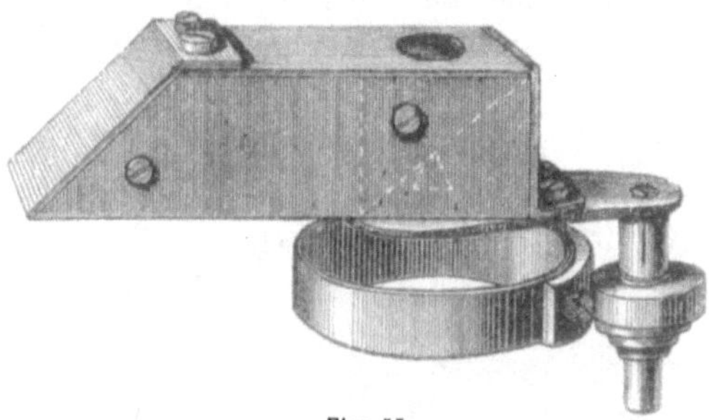

Fig. 55.
Nobert's Camera lucida.

skopes geschoben wird, so daſs man es beliebig zur Seite schieben kann und das Okular frei bekommt. An der Vorderseite des Gehäuses sind auſserdem kleine Schrauben angebracht, mittels deren man den beiden Prismen, falls sich dies wünschenswert zeigen sollte, eine etwas veränderte Stellung geben kann.

In der ursprünglich von Nobert konstruierten Form, die übrigens von mehreren Werkstätten heute noch beibe-

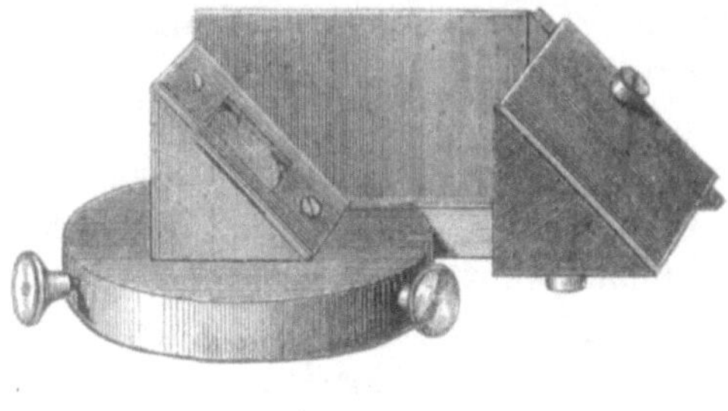

Fig. 56.
Nobert's Zeichenprisma.

halten wird, war das rhombische Prisma durch ein dreiseitiges, rechtwinkelig gleichschenkeliges Prisma vertreten, und über dem Okular befand sich eine unter einem Winkel von 45° geneigte Glasplatte (Fig. 56). Durch diese Anordnung wird das gleiche Resultat erzielt wie bei der obigen Einrichtung. Beide Zeichenapparate haben übrigens den Nachteil, dafs sie für starke Okulare wenig brauchbar sind. Verfertigt werden dieselben gegenwärtig bei Schmidt & Haensch, Leitz und Zeifs um den Preis von 15 *M.* bis 20 *M.*

Die in Fig. 57 abgebildete, von Milne Edwards und Doyère, wahrscheinlich nach einem Vorbilde Gerling's, konstruierte Camera lucida besitzt ein sehr grofses Gesichtsfeld und zeichnet sich vor den beiden ebengenannten Appa-

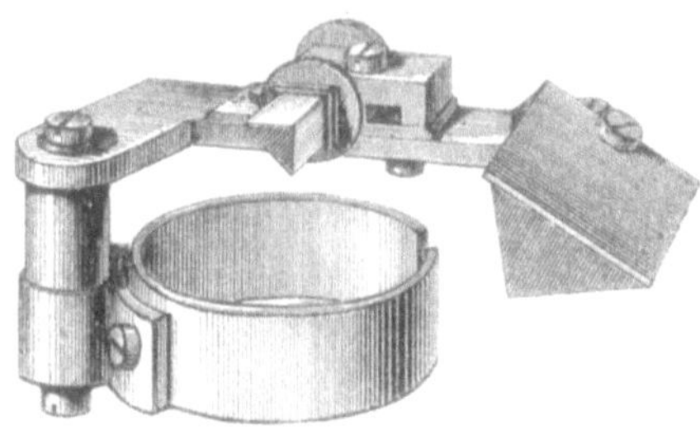

Fig. 57.
Camera lucida von Milne Edwards und Doyère.

raten auch dadurch vorteilhaft aus, dafs der Lichtverlust sehr unbedeutend ist und ihre Anwendung auch bei hohen Vergröfserungen und mit den stärksten Okularen keinerlei Schwierigkeiten bietet.

Dieser Apparat besteht aus zwei rechtwinkeligen gleichschenkeligen Glasprismen, von denen das kleinere sich über dem Okular befindet, während das gröfsere, seitlich stehende, die erste Spiegelung des Zeichenstiftes übernimmt. Da das über dem Okular befindliche Prisma nur eine sehr kleine Oberfläche besitzt, so sieht man an demselben vorbei direkt in das Mikroskop und dort das Bild des Objektes, während durch die doppelte Spiegelung der beiden Prismen die Zeichenfläche und die Spitze des Zeichenstiftes über jenem projiciert erscheinen. Mittels eines federnden Ringes läſst sich der Apparat am Tubusrohre befestigen und durch Drehung in einem Fortsatze des Ringes jederzeit bequem bei Seite schieben. Verfertigt werden solche Zeichenapparate bei Hartnack und Schmidt & Haensch um den Preis von 28 *M.* bezw. 30 *M.*

Seibert's Zeichenapparat. Dieser kleine Apparat besteht aus zwei Spiegelchen, welche im Innern eines Gehäuses an den einander gegenüberstehenden Flächen angebracht sind. An dem oberhalb des Okulares angebrachten Spiegelchen ist in der Mitte die Amalgambelegung beseitigt, wodurch die vom Objekte ausgehenden Lichtstrahlen durch das Gehäuse in das Auge gelangen können. Das Gehäuse ruht auf einer kleinen Säule und kann mit Hilfe eines Ringes am Okular befestigt werden. Die vom Objekte kommenden Strahlen gelangen durch den vom Amalgam befreiten Teil des Spiegels hindurch in das Auge, werden aber gleichzeitig auch auf das gegenüberstehende zweite Spiegelchen und von diesem auf das neben dem Mikroskope liegende Blatt Papier geworfen.

Embryoskop nach Hartnack. Für manche Zwecke der Naturforschung ist es erwünscht, genaue Konturzeichnungen bei schwachen Vergröſserungen zu entwerfen und dabei die Vergröſserung so zu beherrschen, dass man leicht von einem gegebenen Maſsstabe zu einem andern übergehen kann. Die bisher besprochenen Zeichenapparate gestatten nun nicht, selbst bei Anwendung der schwächsten Linsensysteme, unter eine 20 fache Vergröſserung herabzugehen, auch ist die Festhaltung bestimmter Maſsstäbe, wenn auch durch Veränderung der Tubuslänge nicht unmöglich, so doch jedenfalls nicht bequem zu erreichen. Professor His in Leipzig hat nun einen Apparat konstruiert und Hartnack in Potsdam hat denselben in compendiösere Form gebracht und zugleich seine Vergröſserungsbreite noch mehr auszudehnen gesucht, wonach man ganz willkürlich einen zwischen 4 und 75 variierenden Vergröſserungsmaſsstab anwenden kann. Diesen Apparat hat Prof. His, weil er denselben vorzugsweise zum Zeichnen von Embryonen anwendete,

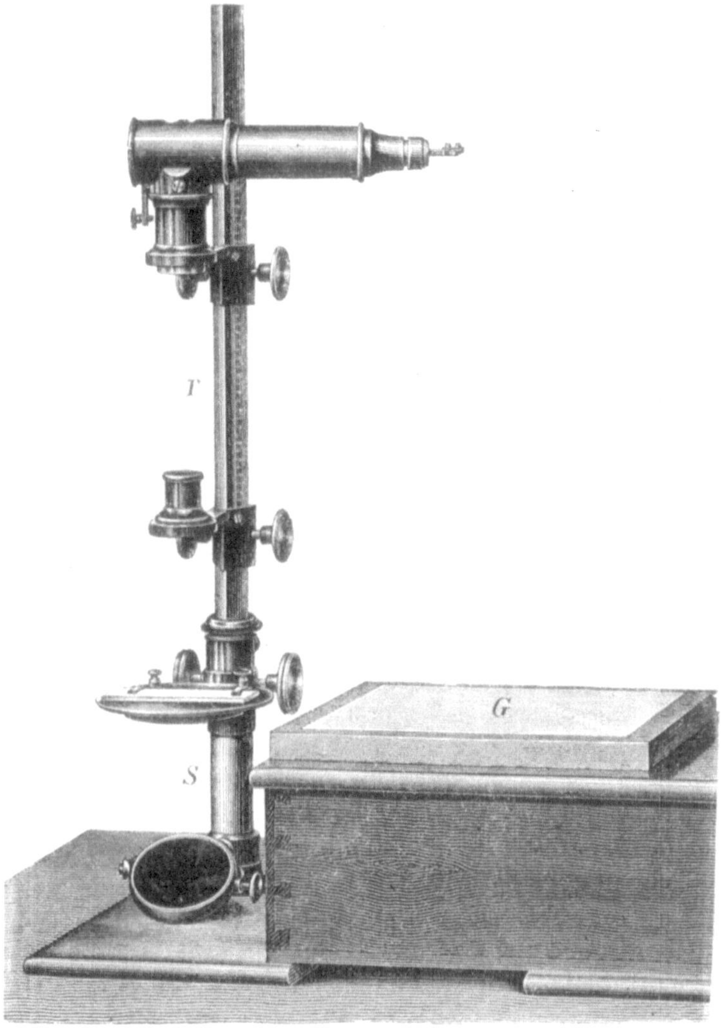

Fig. 58.
Hartnack's neuer Zeichenapparat (Embryoskop).

Embryoskop oder Embryograph (Fig. 58) genannt. Es ist bei demselben der Oberhäuser'sche Zeichenapparat (Camera lucida) mit einem sehr schwachen Objektive (einem sogenannten photographischen Objektive) derart kombiniert, daſs diese beiden Stücke an einer mit Teilung versehenen Triebstange in beweglichen Hülsen auf- und abgeschoben werden können, so daſs ihr gegenseitiger Abstand beliebig verändert werden kann.

Die nebenstehende Zeichnung (Fig. 58) zeigt den Apparat, wie er gegenwärtig von Hartnack ausgeführt wird. Die auf einem Fuſsbrette aufgeschraubte Metallsäule *S* trägt nahe an der Basis den Spiegel, und darüber an einer durch Trieb verschiebbaren Hülse den Objekttisch. Die obere Endstellung des letzteren wird durch einen Kranz an der Säule bestimmt, über den hinaus die Hülse nicht geschoben werden kann. In der Säule, durch eine Schraube festgeklemmt, ist die prismatische in Millimeter geteilte Triebstange *T*, auf welcher durch Triebe der Objektivträger und der Prismenträger auf und ab bewegt werden können. Als Zeichenfläche dient die matte Glastafel *G*, welche auf dem nebenstehenden Kasten in passender Höhe angebracht ist.

Alle Teile des Apparates können in dem Innern des 38 cm langen, 22,5 cm breiten und 9,5 cm hohen Kasten untergebracht werden. Zu diesem Behufe wird die Triebstange aus der Säule herausgehoben und letztere vom Fuſsbrette losgeschraubt. Während das Fuſsbrett mittels Schlittenverschiebung unter den Kasten gerückt werden kann, finden Triebstange und Säule in der einen, die Camera lucida, Objektivsysteme und der losgeschraubte Objekttisch in der anderen Abteilung des Kastens Raum; über dem Holzdeckel der einen Abteilung läſst sich die von einem Holzrahmen umschlossene matte Glastafel unterbringen.

Ehe der Apparat in Gebrauch genommen wird, hat man die Stellung des Objektivträgers und Prismenträgers für jede gewünschte Vergröſserung zu notieren und bedient man sich hierbei nach Angabe des Erfinders eines in halbe Millimeter geteilten Maſsstabes, welcher als Objekt benutzt wird. Der Objekttisch wird hierbei auf seine höchste Stellung geschraubt und Objektiv und Prisma so lange verschoben, bis das auf die Glastafel projicierte Bild genau die gewünschte Vergröſserung zeigt.

Die von Prof. His angefertigte Tabelle, die übrigens für jedes Instrument eigens von dem Zeichner selbst anzufertigen beziehungsweise zu kontrollieren ist, ergibt folgende Zahlen:

Vergröſserung		Oberer Rand des Objektivträgers bei	Oberer Rand des Prismenträgers bei	Durchmesser des brauchbaren Gesichtsfeldes
		mm	mm	mm
System No. 0	4	235	265	32
	5	216	247	25
	8	115	193	20
	10	100	218	15
	15	83	240	11
System No. 1	15	13	65	—
	20	12	88	—
	25	11	112	8,5
	30	11	133	—
	40	11	170	—
	50	10	200	—
	60	10	230	3
	70	10	260	—

Hierbei ist zu bemerken, daſs das schwächere System No. 0 an der oberen, das stärkere No. 1 an der unteren Seite des Ringes anzuschrauben ist. Um die Vergröſserung 4 zu erreichen, muſs der Objekttisch um 20 mm von seiner Randstellung nach abwärts verschoben werden; ferner ist es, um das volle Gesichtsfeld auszunutzen, bei den schwächsten beiden Vergröſserungen 4 und 5 nötig, den Objekttisch von seinem Ringe abzuschrauben und den letzteren allein als Tisch zu benutzen, da die Öffnung des Objekttisches nur 20 mm beträgt.

Beim Zeichnen stellt man auf Grund der angefertigten Tabelle, deren Zahlen zur Sicherheit von Zeit zu Zeit auf ihre Richtigkeit kontrolliert werden sollten, Objektiv und Prisma der gewünschten Vergröſserung entsprechend ein, bringt den zu zeichnenden Gegenstand auf den Objekttisch und verschiebt letzteren behufs scharfer Einstellung so weit erforderlich. Die genaue Einstellung darf nur durch Verschieben des Objekttisches bewirkt werden, und müssen Objektiv- und Prismenträger dabei unveränderlich an ihrer Stelle bleiben.

Sollen die Bilder des Zeichenstiftes, beziehungsweise der bereits entworfenen Konturen, und das Bild des Objektes gleichzeitig gut gesehen werden, so dürfen beide in den Lichtstärken nicht allzusehr differieren, weil sonst das lichtarme Bild im lichtstarken nicht zur Geltung kommt. In der richtigen Abstufung der beiderseitigen Lichtstärken liegt nach His die Hauptschwierigkeit für den Anfänger im Zeichnen.

Ist bei durchsichtigen Objekten das Objektbild zu lichtstark, so wird durch Seitwärtsdrehen des Spiegels, oder durch Anwendung farbiger Gläser, Abhilfe geschaffen; die zu starke Beleuchtung der Zeichenfläche kann durch Vorstellen eines verschiebbaren Schirmes, oder in vielen Fällen schon durch bloſses Vorhalten der Hand, beseitigt werden. Opake Objekte bedürfen im allgemeinen einer kräftigeren auffallenden Beleuchtung, umsomehr, bei je stärkerer Vergröſserung sie gezeichnet werden sollen. Direktes Sonnenlicht, oder das durch eine groſse Konvexlinse gesammelte Licht einer guten Lampe, sind je nach Umständen mit zu Hilfe zu ziehen. Störend wirken natürlich allenfallsige Oberflächenspiegelungen, und sind opake Gegenstände demnach am besten unter Flüſsigkeit zu zeichnen. Prof. His verwendet für diesen Zweck schwarze Glas- und Marmorplatten mit matten Ausschliffen von 5 bis 20 mm Tiefe, in welche die zu zeichnenden Objekte mit Alkohol zu liegen kommen und mit einem starken Deckglase derart bedeckt werden, dafs keine Luftblasen im Ausschliff zurückbleiben. Preis des ganzen Apparates mit zwei Objektiven 200 ℳ.

XVII. Zeichenmaterialien.

Von mancher Seite sind die zur Herstellung von mikroskopischen Zeichnungen erforderlichen Utensilien so speziell aufgeführt und beschrieben worden, dafs man leicht zu der Annahme verleitet werden könnte, als seien die gewöhnlichen Zeichenmaterialien zur Herstellung guter mikroskopischer Zeichnungen nicht gut genug. Dem ist nicht so. Es mag ja sein, dafs der eine durch eine gewöhnliche Schiefertafel oder ein schwarzes Schieferpapier, ein zweiter durch Benutzung von Whatmannpapier und ein dritter durch Anwendung von Elfenbeinkarton seinen Zweck besser zu erreichen glaubt oder auch wirklich erreicht, es sind das individuelle, auf Gewohnheit beruhende Erscheinungen; im allgemeinen wird jedoch jedes kräftige, gutgeleimte Papier, das durch Benutzung eines nicht zu energisch wirkenden Radiergummis — und ohne diesen wird es nun einmal nicht abgehen — nicht Schaden leidet, verwendbar sein. Gute Bleistifte, und wenn dieselben auch nicht aus sibirischem Graphit hergestellt sind, sind ein ganz zweckmäfsiges Zeichenmaterial und überall zu erhalten. Selbstverständlich müssen zur Herstellung der Schattenpartien weichere Stifte genommen werden, als zum Ziehen der Lichtlinien, doch richtet sich der Grad der Härte nach der Hand und Gewohnheit des Zeichners, der wohl bald in jedem einzelnen Falle die zweckentsprechenden Härtegrade herausfinden wird. Pauspapier durch Tränken des Papiers mit Öl oder einer anderen Flüssigkeit sich selbst herzustellen, halte ich angesichts des Umstandes, dafs um wenige Pfennige ein grofser Bogen solchen Papieres in jeder Schreibmaterialienhandlung zu haben ist, für überflüssig. Vielleicht dürfte sich für wertvolle Zeichnungen die Benutzung der sehr dauerhaften, wenn auch etwas teueren Pausleinwand, welche sich zum Zeichnen mit Bleistift wie mit Tusch und zum Lavieren gleich vorzüglich eignet, empfehlen.

Die Benutzung des sogenannten Wischers, um Bleistiftzeichnungen gefälliger und weicher zu machen, ist nur einem Zeichenkünstler zu empfehlen, in der Hand eines weniger Geübten wird dadurch die Zeichnung schwerlich gefälliger, wohl aber undeutlich. Soll eine Zeichnung schattiert werden, so wird dieses weit leichter und sauberer mittels verschieden starker Tuschtöne und Pinsel, sogenannte Fisch- oder Marderpinsel, die mit Tusch gefüllt in eine sehr feine Spitze auslaufen, bewerkstelligt. Auch zur Darstellung der Umrisse lassen sich diese Pinsel an Stelle der Bleistifte sehr gut verwenden, doch fordert deren Handhabung eine gröſsere Übung als die der Bleistifte.

Sollen Zeichnungen in Farben angelegt werden, so sind zuerst Konturen wie Details mit Bleistift auszuführen. Als Farben kommen hier nur Wasserfarben in Betracht, wie sie von Ackermann, Zeller und Anderen unter dem Namen »technische Farben« hergestellt werden und in jeder gröſseren Papierhandlung käuflich sind. Da die meisten bei der Zeichnung zur Verwendung kommenden Farben Mischtöne sind, so braucht man kein groſses Sortiment derselben. Minium oder Karmin, Gummigutt oder Indischgelb, Ultramarin oder Kobaltblau, Berlinerblau, Saftgrün, Sepia und Terra Sienna werden wohl für alle Fälle ausreichen. Man mache es sich bei Anlage einer Zeichnung zum Grundsatze, die Farbe eher in weicherem, verdünnterem Tone, als umgekehrt, aufzutragen, ein zu schwacher heller Ton läſst sich nachträglich kräftiger und dunkler machen, während der entgegengesetzte Fehler selten mehr ohne Schaden verbessert werden kann.

Die Mikroskope der Gegenwart.

XVIII. Die Wahl eines Mikroskopes.

Nachdem in den vorhergehenden Abschnitten von der optischen und mechanischen Einrichtung des zusammengesetzten Mikroskopes, seiner Ausstattung mit mehr oder weniger Nebenapparaten die Rede war, und die Mittel zur umfassenden Prüfung seines optischen Vermögens in eingehender Weise besprochen wurden, sollen jetzt die Grundsätze entwickelt werden, nach denen man bei der Auswahl eines Mikroskopes zu verfahren hat. Leistungsfähigkeit und Preis spielen dabei die Hauptrollen; die Verschiedenheit der Ziele, die man durch das Mikroskop zu verfolgen beabsichtigt, dienen jenen zur Grundlage.

Der wichtigste Teil eines jeden Mikroskopes ist jederzeit der optische Apparat. Volle Klarheit und Farblosigkeit des ganzen Bildes, Reinheit und Schärfe der einzelnen Linien und Begrenzungen, hinreichendes Auflösungsvermögen, gleichmäſsige Vergröſserung, helle Erleuchtung und passende Ausdehnung des Gesichtsfeldes sind unbedingtes und Hauptterfordernis, neben welchem noch die Möglichkeit einer vielseitigen und steigerungsfähigen Beleuchtung vorzügliche Beachtung verdient. Die mechanische Einrichtung eines Mikroskopes ist zwar nicht von so groſser Bedeutung wie der optische Apparat, doch soll auch sie den notwendig an dieselbe zu stellenden Anforderungen genügen. Es sind dies: Festigkeit des Standes, fester und hinlänglich groſser Objekttisch, Vorrichtung für grobe und feine Einstellung, feste Verbindung aller Teile, damit nur solche Bewegungen daran vorkommen, die denselben absichtlich erteilt werden.

Die mechanische Einrichtung, wie wir dieselbe gegenwärtig an unseren Instrumenten treffen, ist für alle Untersuchungen vollkommen ausreichend. Fast alle deutschen Optiker haben ihren Stativen den sogenannten hufeisenförmigen Fuſs, wenn auch mit mancherlei Modifikationen zu Grunde gelegt, alle haben ausnahmslos den kurzen Tubus acceptiert, an dessen Säule, oben oder unten, die feine Einstellung durch eine Mikrometerschraube bewirkt wird. Dadurch haben die deutschen Mikroskope eine gewisse Gleichförmigkeit in der äuſseren Form wie auch eine Gleichartigkeit im Arbeiten mit denselben erlangt, eine Eigenschaft, welche ihnen sicher nur zum Vorteile gereicht. Die französischen Mikroskope zeigen den gleichen Habitus, nur tragen sie eine leichte Neigung zu ornamentalem Schwung an sich, während bei uns geradlinige und eckige Formen typisch sind. Von den mancherlei künstlichen Bewegungsmitteln und sinnreich ausgedachten, sowie meisterhaft durchgeführten sonstigen Nebenapparaten, welche eine feststehende Beigabe aller englischen gröſseren Instrumente bilden, hat bei uns nur Weniges Anklang gefunden, doch werden solche Apparate von den deutschen Optikern auf Wunsch auch ihren groſsen Instrumenten beigegeben.

Anders steht es mit der optischen Einrichtung. Diese sucht jeder Mikroskopverfertiger mehr und mehr zu vervollkommnen, so daſs die Mikroskope, welche in Zwischenräumen von mehreren Jahren aus der nämlichen Werkstätte hervorgingen, im optischen Vermögen immer einen weit gröſseren Unterschied erkennen lassen werden, als jene, welche von verschiedenen Optikern zu der nämlichen Zeit geliefert wurden. Diesem Umstande ist es teilweise wohl auch zuzuschreiben, wenn das Urteil verschiedener Beobachter über Mikroskope aus der nämlichen Werkstätte so ganz verschieden ausfallen konnte. Dazu kommt wohl noch, daſs die Meisten geneigt sind, jenem Mikroskope bestimmt vor anderen den Vorzug zu geben, an welches sie sich seit geraumer Zeit gewohnt haben, was auch ganz natürlich ist, da jeder sein Instrument am besten kennt, so daſs er schon aus diesem Grunde allein besser durch dasselbe beobachten wird, als durch ein anderes Instrument, dessen Vorzüge und Mängel er noch nicht kennt.

Soviel steht fest, und ist durch die hervorragendsten Autoren in diesem Fache wie Abbe, Dippel, Harting, Frey und andere erwiesen, selbst durch den Franzosen Pelletan in seiner Studie »Die Mikroskopie des Auslandes« rückhaltslos zugestanden, dafs die deutsche Mikroskopie gegenwärtig vom Auslande vollkommen unabhängig ist und die deutschen Mikroskopverfertiger den Kampf der Konkurrenz nach jeder Richtung hin mit Erfolg aufnehmen können. Bezüglich der schwachen und mittelstarken optischen Apparate darf man wohl behaupten, dafs alle deutschen Mikroskopverfertiger einander das Gleichgewicht halten. Allerdings bieten auch jene Systeme bei dem einen optischen Institut Vorzüge vor denjenigen eines andern dar; dieselben fallen aber für das praktische Bedürfnis nicht erheblich aus und sind meist erst von einem Kennerauge zu entdecken. Handelt es sich aber um die Konstruktion sehr starker oder der allerstärksten Linsenkombinationen, um das Höchste, was auf diesem Gebiete geleistet werden kann, so verhalten sich die verschiedenen optischen Iustitute, wie im Auslande, so auch in Deutschland, verschieden. Wer sich also ein den höchsten Zwecken der Wissenschaft dienendes Instrument anzuschaffen beabsichtigt, und nicht selbst hinlänglich mit den dabei zur Entscheidung gelangenden Fragen vertraut ist, der wird gut daran thun, ein solches nicht ohne den Rat und die vorhergegangene Prüfung durch einen unparteiischen Sachverständigen zu kaufen.

Als deutsche Firmen, welche nicht nur Instrumente ersten Ranges liefern, sondern deren Linsenkombinationen auch unter Berücksichtigung der neuesten Errungenschaften der Wissenschaft konstruiert sind, möchte ich bezeichnen: Hartnack in Potsdam und Paris, Leitz in Wetzlar, Reichert in Wien (man entschuldige meine geographische Kühnheit, es liegt derselben keinerlei politischer Hintergedanke zu Grunde), Schieck in Berlin, Seibert & Krafft in Wetzlar, Zeifs in Jena.

Hinsichtlich des Beleuchtungsapparates zeigten die deutschen Instrumente bis in die neuere Zeit noch einen gewissen Mangel. Ein Plan- und Hohlspiegel und etwa noch ein unbeweglicher oder höchstens in horizontaler Richtung verschiebbarer Kondensor war das Gesammtarsenal zur Regulierung der Beleuchtung bei durchgehendem Lichte. Gegenwärtig ist auch dies anders geworden. Im Abbe'schen und Hartnack'schen Beleuchtungsapparate sind Hilfsmittel für die Beleuchtung geschaffen, welche bei richtiger Anwendung nichts zu wünschen übrig lassen.

Die Ausstattung eines Mikroskopes wird in erster Linie mit Rücksicht auf die Zwecke, die damit angestrebt werden sollen, verschieden sein müssen, Anfänger sollten niemals zu einem gröſseren Mikroskope greifen, da schon die mechanische Handhabung derselben schwieriger ist und es einer beträchtlichen Übung bedarf, ehe man sehr starke Linsensysteme mit Erfolg anwenden kann. Damit soll aber durchaus nicht der ziemlich verbreiteten verkehrten Ansicht, daſs für den Anfänger das primitivste und unvollkommenste Mikroskop gut genug sei, das Wort gesprochen sein. Im Gegenteil, gerade für den Anfänger ist nur das beste Mikroskop gut genug; denn derselbe wird mit einem mangelhaften Instrumente weit schwieriger in die von ihm zu bearbeitende Disziplin eindringen, als mit einem sehr guten Instrument, vielleicht gar die Lust und Liebe zu weiterem Arbeiten verlieren. Da der Hauptwert eines Mikroskopes in der Vorzüglichkeit seines optischen Apparates beruht, so spare man in dieser Richtung nicht, und suche eine möglichst groſse Vielseitigkeit in den Vergröſserungen zu erzielen; reichen die verfügbaren Mittel augenblicklich nicht zur Befriedigung aller Wünsche, so begnüge man sich einstweilen mit einem weniger vollkommenen Stativ und verlege lieber die Beschaffung von Nebenapparaten auf spätere Zeit, als daſs solche auf Kosten des optischen Vermögens des Instrumentes sofort beschafft werden. Insbesondere unterschätze man nicht den Wert schwacher Vergröſserungen; sie leisten häufig sehr wichtige Dienste.

Ganz besonders hüte sich der Unerfahrene vor dem Ankauf der in den Schaufenstern der Brillenhändler prangenden oder durch Zeitungsreklame angepriesenen Universalmikroskope, Floroskope, oder wie sie sonst heifsen mögen mit ihren »1000fachen bis 2500fachen« Vergröfserungen, sie sind insgesamt zu irgend welcher, auf wissenschaftlicher Basis ruhenden Untersuchung absolut unbrauchbar, selbst wenn ein noch so gutklingender Name ihre ganz eminente Leistungsfähigkeit nicht hoch genug anpreisen kann. Als interessantes Spielzeug mögen solche Machwerke immerhin in die Hände unserer heranwachsenden Jugend gegeben werden, sie wird dadurch eine Fülle der herrlichsten Genüsse in sich aufzunehmen vermögen und dadurch Freude an naturwissenschaftlichen Gegenständen gewinnen, aber in der Hand des Forschers sind sie wertlos.

XIX. Unsere modernen Mikroskope.

In Nachstehendem sollen nun unsere modernen Mikroskope, und zwar zunächst jene, welche für alle Arten der mikroskopischen Untersuchung gleichzeitig dienen sollen, abgebildet und in ihrer Einrichtung kurz beschrieben werden. Aufser den mir bekannt gewordenen deutschen Firmen konnte ich die Einbeziehung der hervorragendsten französischen Firmen nicht wohl unterlassen, einerseits weil die französischen Instrumente in formeller wie materieller Hinsicht, dann auch in Bezug auf Preislage vielfach mit den deutschen übereinstimmen, andrerseits weil manche französische Erfindung sich bei uns das Bürgerrecht erworben hat, wie umgekehrt an den neuen französischen Modellen manche deutsche Erfindung prangt. Die englischen und amerikanischen Instrumente sind nur der Preisdifferenz wegen den deutschen gegenüber gestellt.

Mit Rücksicht auf Zweck und Preis habe ich hierbei zwischen kleinen, mittleren und grofsen Instrumenten unterschieden.

a) Kleine Mikroskope.

Die hierher zu rechnenden Instrumente reichen für ärztliche Zwecke und morphologische Untersuchungen vollkommen aus und gewähren durchschnittlich eine 50 bis

500 malige Linearvergröſserung. Hierbei ist zu bemerken, daſs bei allen mit Auszugtubus versehenen Instrumenten die niedrigste Vergröſserungszahl sich auf den verkürzten, die höchste dagegen auf den ausgezogenen Tubus bezieht, woraus hervorgeht, daſs denselben also seitens der Optiker nicht die mittlere Sehweite zu Grunde gelegt ist.

Alle Instrumente besitzen einen hufeisenförmigen Messingfuſs und ausreichend groſsen, feststehenden Objekttisch, einen nach rechts und links, sowie nach oben und unten beweglichen Hohl- und Planspiegel, Cylinderblendungen mit Diaphragmen, oder statt derselben Drehscheibenblendungen. Die grobe Einstellung erfolgt durch Schieben des Tubus mit der Hand, die feine mittels Mikrometerschraube, welche sich an der Tubussäule befindet. Die Objektivsysteme besitzen feste Fassung, eines der beiden Okulare trägt eine Vorrichtung zur Einlage eines Mikrometers nebst Okularmikrometer. Die angegebenen Preise verstehen sich mit Einrechnung von Testobjekten, Objektträgern und Deckgläsern für den ersten Gebrauch und des Mahagonikastens.

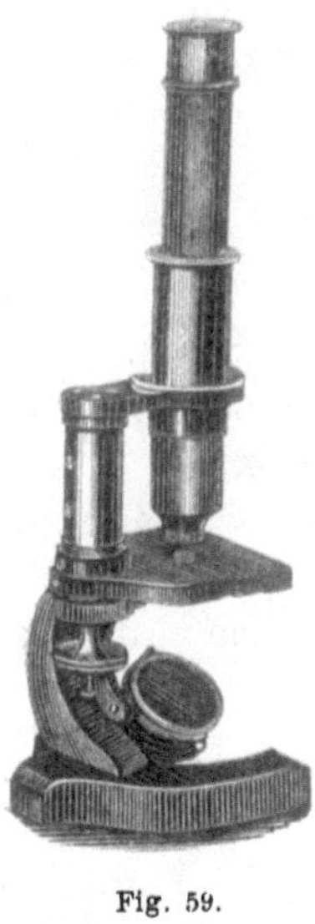

Fig. 59.
Bénèche Stativ DI.

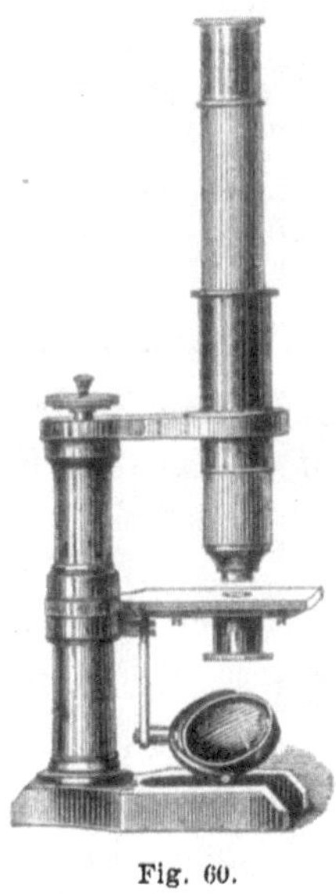

Fig. 60.
Bénèche Stativ C.

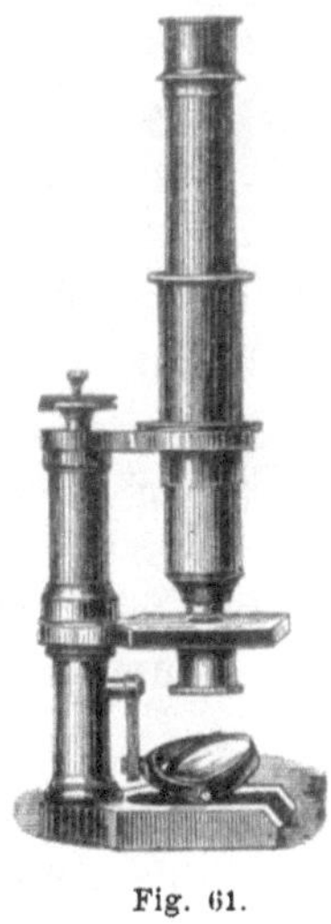

Fig. 61.
Bénèche Stativ D.

1) *L. Bénèche in Berlin,* S. W. Grofsbeerenstrafse No. 19.

Fig. 59 (Stativ D I), Objektive 4 u. 9, Okulare 2 u. 3, Vergröfserungen 60 bis 500, Preis *95 ℳ.*

Fig. 60 (Stativ C) erhöht den Preis um *45 ℳ.*

Fig. 61 (Stativ D) erhöht den Preis um *15 ℳ.*

Fig. 62.
Hartnack No. II A.

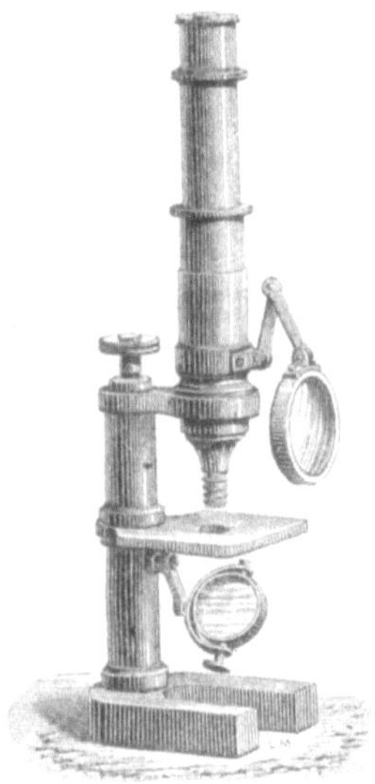

Fig. 63.
Hartnack No. III.

Fig. 64.
Hartnack No. III A.

2) *Dr. E. Hartnack in Potsdam,* Waisenstrafse No. 39.

Fig. 62 (Stativ II A), Objektive 4 u. 8, Okulare 2 u. 4, Vergröfserungen 50 bis 600, Preis *121 ℳ.*

Fig. 63 (Stativ III) mit derselben optischen Ausstattung, Preis *137 ℳ.*

Fig. 64 (Stativ III A) mit derselben optischen Ausstattung, Preis *149 ℳ.*

Stativ III A ist zum Überlegen konstruiert, sonst aber dem Stativ III ganz gleich. Alle drei Instrumente besitzen Linsensysteme älterer Konstruktion mit den kleinen Öffnungswinkeln.

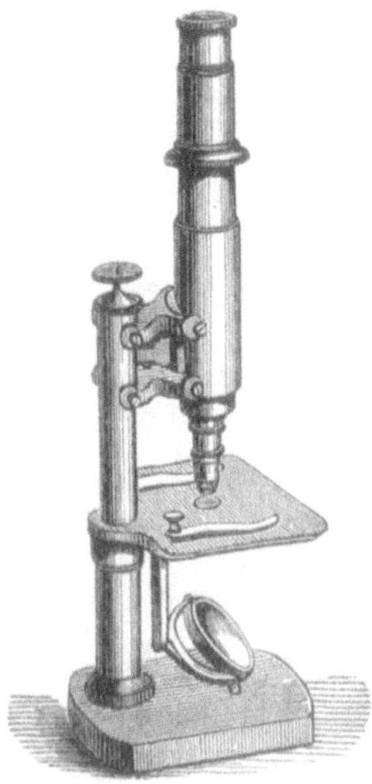

Fig. 65.
Himmler No. Va.

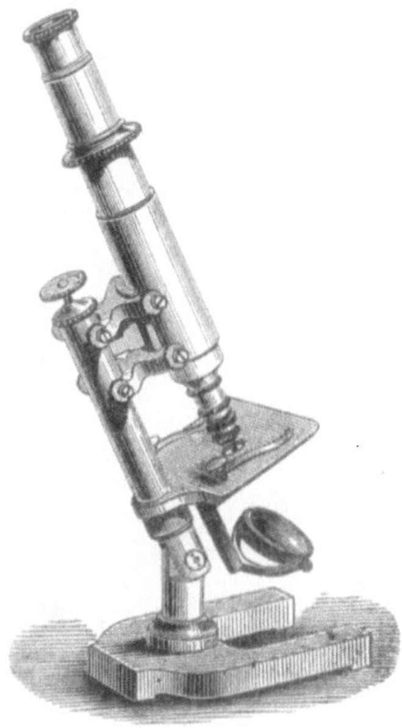

Fig. 66.
Himmler No. V.

3) *Otto Himmler in Berlin*, S. W. Simeonstraſse No. 27.

Fig. 65 (Stativ V a), Objektive 3 u. 8, Okulare 1 u. 4, Vergröſserungen 47 bis 600, Preis *105 ℳ.*

Fig. 66 (Stativ V) mit derselben optischen Ausstattung, Preis *113 ℳ.*

4) *J. Klönne & G. Müller in Berlin*, S. Prinzenstraſse 69.

Fig. 67 (Studentenmikroskop), Objektive 5 u. 7, Okulare II u. V, Vergröſserungen 70 bis 600, Preis *95 ℳ.*

Das Stativ besitzt eisernen Hufeisenfuſs; der Objekttisch ist mit Hartgummiplatte versehen.

5) *E. Leitz in Wetzlar.*

Fig. 68 (Stativ No. IV), Objektive 3 u. 7, Okulare I u. III, Vergröſserungen 80 bis 500, Preis *96 ℳ.*

Fig. 69 (Stativ No. V), mit derselben Ausstattung, Preis *86 ℳ.*

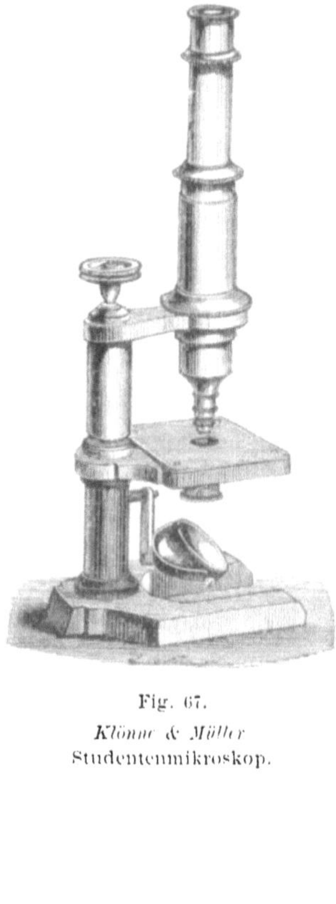

Fig. 67.
Klönne & Müller
Studentenmikroskop.

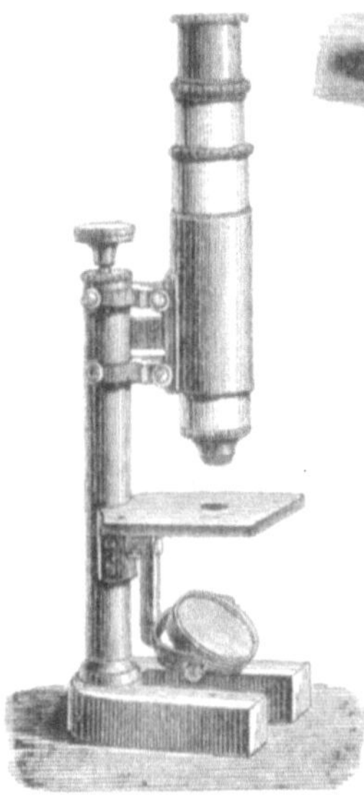

Fig. 68.
Leitz No. IV. Modell 1883.

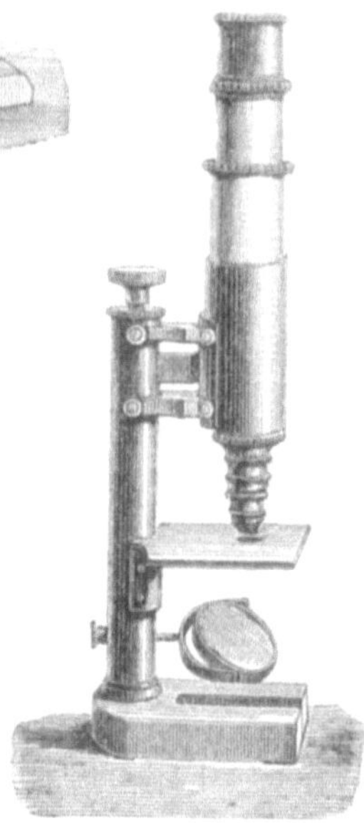

Fig. 69.
Leitz No. V. Modell 1883.

6) *G. u. S. Merz in München.*

Mikroskop No. 4, Objektiv $\frac{1}{3}''$ u. $\frac{1}{12}''$, Okulare 1 u. 2, Vergrößerungen 60 bis 480, Preis *119 M.*

Fig. 70.
Plössl kleines Mikroskop No. 3.
Modell 1883.

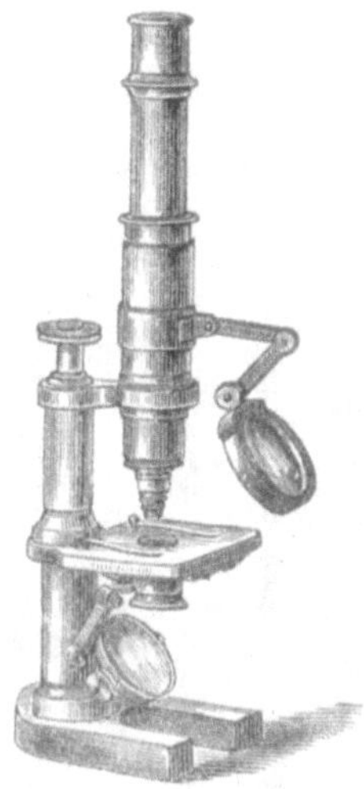

Fig. 71.
Plössl kleines Mikroskop No. 4.
Modell 1883.

7) *S. Plössl & Comp. in Wien*, IV, Goldegggasse No. 6.

Fig. 70 (Mikroskop No. 3), Objektive II u. V, Okulare 2 u. 5, Vergröſserungen 15 bis 360, Preis 48 fl. ö. W. = *82 M*

Fig. 71 (Mikroskop No. 4), Objektive III u. VII, Okulare 2 u. 4, Vergröſserungen 60 bis 600, Preis 75 fl. ö. W. = *129 M.*

Auſser den genannten kleinen Modellen verfertigt Plössl noch ein Arbeitsmikroskop. Die Einstellung erfolgt bei demselben durch Zahn und Trieb ohne Mikrometerschraube, der Tisch ist mit Glasplatte belegt. Als Objektive sind drei achromatische, aneinander schraubbare Doppellinsen beigegeben und besitzt dasselbe ein pankratisches Okular, so daſs die Bilder aufrecht erscheinen, wodurch das Arbeiten unter dem Mikroskope sehr erleichtert wird. Vergröſserungen 20 bis 150, Preis 54 fl. ö. W. = *92 M.*

(Bei Umwandlung der österr. Währung in deutsche Reichs-Währung wurde der Kurs der Banknoten zu 172 angenommen, die Kreuzer blieben dabei unberücksichtigt.)

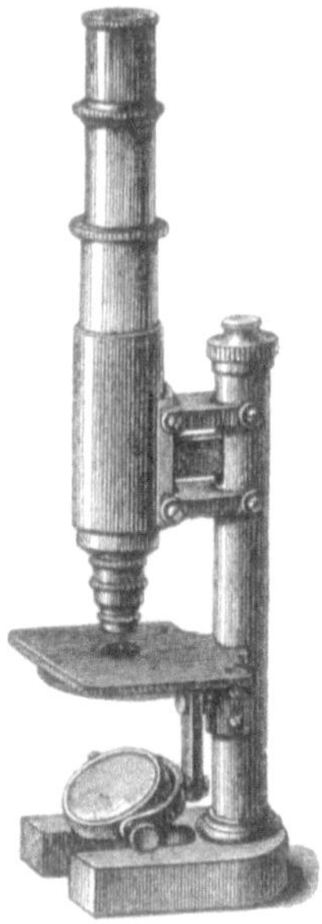

Fig. 72.
Reichert No. IV.
Modell 1883.

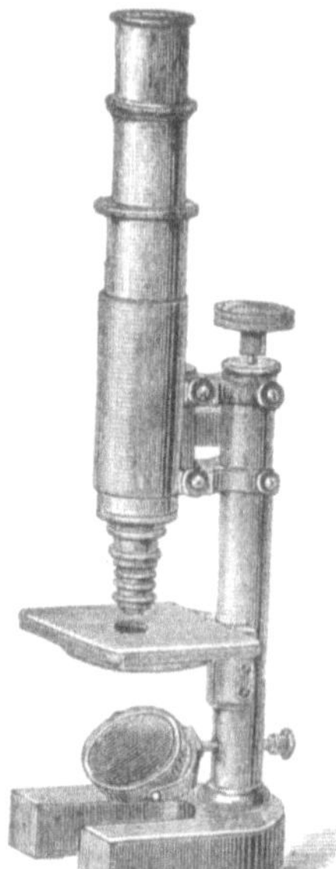

Fig. 73.
Reichert No. V.
Modell 1883.

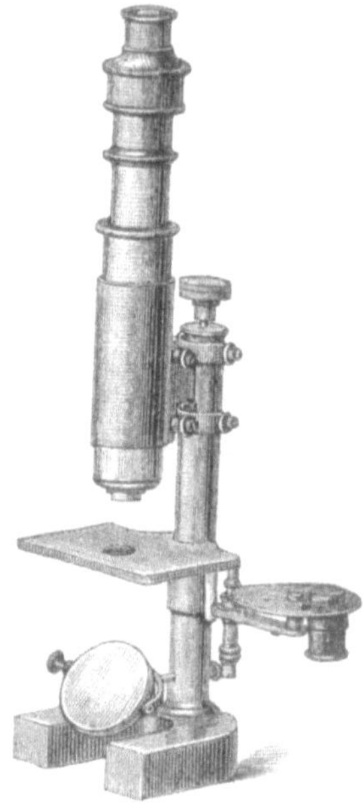

Fig. 74.
Reichert No. Va.
Modell 1883.

8) *Carl Reichert in Wien*, VIII, Bennogasse No. 26.

Fig. 72 (Stativ No. IV), Objektive 3 u. 7, Okulare II u. V, Vergröſserungen 60 bis 570, Preis 53 fl. ö. W. = *91 M.*

Fig. 73 (Stativ No. V) mit derselben Einrichtung, Preis 47 fl. ö. W. = *80 M.*

Fig. 74 (Stativ No. Va) speziell zu mineralogisch-geologischen Untersuchungen dienend, übrigens zu jeder anderen mikroskopischen Untersuchung nach Entfernung des Polarisationsapparates gleich zweckmäſsig brauchbar, bequem drehbare Nicols und Vorrichtung zum raschen Wechsel zwischen polarisiertem und nicht polarisiertem Lichte, Preis des Statives mit Polarisationsapparat, jedoch ohne Objektive und Okulare, 40 fl. ö. W. = *69 M.*

Dasselbe Instrument mit Beigabe der Objektive 3 u. 7, dann der Okulare II u. V, Preis 76 fl. ö. W. = *130 M.*

9) *F. W. Schieck in Berlin,* S. W. Halle'sche Strafse No. 14.
Kleines Modell, sogenanntes Studentenmikroskop (Lit. H, I.), mit den Objektiven 3 u. 8 und den Okularen 0 u. 2, Vergröfserungen 70 bis 800, Preis *105 ℳ.*
Dasselbe Modell zum Überlegen konstruiert *10 ℳ.* mehr.

10) *Fr. Schmidt & Haensch in Berlin,* S. Stallschreiberstrafse 4.
Kleines Modell mit Cylinderblendung (No. 7) mit den Objektiven 2 u. 4 und den Okularen 0 u. 2, Vergröfserungen 60 bis 500, Preis *129 ℳ.*
Dasselbe Instrument zum Überlegen eingerichtet kostet *15 ℳ.* mehr.

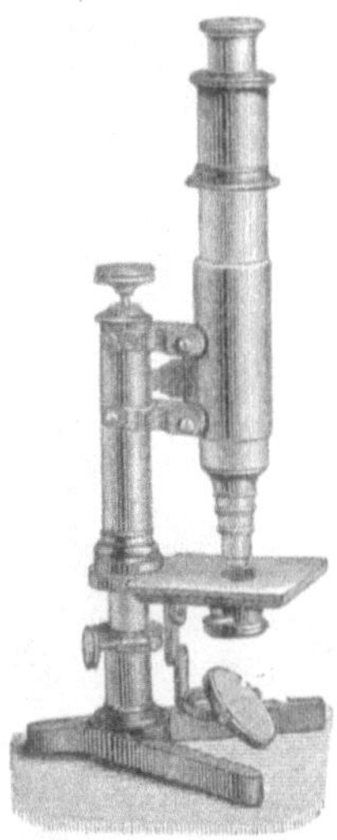

Fig. 75.
Seibert No. 6. Modell 1883.

11) *Seibert & Krafft in Wetzlar.*
(Stativ No. 7) Objektive II u. Va, Okulare 1 u. 3, Vergröfserungen 70 bis 610, Preis *122 ℳ.*
Fig. 75 (Stativ No. 6) mit derselben Ausstattung, Preis *149 ℳ.*

Das Modell No. 6 ist als Reisemikroskop konstruiert und besitzt infolge dessen zusammenlegbaren Dreifufs mit

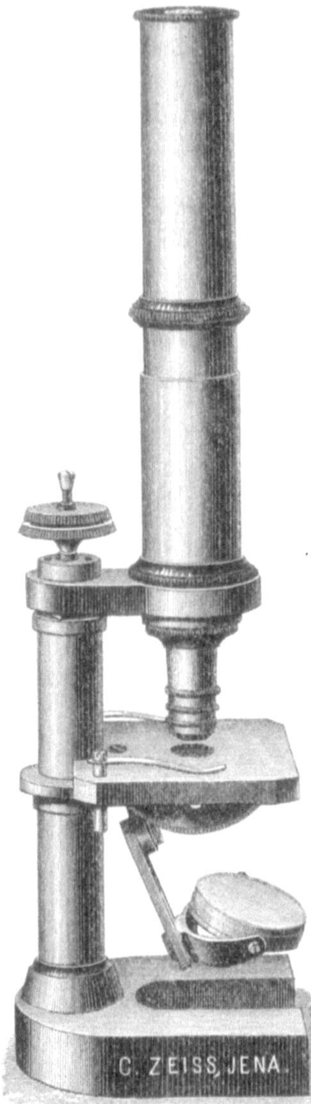

Fig. 76.

Zeiſs Stativ VIII.

Modell 1883. ($^{2}/_{3}$ natürl. Gröſse.)

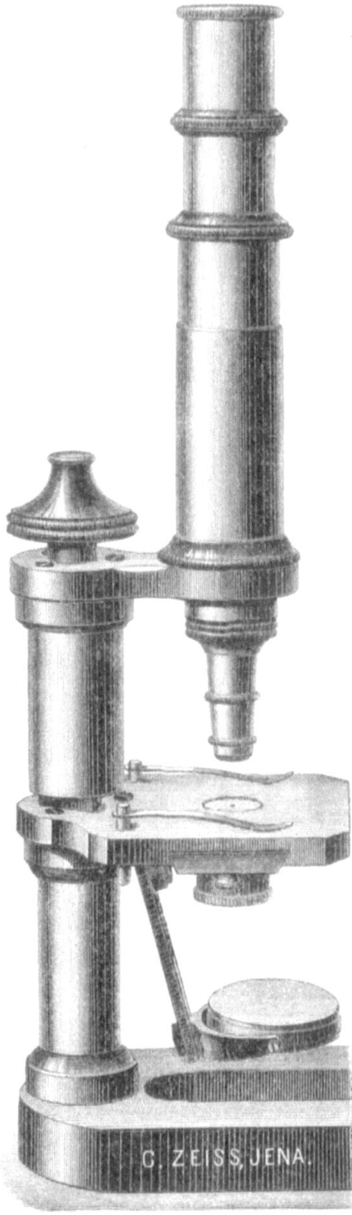

Fig. 77.

Zeiſs Stativ VIIb.

Modell 1883. ($^{2}/_{3}$ natürl. Gröſse.)

einer unter dem Objekttische befindlichen Vorrichtung zum Zusammenschieben des Instrumentstatives, wodurch es verpackt eine kompendiösere Form annimmt. Ist dasselbe auch als eigentliches Reise-Instrument immerhin noch zu wenig kompendiös, so ist es doch ein sehr bequemes Arbeitsinstrument.

12) *Paul Wächter in Berlin,* S. O. Köpnickerstraſse No. 115.

Modell No. 3, Objektive 4 u. 9, zwei Okulare, Vergröſserungen 30 bis 700, Preis *76 ℳ.*

Modell No. 2, zum Überlegen konstruiert, mit derselben optischen Ausstattung, Preis *87 ℳ.*

Gröſsere Stative sowie Immersionssysteme werden von dieser Firma nicht angefertigt.

13) *Rud. Wasserlein in Berlin,* S. W. Bernburgerstraſse No. 34.

Kleines Modell mit den Objektiven 4 u. 9, zwei Okularen, Vergröſserungen 45 bis 600, Preis *90 ℳ.*

14) *Carl Zeiſs in Jena.*

Fig. 76 (Stativ No. VIII). Objektive A und D, Okulare 2 u. 4, Vergröſserungen 52 bis 435, Preis *128 ℳ.*

Dieses Stativ, sowie alle übrigen Zeiſs'schen kleinen Instrumente, soweit sie nicht Cylinderblendungen besitzen, trägt unter dem Objekttische eine dreh-

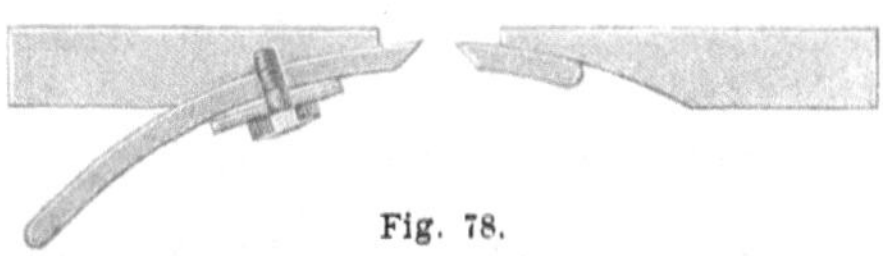

Fig. 78.
Gewölbte Blendungsscheibe [Kalottenscheibe] von Zeiſs (in natürl. Gröſse).

bare gewölbte Blendungsscheibe, wie solche in Fig. 78 im Durchschnitt abgebildet ist.

Wird ohne Änderung der optischen Ausstattung statt des Statives No. VIII das Stativ VIIb (Fig. 77) gewählt, welches stärker gebaut ist, Cylinderblendungen besitzt und namentlich für Laboratorien zu empfehlen ist, so erhöht dies den Preis um *17 ℳ.*

15) *C. Vérick in Paris,* Rue de la Parcheminerie No. 2.

Studentenmikroskop, Modell No. 6, Objektive 2 u. 6, Okulare 1 u. 4, Vergröſserungen 60 bis 650, Preis 145 frs. = *116 M.*

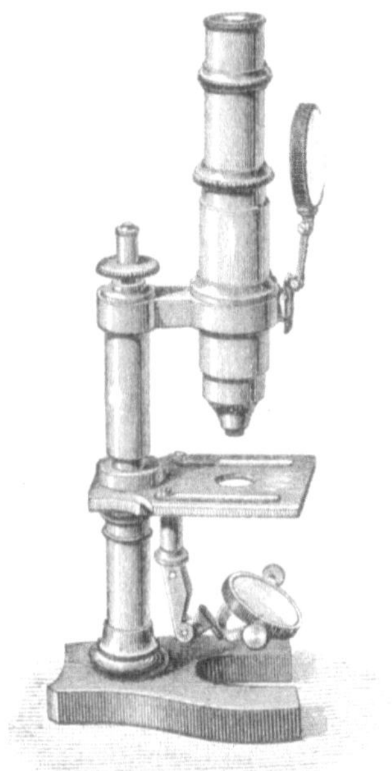

Fig. 79.
Nachet No. 10.

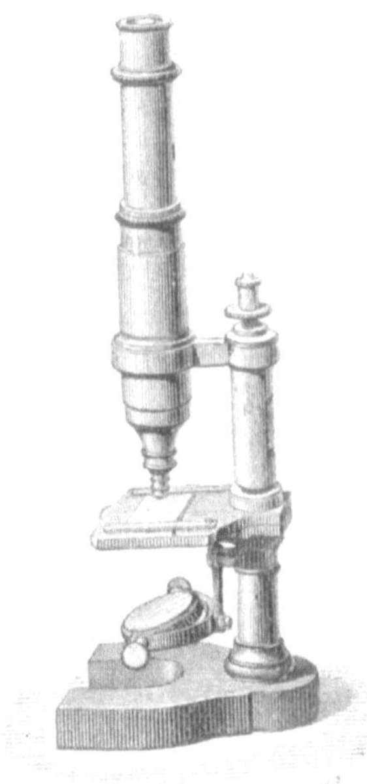

Fig. 80.
Nachet No. 11.

16) *A. Nachet in Paris,* Rue Saint-Severin No. 17.

Fig. 79 Kleines Mikroskop (Modell No. 10), Objektive 3 u. 6, Okulare 1 u. 3, Vergröſserungen 80 bis 550, Preis 140 frs. = *112 M.*

Dieses Instrument trägt eine am Tubus befestigte Beleuchtungslinse für opake Gegenstände.

Fig. 80 (Modell No. 11) mit derselben optischen Ausstattung, jedoch ohne Beleuchtungslinse, Preis 120 frs. = *96 M.*

17) *Powell and Lealand in London*, Euston Road No. 170.

Kleines Mikroskop (Dissecting Stand) mit den Objektiven 2″ u. 0,4″, Okulare 1 u. 4, Vergröſserungen 25 bis 500 (auf den englischen 10″ langen Tubus bezogen), Preis 13 £ 5 s. = *265 ℳ.*

18) *Josef Zentmayer in Philadelphia*, South Fourth Street 147.

Zentmayer's American Histological Stand, mit den Objektiven $\frac{4}{5}$″ und $\frac{1}{5}$″ und einem Okular, Vergröſserungen etwa bis 400 (englische Tubuslänge), Preis 54 $ = *230 ℳ.*

b) Mittlere Mikroskope.

Die hierher zu rechnenden Instrumente reichen für mikroskopische Untersuchungen jeder Art, so lange es sich nicht um die Durchforschung sehr zarter Strukturverhältnisse der feinsten anatomischen Objekte handelt, vollständig aus, sie sind die eigentlichen Arbeitsinstrumente des Histologen, des Arztes, überhaupt eines jeden, der sich mit ausgedehnteren wissenschaftlichen Untersuchungen beschäftigt. Aus diesem Grunde hat gerade diese Gruppe von Mikroskopen die weiteste Verbreitung gefunden, und wurde namentlich in neuester Zeit auf die zweckmäſsige Form und Ausstattung dieser Stative groſse Sorgfalt verwendet, um in denselben, soweit möglich, alle Vorteile eines groſsen Instrumentes zu vereinigen.

Demnach besitzen diese Instrumente einen schweren, hufeisenförmigen Fuſs und einen festen (bei manchen Instrumenten übrigens mit Vorteil um seine Achse drehbaren) Objekttisch mit Cylinderblendungen in einem Schlittenapparat, seltener, und weniger zweckmäſsig, weil der schiefen Beleuchtung hinderlich, Scheibenblendungen. Die Stative sind teils feststehend, teils für Inklination eingerichtet. Die grobe Einstellung erfolgt noch meist durch freies Schieben des Tubus in seiner Hülse, die feine durch Mikrometerschraube, welche mit besonderer Sorgfalt gearbeitet sein muſs, da sie schon zur genauen Fixierung sehr bedeutender Vergröfserungen verwendet wird. Der Hohl- und Planspiegel mufs eine möglichst allseitige Bewegung gestatten. Der typischen Ausstattung des optischen Teiles sind drei Trockensysteme in fester Fassung, von denen jedes folgende ungefähr noch einmal so stark vergröfsert als das vorhergehende, ein Immersionssystem mit Korrektion und drei Okulare, das stärkste mit Mikrometer zum Einlegen, zu Grunde gelegt. Auch hier verstehen sich die den einzelnen Instrumenten beigesetzten Preise mit Einrechnung von Testobjekten, Objektträgern und Deckgläschen sowie eines verschliefsbaren Mahagonikastens.

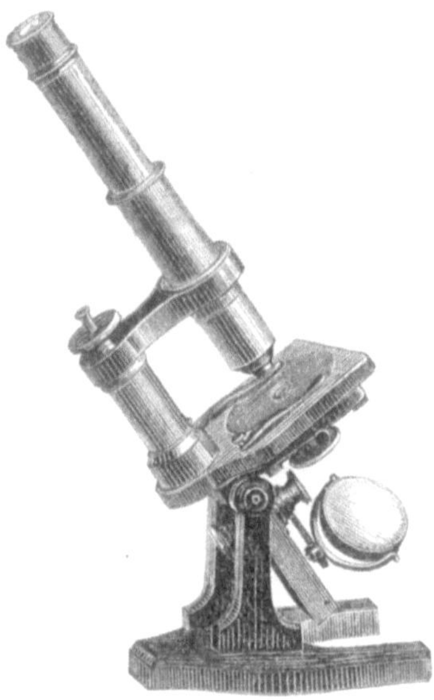

Fig. 81.
Bénèche, Stativ A. 1881.

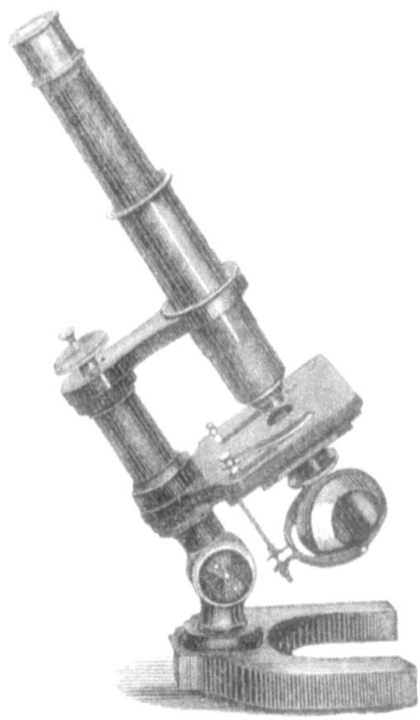

Fig. 82.
Bénèche, Stativ B. 1881.

1) *L. Bénèche.*

Fig. 81 (Stativ A), Objektive 3, 5, 7, Imm. m. Korr. 10, Okulare 1, 3, 5, Vergröfserungen 50 bis 1300, Preis 259 *M.*

Fig. 82 (Stativ B), optische Ausstattung dieselbe, Preis 239 *M.*

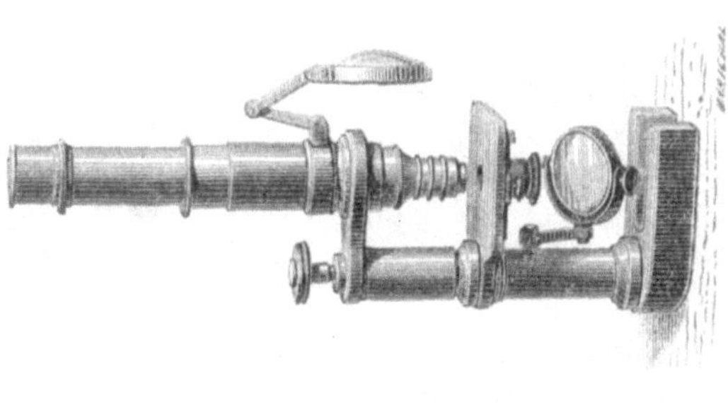

Fig. 83.
Hartnack No. VIII feststehend.
Modell 1883.

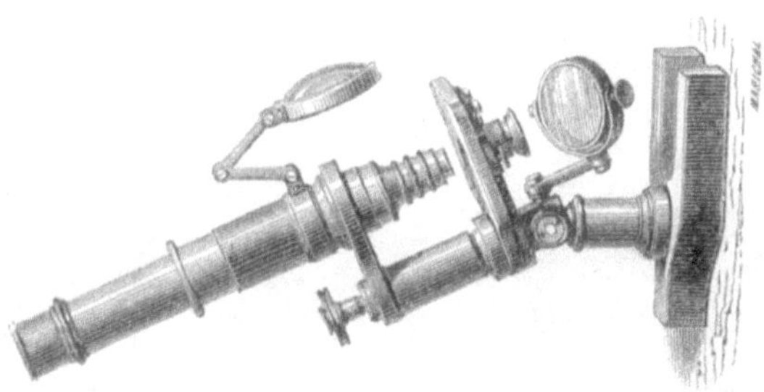

Fig. 84.
Hartnack No. VIII zum Umlegen.
Modell 1883.

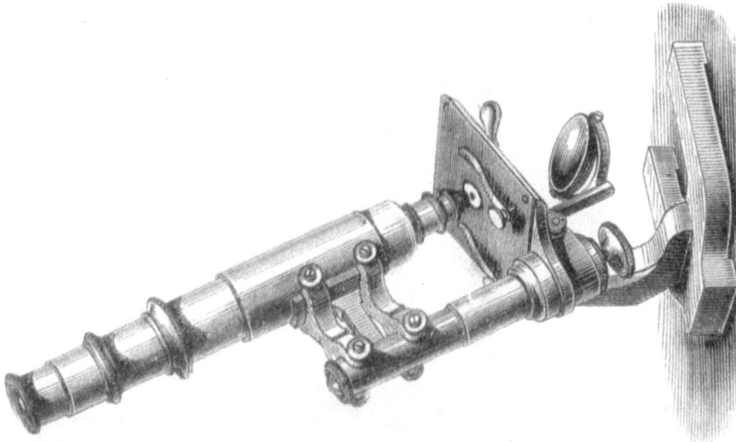

Fig. 85. *Himmler No. III.*

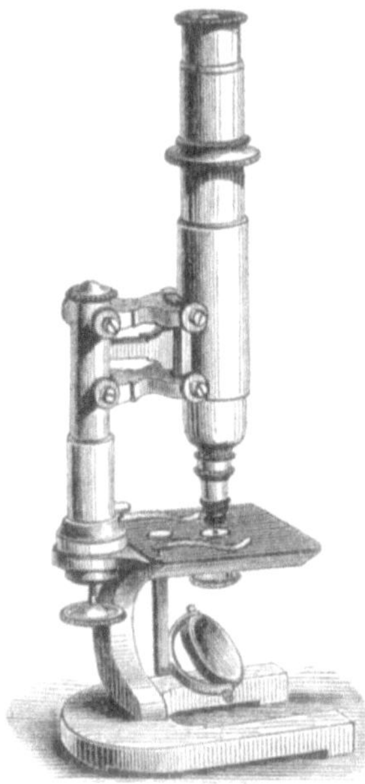

Fig. 86.
Hinmuler No. IV.

Fig. 87.
Klönne & Müller, Stativ 5.

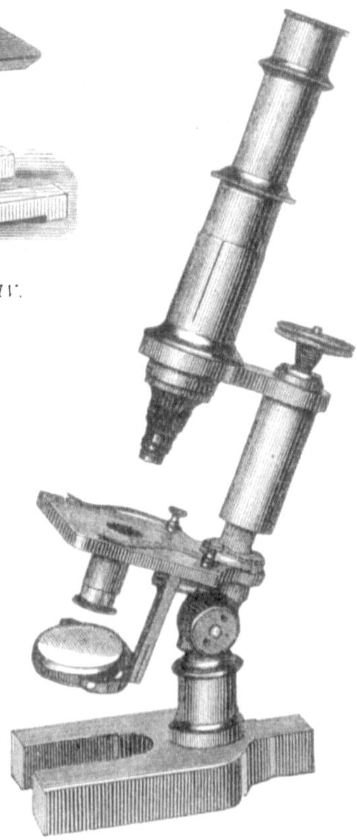

Fig. 88.
Klönne & Müller, Stativ 11.

2) *Dr. E. Hartnack.*

Fig. 83 (Stativ No. VIII), Objektive 3, 5, 7, Imm. m. Korr. 9, Okulare 1, 3, 5, Vergröſserungen 50 bis 1300, Preis *340 ℳ.*

Fig. 84 dasselbe Instrument zum Umlegen, Preis *360 ℳ.*

3) *O. Himmler.*

Fig. 85 (Stativ No. III), Objektive 2, 5, 8, Imm. m. Korr. 11a, Okulare I, II, IV, Vergröſserungen 38 bis 1340, Preis *263 ℳ.*

Fig. 86 (Stativ No. IV), optische Ausstattung dieselbe, Preis *232 ℳ.*

4) *Klönne & Müller.*

Fig. 87 Mittleres Mikroskop (Stativ 5), Objektive 4, 6, 7, Imm. m. Korr. 9, Okulare I, IV, VI, Vergröſserungen 35 bis 1500, Preis *271 ℳ.*

Die grobe Einstellung erfolgt bei diesem Instrument mittels Trieb. Auf dem Objekttische befindet sich eine drehbare Scheibe mit Gradeinteilung und Vorrichtung zum Zentrieren. Dem Instrumente ist auch ein gewöhnlicher Kondensor beigegeben.

Fig. 88 Mittleres Mikroskop (Stativ 11), optische Ausstattung dieselbe, Preis *257 ℳ.*

Die Mikrometerschraube ist bei diesem Instrumente zum Zwecke der Tiefenmessung mit Teilung versehen. Die grobe Einstellung erfolgt durch freihändiges Verschieben des Tubus in der Hülse.

5) *E. Leitz.*

Fig. 89 (Stativ No. II), Objektive 3, 5, 7, Imm. m. Korr. 9, Okulare I, II, IV, Vergröſserungen 80 bis 1200, Preis *266 ℳ.*

Fig. 90 und Fig. 91 (Stative No. IIIa oder IIIb), mit derselben Ausstattung, Preis *231 ℳ.*

Die Stative No. II und IIIa können auch zum Umlegen eingerichtet werden, wodurch sich der Preis um 10 ℳ. erhöht.

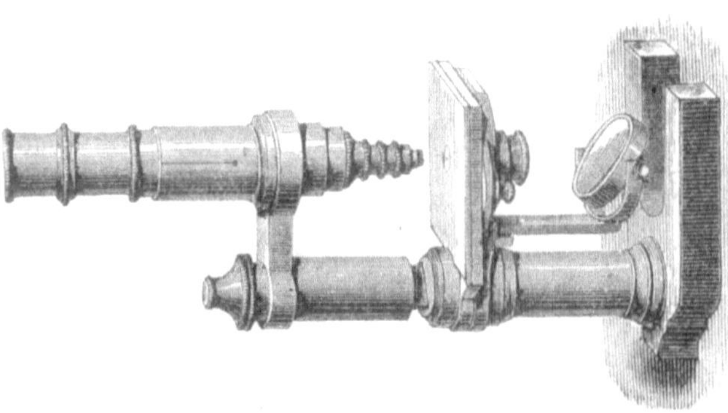

Fig. 89.
Leitz No. II. Modell 1883.

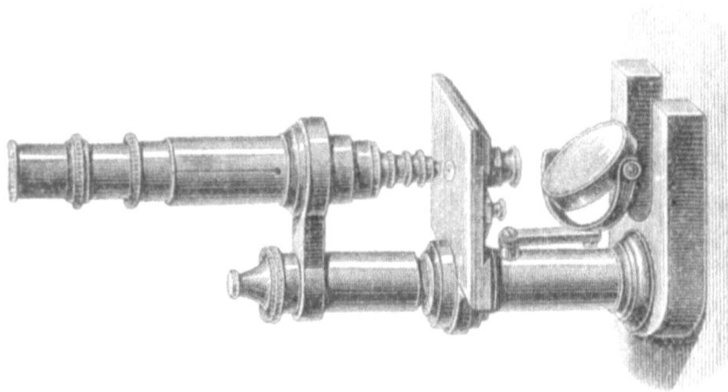

Fig. 90.
Leitz No. IIIa. Modell 1883.

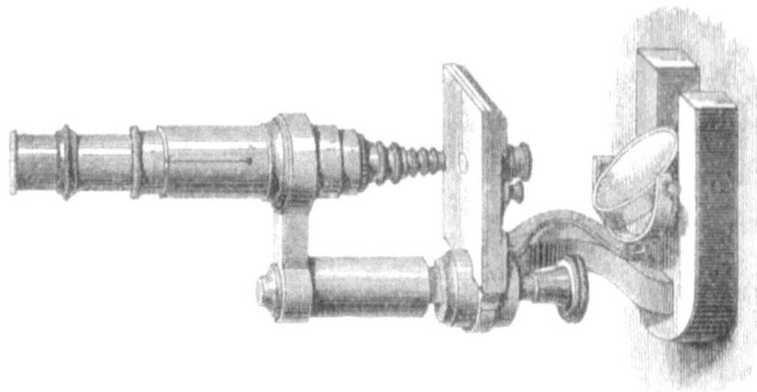

Fig. 91.
Leitz No. IIIb. Modell 1883.

6) *G. u. S. Merz.*

Mikroskop No. 3, Objektive $\frac{1}{3}$'', $\frac{1}{6}$'', $\frac{1}{12}$'', Imm. m. Korr. $\frac{1}{18}$'', Okulare 1, 2, 4, Vergröfserungen 60 bis 1440, Preis *269 M.*

7) *S. Plössl & Comp.*

Mikroskop No. 8 (neues Modell), Objektive II, IV, VII, Imm. m. Korr. IX, Okulare 1, 3, 5, Vergröfserungen 40 bis 1200. Stativ zum Umlegen eingerichtet, Preis 206 fl. ö. W. = *354 M.*

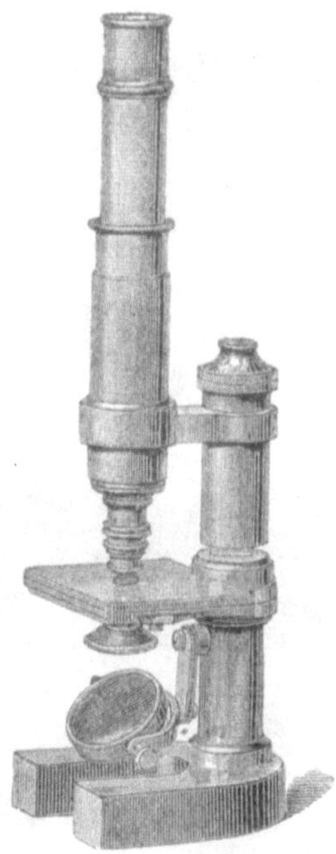

Fig. 92.
Reichert No. III. Modell 1883.

8. *C. Reichert.*

Fig. 92 (Stativ No. III), Objektive 3, 6, 8, Imm. m. Korr. 10, Okulare II, III, V, Vergröfserungen 40 bis 1600, Preis 140 fl. ö. W. = *240 M.*

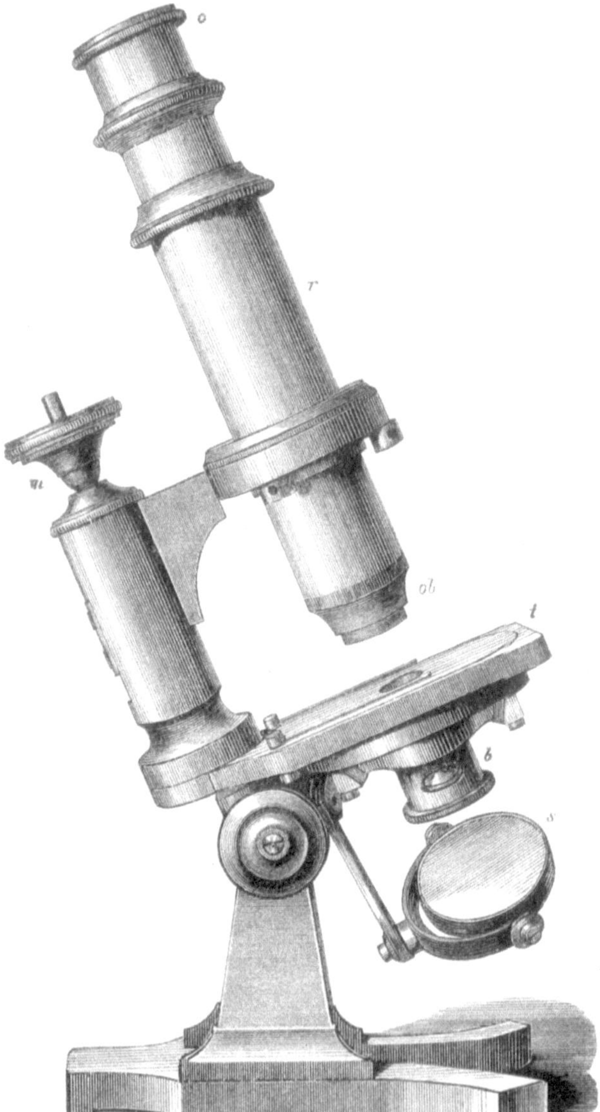

Fig. 93.

Schmidt & Haensch No. 8.

9) *Schieck F. W.*

Mittleres Mikroskop, Objektive 1, 4, 7, Imm. m. Korr. 9, Okulare 1, 2, 4, Vergröſserungen 30 bis 2000, Preis *275 M.*

10) *Schmidt & Haensch.*

Fig. 93 Mittleres Mikroskop No. 8, Objektive 2, 4, 6, Imm. m. Korr. 10, Okulare 0, 1, 3, Vergröſserungen 60 bis 1200, Preis *285 M.*

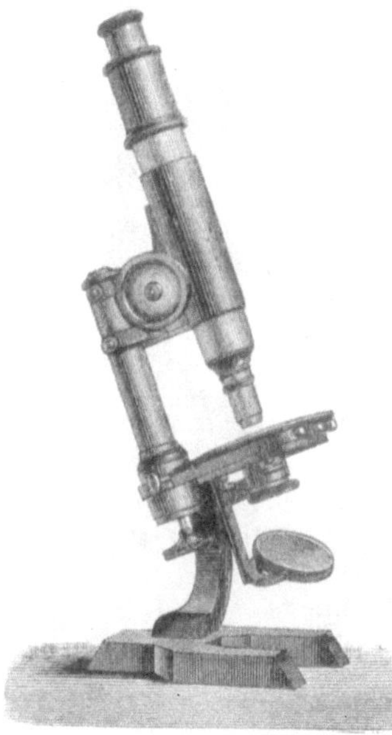

Fig. 94.
Seibert No. 3. Modell 1883.

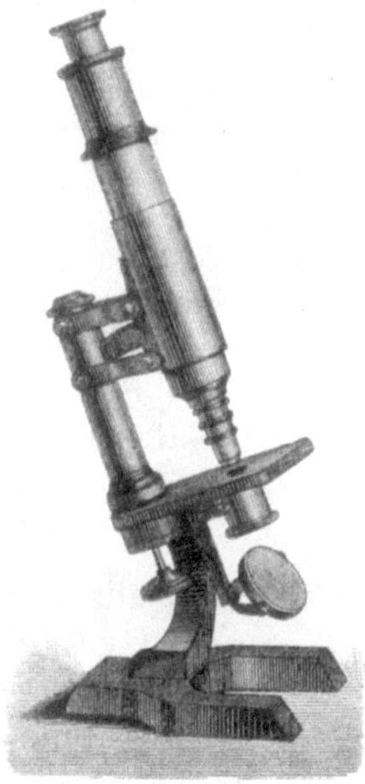

Fig. 95.
Seibert No. 4. Modell 1883.

11) *Seibert & Krafft.*

Fig. 94 (Stativ No. 3), Objektive I, III, V a, Imm. m. Korr. VII b, Okulare 0, 1, 3, Vergröſserungen 30 bis 1375, Preis *294 M.*

Die grobe Einstellung wird bei diesem Instrumente durch einseitig angebrachte Triebschraube besorgt, auch ist der Objekttisch um seine Achse drehbar.

Fig. 95 (Stativ 4) mit demselben optischen Apparat, zum Überlegen konstruiert, Preis *264 M.*

Fig. 96 (Stativ 5) optischer Apparat derselbe, jedoch ohne Inklination, Preis *246 M.*

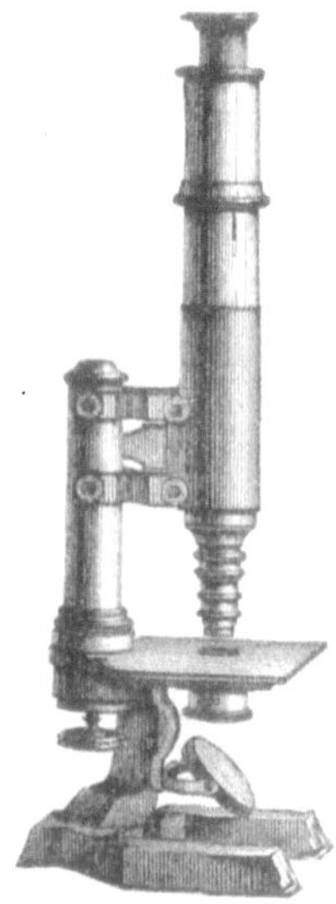

Fig. 96.
Seibert No. 5. Modell 1883.

12) *R. Wasserlein.*

Mittleres Mikroskop, Objektive 2, 5, 7, Imm. m. Korr. 11 b, Okulare 0, 1, 3, Vergröfserungen 50 bis 1200, Preis *201 M.*

13) *C. Zeifs.*

Fig. 97 (Stativ No. VI), kompendiöse Form mit Drehung des Oberkörpers um die optische Achse und Scheibenblendungen, Objektive A, C, E, Imm. m. Korr. H, Okulare 2, 4, 5, Vergröfserungen 52 bis 1075, Preis *357 M.*

Fig. 98 (Stativ No. V b) etwas gröfsere Form, mit Drehung um die optische Achse und Cylinderblendungen; optische Ausstattung dieselbe, Preis gleichfalls *357 M.*

Fig. 99 (Stativ No. V a), zum Umlegen eingerichtet, mit Drehung um die optische Achse; optische Ausstattung dieselbe, jedoch ohne den in der Abbildung mit dargestellten Abbe'schen Beleuchtungsapparat, Preis *377 M.*

Dasselbe Instrument mit Beleuchtungsapparat, Preis *432 M.*

Alle drei Abbildungen sind 2/3 der natürl. Gröfse dargestellt.

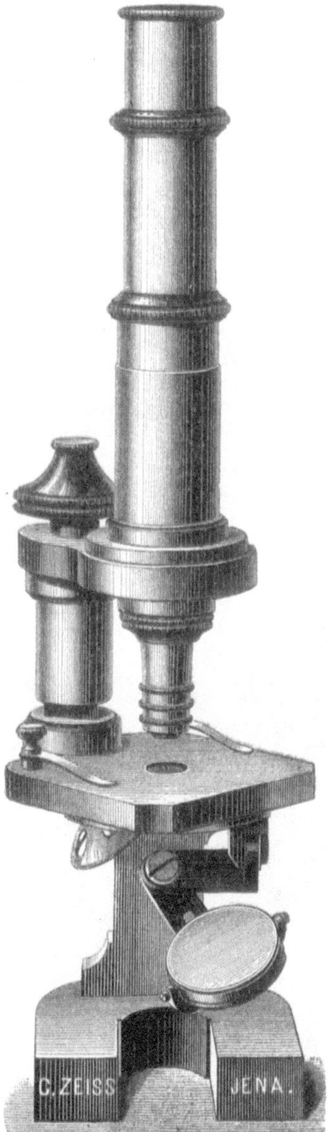

Fig. 97.
Zeiſs Stativ VI. Modell 1883.

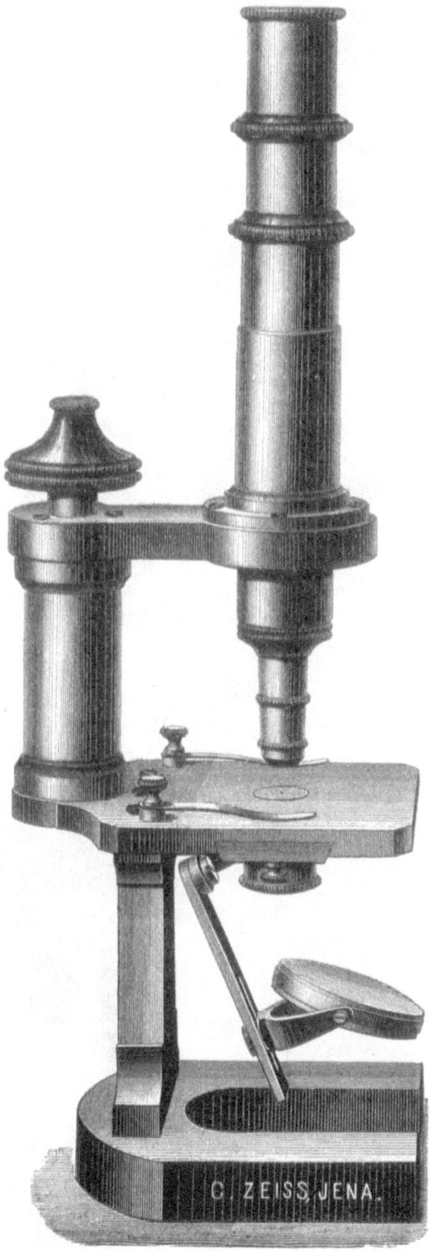

Fig. 98.
Zeiſs Stativ Vb. Modell 1883.

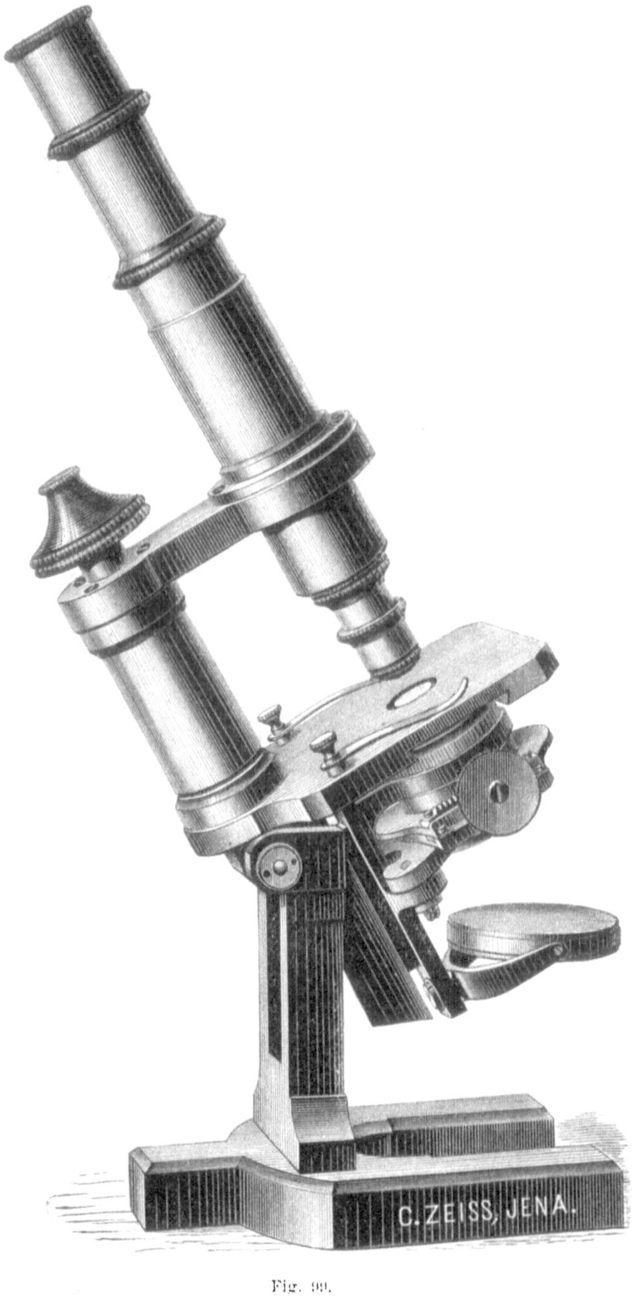

Fig. 99.

Zeiß Stativ Va, Modell 1883.

14) *C. Vérick.*

Modell No. 4, Objektive 2, 4, 7, Imm. m. Korr. 8, Okulare 1, 2, 4, Vergröſserungen 60 bis 950, Preis 360 frs. = *288 ℳ.*

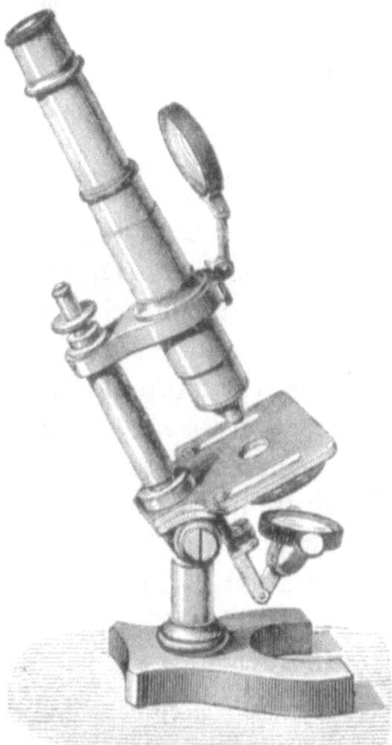

Fig. 100.
Nachet No. 9.

15) *Nachet A.*

(Stativ No. 8), Objektive 3, 5, 7, Imm. m. Korr. 9, Okulare 1, 2, 3, Vergröſserungen 80 bis 1450, Preis 405 frs. = *324 ℳ.*

Fig. 100 (Stativ No. 9), dieselbe optische Ausstattung, Preis 370 frs. = *296 ℳ.*

16) *Powell and Lealand.*

Mittleres Modell (Compound Microscope Stand), Objektive $\frac{3}{4}$'', $\frac{1}{2}$'', $\frac{1}{4}$'' (on a new formula), Imm. m. Korr. $\frac{1}{8}$'', Okulare 1, 3, 5, Vergröſserungen 100 bis 2400 (engl. Tubuslänge), Preis 38 £ = *760 ℳ.*

17) *J. Zentmayer.*

New Modell United States Army Hospital Stand (Monokular), Objektive $1\frac{1}{2}''$, $\frac{8}{10}''$, $\frac{1}{5}''$, Imm. m. Korr. $\frac{1}{8}''$, drei Okulare, Vergröſserungen 80 bis 2000 (engl. Tubuslänge), ohne alle sonst bei amerikanischen Instrumenten zu treffenden Nebenapparate, Preis 218 $ = *926 M.*

c) Groſse Mikroskope.

Hierher zählen alle jene Instrumente, welche vorzugsweise zu Untersuchungen der feinsten und zartesten anatomischen Objekte, dann zu Untersuchungen über die Entwicklungsgeschichte der organischen Elementargewebe, sowie der feinsten geologischen Strukturen dienen. Sie müssen nicht nur in Rücksicht auf ihren mechanischen Bau mit der gröſsten Sorgfalt hergestellt sein, sondern vornehmlich der optische Apparat muſs den höchsten an ihn zu stellenden Anforderungen genügen, sie müssen also mit schwachen, mittleren, starken und stärksten Linsensystemen der vollendetsten Konstruktion ausgestattet sein. Auſserdem sollen sie die Anwendung des Lichtes in allen wünschenswerten Graden der Intensität und in allen erforderlichen Richtungen gestatten, überdies mit Polarisations- und Zeichenapparat ausgerüstet sein. Damit ist indes die Zahl der Nebenapparate, welche zur erfolgreichen Ausnutzung der vollen Leistungsfähigkeit eines solchen Instrumentes erforderlich ist, keineswegs erschöpft, es werden vielmehr, den speziellen Disziplinen entsprechend, noch manche der früher beschriebenen Neben- und Hilfsapparate nötig, und damit der Preis derselben entsprechend höher.

Demnach besitzen die Stative dieser Instrumente schweren Hufeisenfuſs, Gelenk zur Schiefstellung und Fixierung in jeder Position, Einrichtung zur Drehung des ganzen Oberteiles, oder des Objekttisches allein, um die optische Achse. Der Tubus muſs, zum Zwecke der Abrundung der Vergröſserung, sowie zur Erzielung des höchsten Effektes bei den starken und stärksten Systemen, stets mit Auszugsrohr versehen sein. Die grobe Einstellung erfolgt durch Zahn und Trieb, die feine durch sorgfältig gearbeitete Mikrometerschraube. Bei manchen Stativen findet sich überdies noch eine dritte, feinste, Einstellung für die stärksten Vergröſserungen. Der Spiegel ist plan und konkav und kann nach allen Richtungen hin bewegt werden. Zur Regulierung des Lichtes sowie zur Aufnahme eines Polarisator oder Kondensor dienen Cylinderblendungen mit Schlittenapparat, eventuell ein eigener Substage an drehbarem Arme zum Ein- und Ausschalten mit senkrechter Bewegung durch Zahn und Trieb, der dann auch eine Vorrichtung zum genauen Zentrieren der aufgesetzten Apparate besitzen muſs.

Der typischen Ausstattung des optischen Apparates sind vier Trockensysteme, von denen jedes folgende etwa noch einmal so stark vergröſsert als das vorhergehende, und von welchen das stärkste mit Korrektion versehen ist, dann ein Wasser-Immersionssystem und ein System für homogene Immersion, ersteres mit Korrektion, sowie vier Okulare, wovon das stärkste mit Einrichtung für ein Okularmikrometer samt Mikrometer ausgerüstet ist, zu Grunde gelegt. Da zur Zeit noch nicht von sämtlichen Firmen Systeme für homogene Immersion gefertigt werden, so ist, wo solches zutrifft, an dessen Stelle eine starke zweite Wasserlinse gesetzt. Als unter allen Umständen notwendige Nebenapparate sind angenommen: ein Abbe'scher oder Hartnack'scher Beleuchtungsapparat, eine Oberhäuser'sche Camera lucida (oder ein Nachet'sches Zeichenprisma), und ein Polarisationsapparat mit Teilkreis zum Ablesen der Drehung. Auch hier verstehen sich die angegebenen Preise inkl. Testobjekte, Objektträger, Deckgläschen, sowie des Mahagonikastens.

1) *Dr. E. Hartnack.*

Fig. 101 (Stativ No. VII), Objektive 2, 4, 5, 7, Imm. m. Korr. 9, hom. Imm. $\frac{1}{12}$″, Okulare 1, 3, 5, 6, Vergröſserung 25 bis 1800, Preis *890 ℳ.*

Fig. 102 (Stativ No. VII A) opt. App. derselbe, Preis *820 ℳ.*

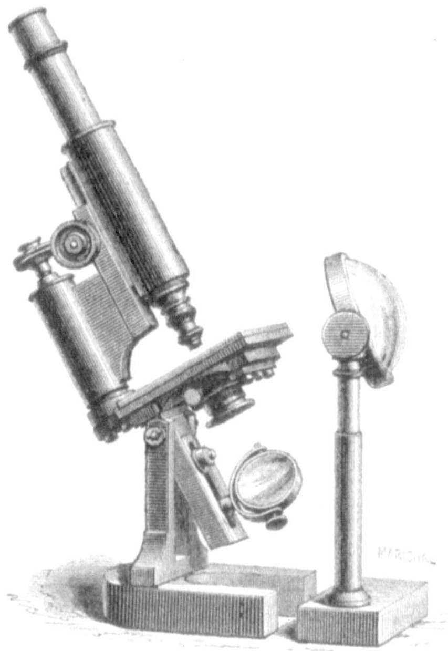

Fig. 101.
Hartnack No. VII. Modell 1883.

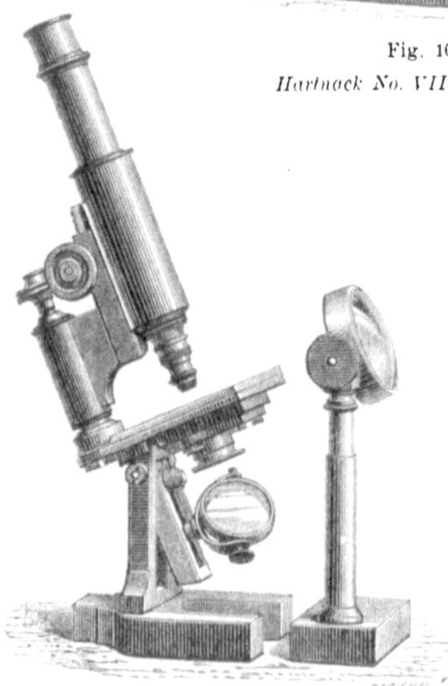

Fig. 102.
Hartnack No. VII A. Modell 1883.

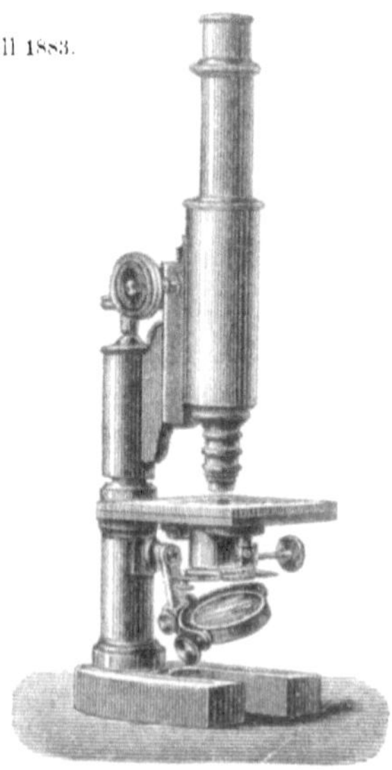

Fig. 103.
Hartnack No. VIII A. Modell 1883.

Fig. 103 (Stativ No. VIII A) ebenso, Preis *726 M.*
Letzteres Stativ zum Überlegen konstruiert erhöht den Preis um *20 M.*

Hartnack verfertigt auch seine starken Trockensysteme ohne Korrektionsfassung. Das Modell VIII A, das alle Vorteile des großen Statives bietet, hat eine besonders weite Verbreitung gefunden. Alle Objektive sind solche der neuen Konstruktion mit großen Öffnungswinkeln.

Fig. 104. *Himmler No. I.*

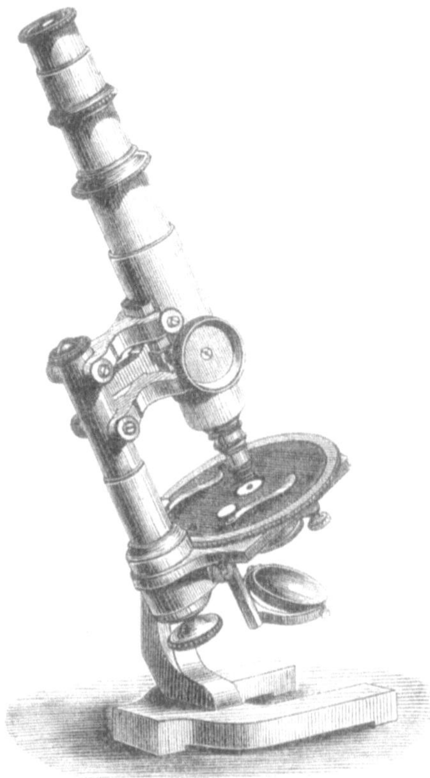

Fig. 105.
Himmler No. II.

2) *O. Himmler.*

Fig. 104 (Stativ No. I), Objektive 3, 5, 8, Korr. 9a, Imm. m. Korr. 11a u. 13, Okulare I, II, III, IV, Vergrößerungen 27 bis 1975, Preis *631 ℳ.*

Fig. 105 (Stativ No. II), optische Ausstattung dieselbe, Preis *546 ℳ.*

Das Stativ No. II besitzt geteilten drehbaren Objekttisch mit Schraubenvorrichtung zum genauen Einstellen in die Tubusachse, ist daher besonders für mineralogische Zwecke geeignet. Zahn und Trieb geht bei diesem Stativ einfach in der Tubushülse. Himmler arbeitet gegenwärtig an der Konstruktion homogener Immersionssysteme. Wird statt System 13 ein solches künftig gewählt, so erhöht sich der Preis etwa um *50 ℳ.*

Fig. 106.

Klönne & Müller. Großes Mikroskop, Stativ 1.

3) *Klönne & Müller.*

Fig. 106 Grofses Mikroskop (Stativ 1), Objektive 4, 6, 7, 9, Imm. m. Korr. 9, Imm. m. Korr. 10, Okulare I, III, V, VI, Vergröfserungen 35 bis 2100, Preis *750 ℳ.*

Die Mikrometerschraube ist bei diesem Instrumente mit Teilung versehen, so dafs noch 0,001 mm Tiefenabstand damit genau gemessen, Bruchteile davon noch geschätzt werden können. Der verstärkte Beleuchtungsapparat besteht in einem einfachen Kondensor. Trockensysteme mit Korrektion, sowie Systeme für homogene Immersion werden von dieser Firma nicht gefertigt. Dagegen liefert dieselbe die Objektivsysteme auf Wunsch auch in einer solchen Fassung, dafs sie mittels Bajonettverschlufs an dem Tubus befestigt werden können, wodurch sich der Preis per System um 7 *M.* erhöht.

Fig. 107.
Leitz No. Ia. Modell 1883.

Die abfällige Kritik, die seiner Zeit Kirchhoff über die genannte Firma bezüglich ihrer Beteiligung an der Berliner Gewerbeausstellung im Jahre 1879 übte, ist den gegenwärtigen Leistungen dieser Werkstätte gegenüber sicher in keiner Weise begründet. Ich habe erst vor wenigen Tagen ein von dieser Firma eben fertig gestelltes Immersionssystem No. 9 ohne Korrektion eingehend geprüft und war mit dem Ergebnisse der Prüfung nach jeder Richtung hin vollkommen befriedigt. Nicht minder zweckentsprechend und genau gearbeitet ist der mechanische Teil der Instrumente.

Fig. 108.
Leitz No. Ib. Modell 1883.

4) *E. Leitz.*

Fig. 107 (Stativ No. Ia), Objektive 2, 4, 7, Korr. 9, Imm. m. Korr. 11, hom. Imm. $\frac{1}{15}$", Okulare 0, I, III, V, Vergröſserungen 30 bis 2400, Preis *710 M.*

Fig. 108 (Stativ No. Ib), optische Einrichtung dieselbe, Preis *690 M.*

Werden die Instrumente ohne Drehung um die optische Achse gewünscht, so erniedrigt sich der Preis bei No. Ia um *40 M.*, bei No. Ib um *30 M.*

Leitz verfertigt noch ein neues gröſseres Modell (Seite 72 Fig. 37) mit vollständigem Substage. Wird dieses statt No. Ia gewählt, so erhöht sich der Preis um *110 M.*

5) *G. u. S. Merz.*

Mikroskop No. I, Objektive 1", $\frac{1}{3}$", $\frac{1}{6}$", Korr. $\frac{1}{12}$", Imm. m. Korr. $\frac{1}{18}$" und $\frac{1}{24}$", Okulare 1, 2, 3, 4, Vergrößerungen 30 bis 1920, Preis *750 M.*

Merz verfertigt keine Systeme für homogene Immersion, auch besitzt das Instrument keinen besonderen Beleuchtungsapparat.

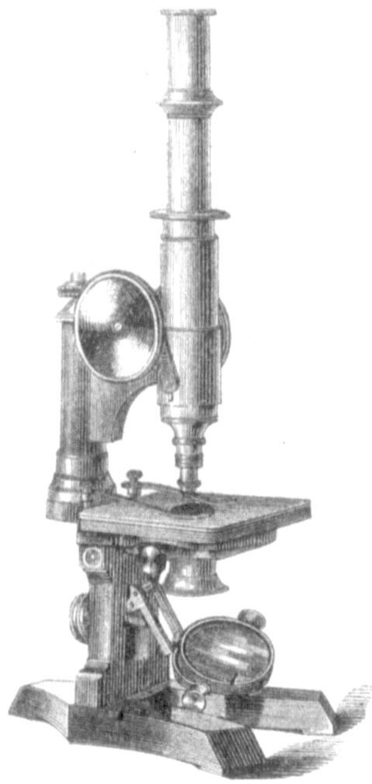

Fig. 109.
Plössl No. 11. Modell 1882.

6) *S. Plössl & Comp.*

Fig. 109 (Stativ No. 11), Objektive II, IV, VI, VIII, Imm. m. Korr. IX, hom. Imm. X, Okulare 1, 2, 4, 5, Vergrößerungen 40 bis 1800, Preis 440 fl. ö. W. = *758 M.*

Dieses Modell besitzt eine eigenartige, ganz zweckmäßige Einrichtung für die Vornahme der groben Einstellung. Dieselbe wird nämlich nicht, wie bei allen übrigen mir bekannten grofsen Stativen, mittels Zahn und Trieb, sondern durch eine solide und handsam angebrachte Hebelvorrichtung bewerkstelligt. Trockensysteme mit Korrektionsfassung werden von dieser Firma nicht hergestellt; ebenso besitzt das Instrument keinen eigenen Beleuchtungsapparat.

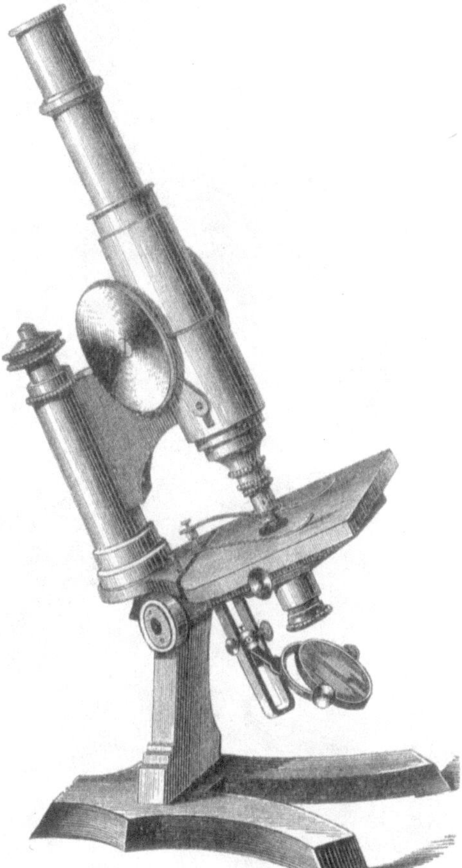

Fig. 110.
Plössl's neuestes grofses Modell.

Das neueste grofse Modell Plössl's ist in Fig. 110 abgebildet; die grobe Einstellung wird bei ihm gleichfalls durch Hebelvorrichtung bewerkstelligt.

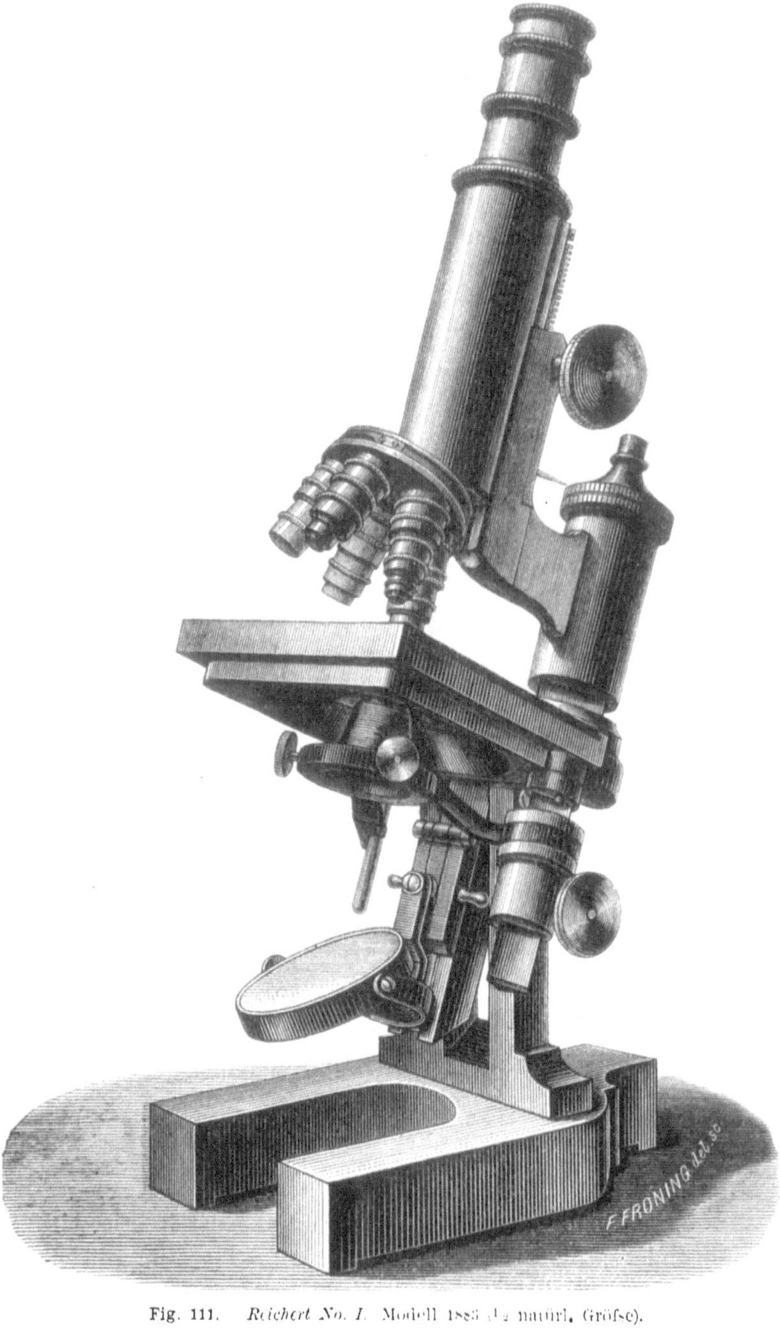

Fig. 111. *Reichert No. I.* Modell 1885 (½ natürl. Gröſse).

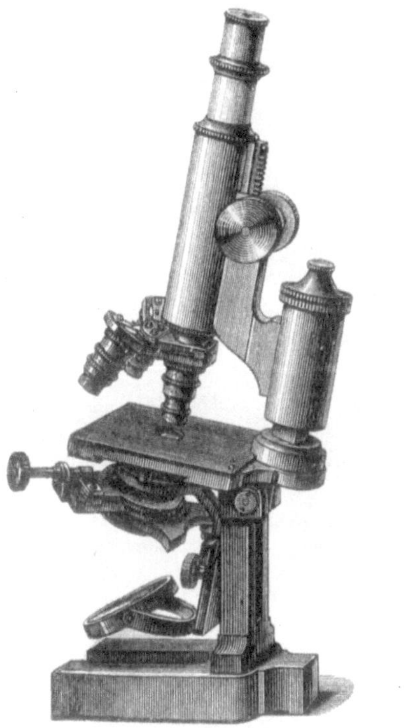

Fig. 112.
Reichert No. II mit Abbe'schem Beleuchtungsapparat. Modell 1883.

Fig. 113.
Reichert No. IIb.
Modell 1883.

7) *C. Reichert.*

Fig. 111 (Stativ No. I), Objektive 2, 4, 7, Korr. 9, Imm. m. Korr. 11, hom. Imm. $\frac{1}{15}''$, Okulare 1, 3, 4, 6, Vergröſserungen 30 bis 2500, Preis 471 fl. ö. W. = *810 M.*

Fig. 112 (Stativ No. II) mit der gleichen optischen Ausstattung und Revolver-Objektivträger für 3 Systeme 436 fl. ö. W. = *750 M.*

Fig. 113 (Stativ No. IIb) mit der gleichen optischen Ausstattung und Revolver-Objektivträger für 2 Systeme 416 fl. ö. W. = *715 M.*

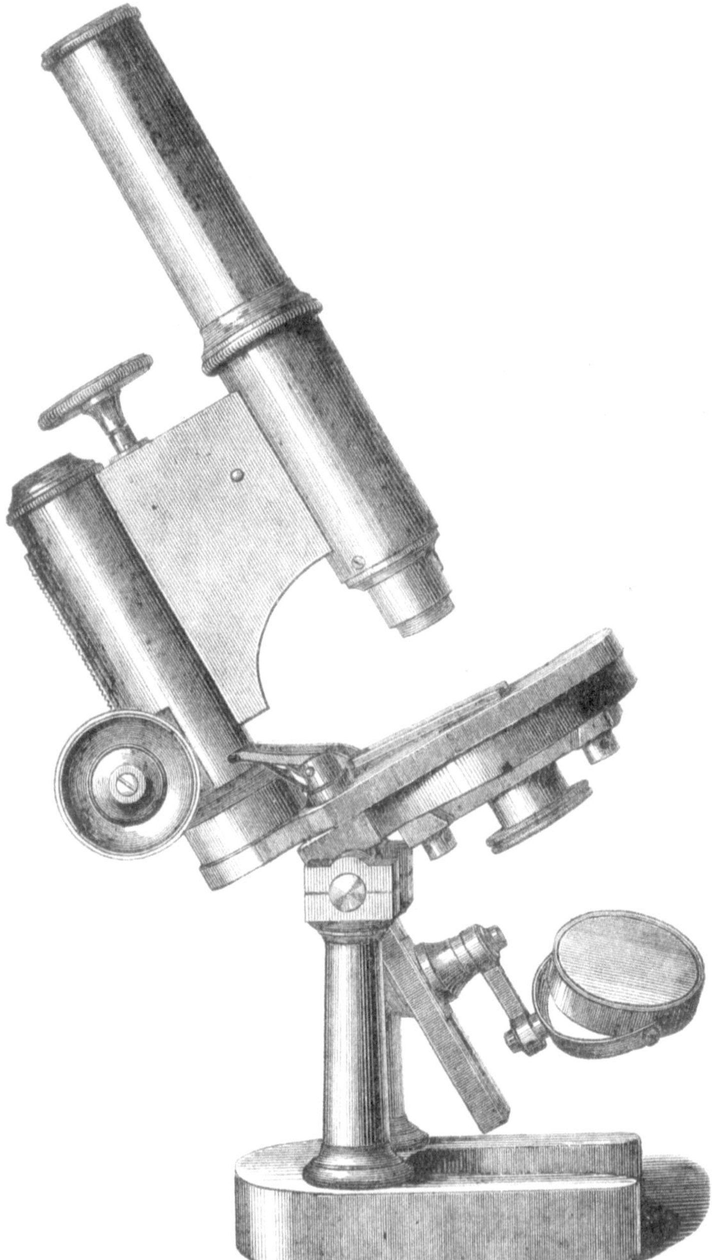

Fig. 114. *Schmidt & Haensch, großes Modell No. 10* (½ nat. Gr.).

8) *F. W Schieck.*

Grofses Mikroskop (Stativ Lit. Ba), Objektive 1, 3, 5, 8, Imm. m. Korr. 9, hom. Imm. $\frac{1}{16}''$, Okulare 0, 1, 3, 4, Vergröfserungen 20 bis 2000, Preis *855 ℳ.*

Schieck fertigt seine starken Trockensysteme ohne Korrektionsfassung, und konstruiert noch ein gröfseres Modell (Lit. A).

9) *Schmidt & Haensch.*

Fig. 114 Extra grofses Modell No. 10, auf zwei Säulen ruhend. Objektive 2, 4, 6, Korr. 8, Imm. m. Korr. 10 und 11, Okulare 0, 1, 2, 3, Vergröfserungen 60 bis 1440, Preis *796 ℳ.*

Systeme für homogene Immersion fertigt diese Firma zur Zeit noch nicht.

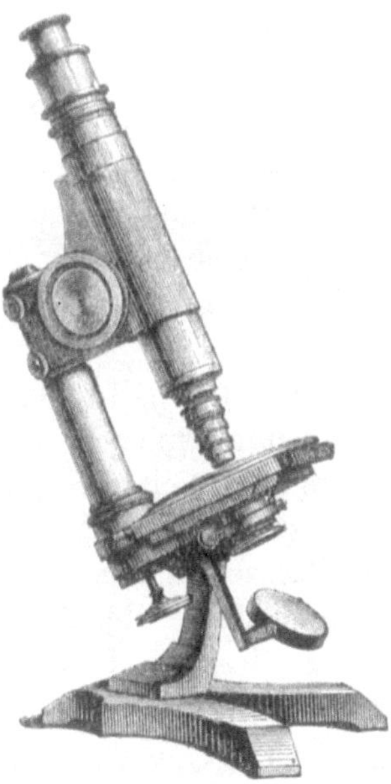

Fig 115.
Seibert No. II. Modell 1883.

10) *Seibert & Krafft.*

Fig. 115 (Stativ No. 2), Objektive 1, 2, 4, Korr. 6 b, Imm. m. Korr. 8, hom. Imm. $\frac{1}{12}$'', Okulare 0, 1, 2, 3, Vergröfserungen 30 bis 2000, Preis 790 *M.*

Seibert fertigt gleichfalls noch ein gröfseres Modell, das, ähnlich den grofsen französischen Stativen, auf horizontaler, von zwei massiven Armen getragener Achse ruht und gibt demselben einen Binokular-Tubus bei. Aufser den beiden gewöhnlichen Bewegungsarten besitzt dieses Stativ auch noch eine höchst langsame Bewegung zur genauen Einstellung für die stärksten Vergröfserungen. Wird dieses Stativ statt des Statives No. 2 gewählt, so erhöht sich der Preis und zwar mit Beigabe des Binokular-Tubus um 350 *M.*, ohne denselben um 245 *M.*

11) *R. Wasserlein.*

Grofses Mikroskop (Stativ A, 1), Objektive 1, 5, 7, 9, 10, Imm. m. Korr. 11 b, vier Okulare, Vergröfserungen 30 bis 1800, Preis *455 M.*

Wasserlein gibt seinen starken Trockensystemen keine Korrektionsfassung und fertigt nur ein einziges Immersionssystem und zwar nur für Wasser.

12) *C. Zeifs.*

Fig. 116 (Stativ No. IV) ohne Drehung um die optische Achse, jedoch zum Umlegen eingerichtet. Mikrometerschraube mit geteiltem Kopfe, um die Schraube zu Dickenmessungen von Deckgläsern oder Präparaten benutzen zu können. Cylinderblendungen mit Schlittenapparat. Objektive a, A, C, Korr. E, Imm. m. Korr. J, hom. Imm. $\frac{1}{12}$'', Okulare 1, 2, 4, 5, Vergröfserungen 38 bis 1430, Preis *999 M.*

Fig. 117 (Stativ No. I). Optische Ausstattung dieselbe. Mikrometerschraube mit geteiltem Kopfe zu Dickenmessungen. Statt des Schlittenapparates eigener

Substage an drehbarem Arme unter dem Objekttische, der durch Zahn und Trieb auf und ab bewegt werden kann, mit Zentrierungsvorrichtung für Cylinderdiaphragmen und sonstige Einsatzstücke. Drehung des ganzen Oberkörpers um die optische Achse. Preis *1094 M.*

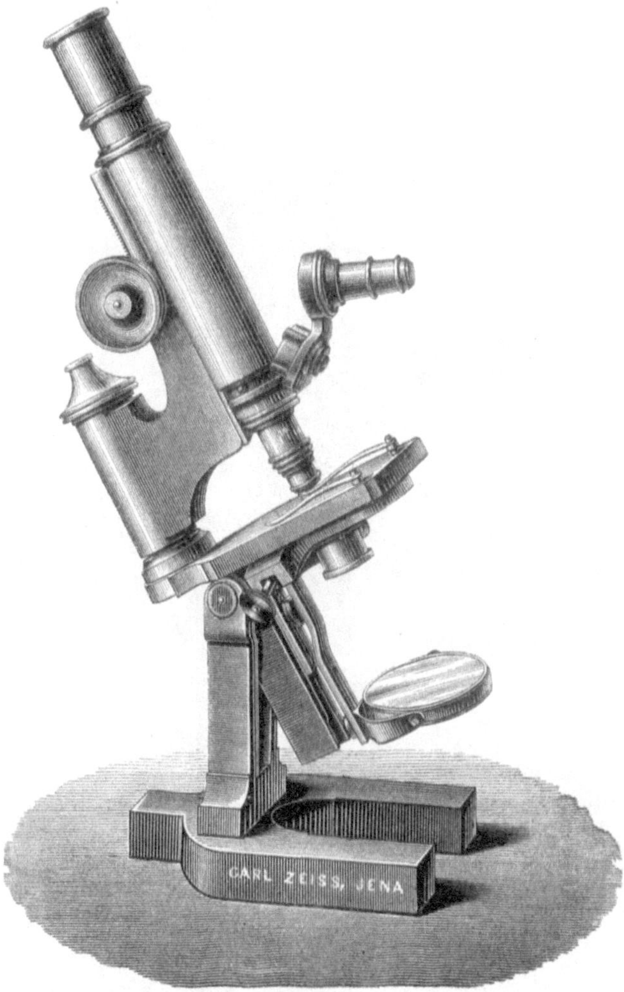

Fig. 116.
Zeiſs Stativ IV mit Revolver. Modell 1883. (½ nat. Gr.)

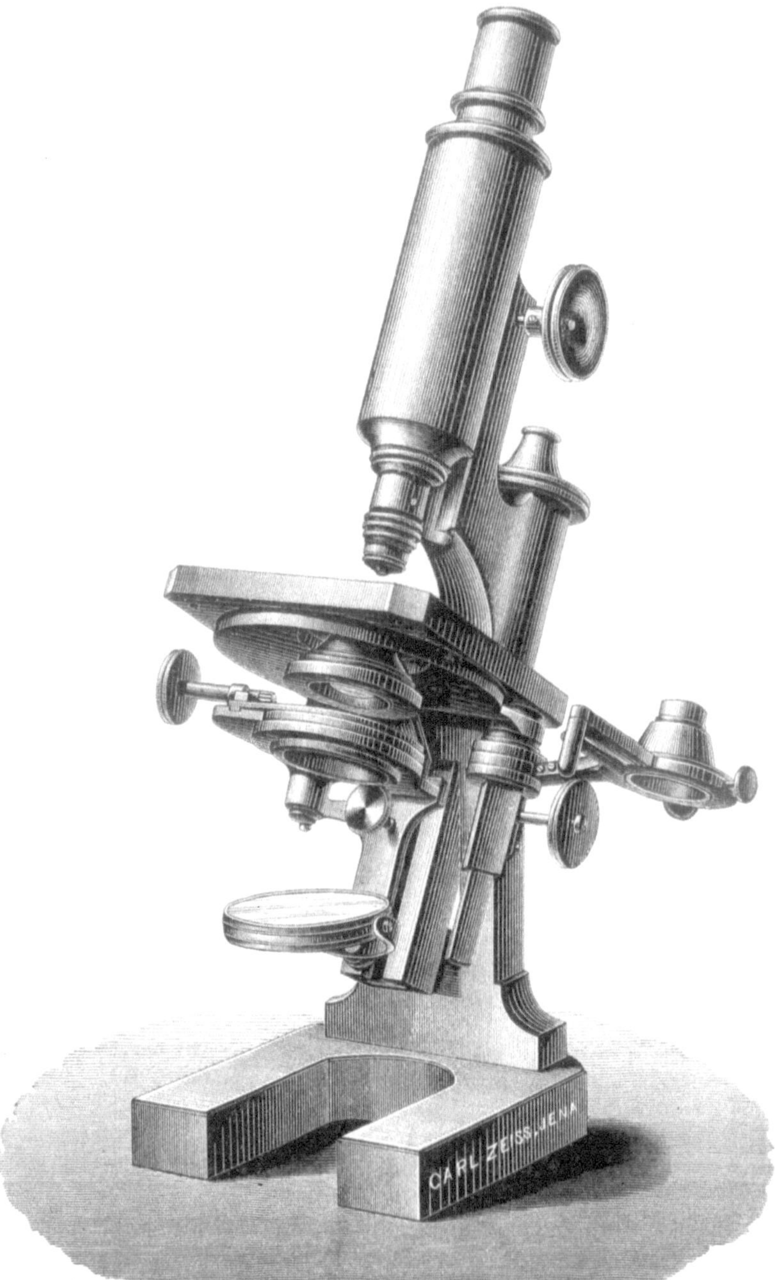

Fig. 117.

Zeiſs Stativ I mit Substage- und Abbe'schem Beleuchtungsapparat. Modell 1883. (1/2 nat. Gr.

Zeifs fertigt auch ein dem vorigen ganz ähnliches Modell, nur etwas kleiner und leichter gebaut und statt des Substage Cylinderblendungen mit Schlittenapparat und kostet dieses Instrument mit der oben erwähnten optischen Ausstattung *1044 M.*

Auf ausdrücklichen Wunsch der Besteller liefert Zeifs die Objektive für homogene Immersion auch mit Korrektionsfassungen.

Für die regelmäfsigen Bedürfnisse der wissenschaftlichen Untersuchung ist jedoch eine Korrektionsfassung dieser Systeme durchaus überflüfsig und empfehlen sich nach wie vor die festen Fassungen, da gerade in der konstanten Korrektion — wenn auch in der Beschränkung auf einen geringen Spielraum der Tubuslänge — ein wesentlicher Vorteil der homogenen Immersion gegenüber den Trockensystemen und Wasser-Immersionssystemen liegt. Das Aufsuchen der besten Korrektion für die mit Systemen für homogene Immersion zu beobachtenden Objekte läfst Spielraum für weit gröbere Korrektionsfehler, als bei einer sorgfältig bewirkten mittleren Korrektion durch die veränderliche Dicke der Deckgläschen oder durch kleine Abweichungen von der normalen Tubuslänge herbeigeführt werden, so dafs der praktische Gewinn von einer Korrektionsfassung bei diesen

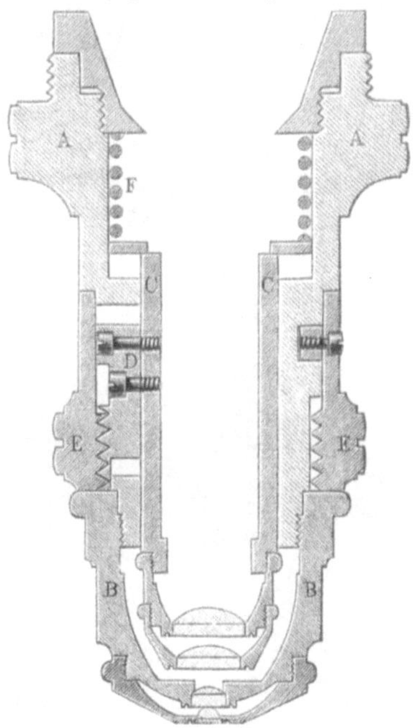

Fig. 118.
Korrektionsfassung der Zeifs'schen Objektivsysteme.
(Doppelte natürl. Gröfse).

Systemen lediglich in dem — meist gleichgültigen — Vorteil besteht, das nämliche System an Stativen mit verschiedener Tubuslänge verwenden zu können.

Die Korrektionsfassung erhöht den Preis dieser Systeme um *30 ℳ.*

Die Art und Weise, wie Zeiſs seine Korrektionsfassungen herstellt, zeigt die in Fig. 118 dargestellte Ab-

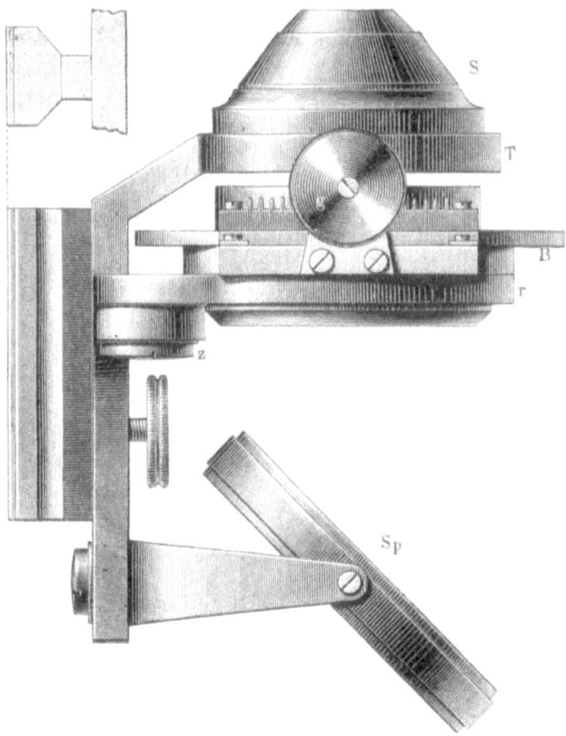

Fig. 119.
Neueste Form des Abbe'schen Beleuchtungsapparates von Zeiſs in Ansicht.
(Natürl. Gröſse.)

bildung des Durchschnittes durch eine solche Korrektionsfassung. Die Teilung und Bezifferung am Korrektionsring gibt, am festen Index abgelesen, die jeder Stellung des Ringes entsprechende Deckglasdicke in Hundertel-Millimetern direkt an.

Die neueste Form, welche Zeifs dem Abbe'schen Beleuchtungsapparat gibt, ist in Fig. 119 und Fig. 120 abgebildet. Immersions-Kondensor von grofser Appertur, Diaphragmenapparat und Doppelspiegel sind zu einem Stücke vereinigt, das nach Entfernung des gewöhnlichen

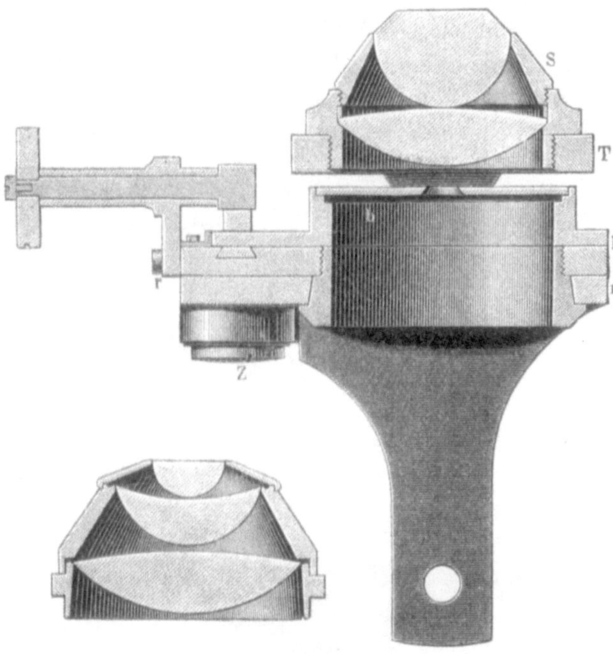

Fig. 120.

Neueste Form des Abbe'schen Beleuchtungsapparates von Zeifs in sagittalem Durchschnitt.

Dem Apparat aufgesetzt ist ein Immersions-Kondensor von 1,20 numerischer Appertur; neben demselben ist der für möglichst schiefe Beleuchtung dienende Immersions-Kondensor von 1,40 numerischer Appertur abgebildet.

Beleuchtungsspiegels in eine Kulisse unterhalb des Mikroskoptisches eingeschoben werden kann.

Der Apparat gestattet alle Modifikationen der geraden und schiefen Beleuchtung mit durchgehendem Lichte durch blofses Wechseln und Bewegen von Diaphragmen auszuführen; namentlich erlaubt er, tingierte Präparate, nach der von R. Koch bei der Bakterien-Untersuchung angewandten Methode, mit einem die ganze Objektivöffnung erfüllenden Beleuchtungskegel zu beobachten.

In gleicher Weise ermöglicht er bei geeigneten Objekten die Beobachtung in dunklem Felde bis zu 600-facher Vergröfserung, und erlaubt auch bequeme Verwendung polarisierten Lichtes.

Bei Lampenlicht ist der Apparat unter Zuhilfenahme einer grofsen Beleuchtungslinse oder einer mit Wasser gefüllten Glaskugel zu gebrauchen. Preis desselben mit einem Kondensorsystem 55 *M.*, mit zwei solchen Systemen zum Auswechseln 80 *M.*

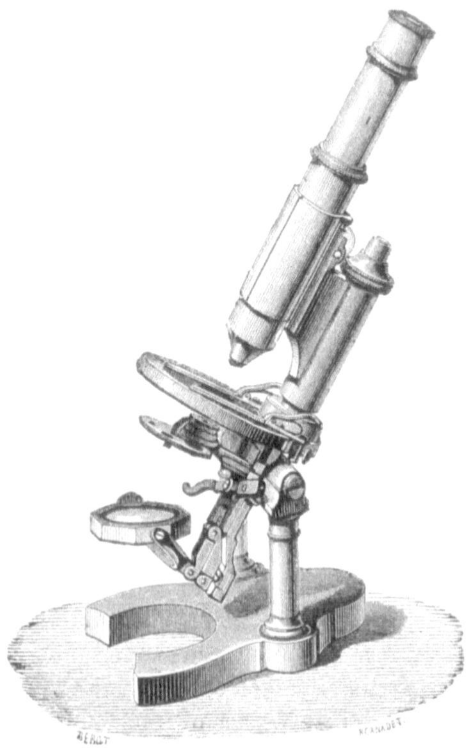

Fig. 121.

Nachet's grofses Mikroskop, Modell 1882.

13) *C. Vérick.*

Modell No. I bis. Objektive 0, 2, 6, 7, Imm. m. Korr. 10, hom. Imm. $\frac{1}{12}$'', Okulare 1, 2, 3, 4, Vergröſserungen von 18 bis 1300, Preis 1050 frs. = *840 M.*

14) *A. Nachet.*

Fig. 121 (Stativ No. 2), Objektive 2, 3, 6, Korr. 8, Imm. m. Korr. 9, Imm. m. Korr. $\frac{1}{18}$'', Okulare 1, 2, 3, 4, Vergröſserungen von 30 bis 2600, Preis 1050 frs. = *840 M.*

Die Immersionssysteme von Nachet sind sowohl für Wasser als Öl zu gebrauchen und daher insgesamt mit Korrektionsfassungen versehen.

Nachet gibt seinem groſsen Modell auch einen Substage bei zur Aufnahme der Beleuchtungsdiaphragmen,

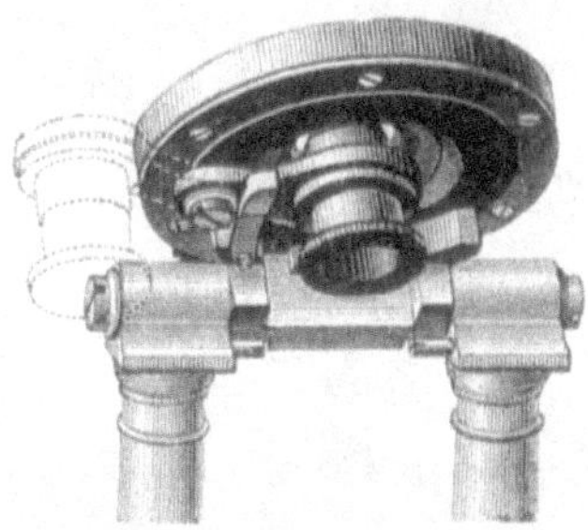

Fig. 122.
Objekttisch zu Mikroskop Fig. 121 von unten gesehen mit Substage und Vorrichtung zum Zurückschlagen desselben.

Beleuchtungslinse, des Polarisators und ähnlicher Nebenapparate. Die Einrichtung desselben weicht von der Anlage an unseren deutschen Modellen etwas ab und ist in Fig. 122 veranschaulicht.

15) *Powell and Lealand.*

Large compound Microscope, Objektive 2'', 1'', $\frac{1}{2}$'', $\frac{1}{4}$'', Imm. m. Korr. $\frac{1}{12}$'' und $\frac{1}{25}$'', Okulare 1, 2, 4, 5, Vergröſserungen 25 bis 7500 (engl. Tubus), mit der für die deutschen Instrumente angenommenen Ausstattung 110 £ = *2200 M.*

In englischer completter Ausrüstung, Fig. 123, 200 £ = *4000 ℳ.*

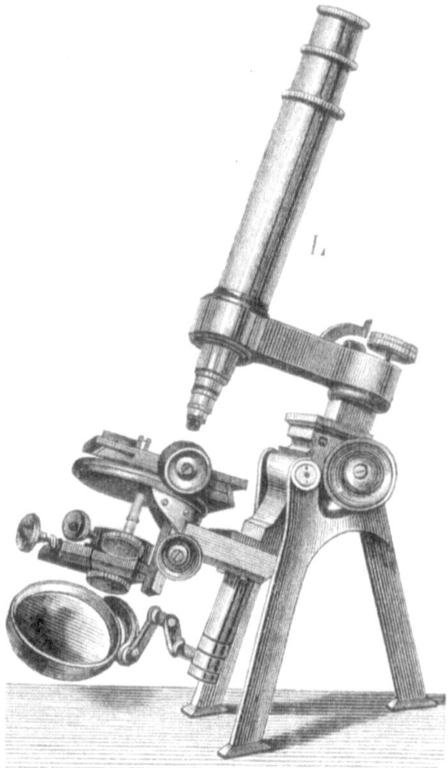

Fig. 123.
Powell-Lealand's grofses Mikroskop.

16) *J. Zentmayer.*

Zentmayer's American Centennial-Stand, Fig. 124, Objektive 1'', $\frac{2}{3}$'', $\frac{4}{10}$'', $\frac{1}{5}$'', Imm. m. Korr. $\frac{1}{8}$'' und $\frac{1}{12}$'', 4 Okulare, Vergröfserungen 30 bis 5800 (engl. Tubus) mit der für die deutschen Instrumente angenommenen Ausstattung 690 $ = *2932 ℳ.*

Mit Binokulartubus 765 $ = *3213 ℳ.*

Die meisten der vorstehend beschriebenen und abgebildeten Instrumente führen am Tubus das allgemein verbreitete Hartnack'sche Gewinde. Durch Abschrauben des trichterförmigen Zwischenstückes vom Tubus können aber auch Systeme mit dem weiten englischen Gewinde (Society-screw) an den Instrumenten verwendet werden. Seibert

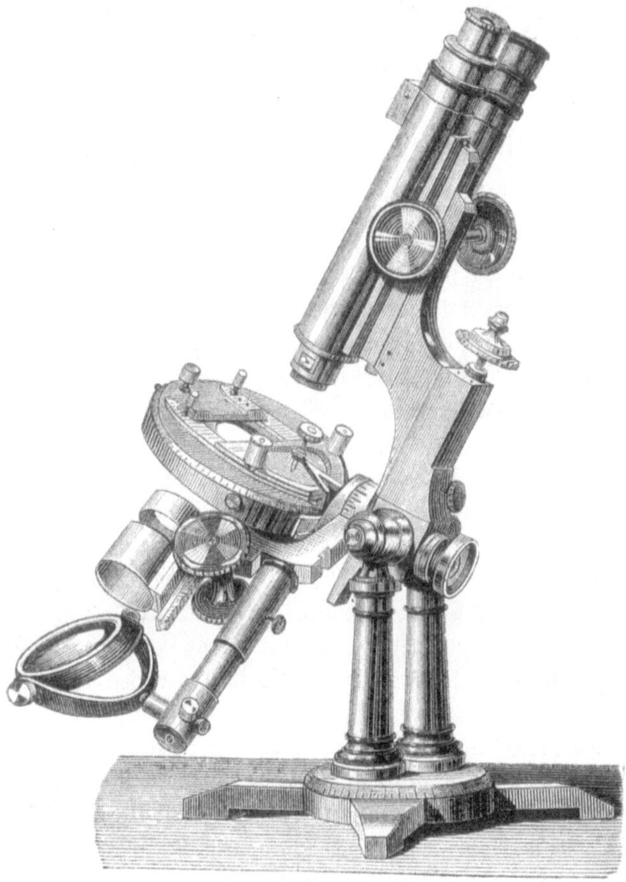

Fig. 124.
Zentmayer's Centennial-Stand.

und Wächter führen ein eigenes, abweichendes Gewinde, bei welchem die Schraubenmutter nicht in die Fassung des Systems, sondern in den Tubus eingeschnitten ist. Die englischen und amerikanischen Mikroskope sind ausschliefslich mit dem englischen Vereinsgewinde versehen. Ebenso haben alle Zeifs'schen Instrumente dieses Gewinde, doch läfst sich an den mit einfachen Buchstaben A bis J bezeichneten Systemen, sowie auch bei DD, soweit dieselben nicht eine Korrektionsfassung besitzen, die eigentliche Linsenfassung vom Trichterstück abschrauben, worauf dieselben mit dem Hartnack'schen Gewinde benutzt werden können.

XX. Mikroskope für besondere Zwecke.

Das Polarisationsmikroskop und die Polarisationserscheinungen unter dem Mikroskope.

In den meisten Fällen genügt es für die hier einschlägigen Untersuchungen, wenn das Stativ eines gewöhnlichen Mikroskopes derart eingerichtet ist, dafs es die beiden polarisierenden Nicols in zweckdienlicher Weise aufnehmen kann. Von Vorteil ist es dabei noch, wenn die Tischplatte des Objekttisches, unabhängig von dem übrigen Mikroskopkörper, um ihre Achse gedreht werden kann. Der Polarisator wird in diesem Falle statt des Diaphragmenträgers in die Hülse des Schlittenapparates, oder in eine eigens für diesen Zweck an der Drehscheibe angebrachte Hülse eingeschoben, oder in einem eigenen seitlich verstellbaren Träger unter den Objekttisch gebracht. Letzteres verdient den Vorzug, weil dadurch ein rasches Wechseln zwischen polarisiertem und nichtpolarisiertem Lichte möglich ist. Erforderlich ist dabei noch, dafs sich, bei nicht drehbarer Tischplatte, der Polarisator um seine Achse drehen läfst, was sich, da derselbe in die ihn tragende Hülse einfach eingeschoben ist, mit freier Hand bequem genug ausführen läfst. Der Analysator ist teils mit dem Okular zu einem Ganzen vereinigt, und wird in diesem Falle anstatt eines Okulares in die Hülse des Tubus eingeschoben, teils ist er aufser Verbindung mit dem Okular und kann dann, ohne das Okular abzunehmen, auf den Tubus aufgesetzt oder entfernt werden. Im Inneren trägt das Okular, zum Zwecke der sicheren Einstellung auf eine Kante oder Ecke des Objektes, ein Fadenkreuz, und der äufsere Rand des Analysators ist meist für die Zwecke des Winkelmessens mit einem Teilkreise (360°) versehen.

Zeifs fertigt in neuester Zeit Analysator-Okulare nach einer Konstruktion von Abbe.

Dieselben tragen, wie Fig. 125 in natürlicher Gröfse im Durchschnitt zeigt, zwischen Kollektivlinse *C* und Augenlinse *O* ein doppeltbrechendes, vollkommen achromatisiertes Prisma *P*. Die parallel zu dessen brechender Kante polarisierten Strahlen gehen ohne Ablenkung durch das Prisma, während die senkrecht zur brechenden Kante polarisierten stark abgelenkt und durch ein Diaphragma oberhalb der Augenlinse abgeblendet werden. Das Gesichtsfeld bleibt dabei völlig unbeengt.

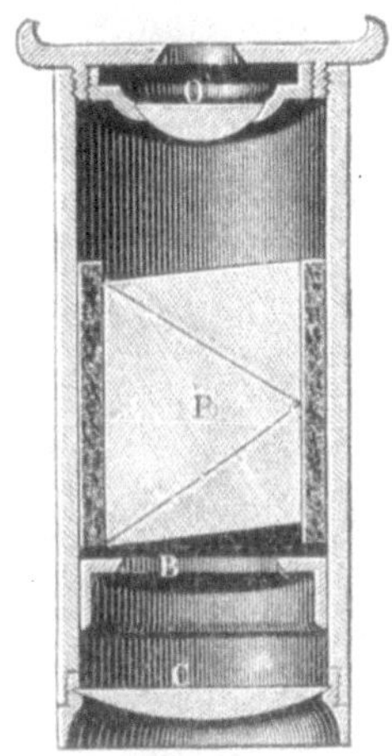

Fig. 125.
Analysator-Okular nach Abbe von Zeifs (nat. Gr.).

Werden dagegen die Stative eigens für petrographische und geognostische Untersuchungen bestimmt, dann bringt man an denselben manche anderweitige, die beabsichtigten speziellen Zwecke fördernde Vorrichtungen an, die jedoch bei Verwendung solcher Stative für anderweitige Zwecke in der Regel nicht als Errungenschaften bezeichnet werden können.

Fig. 126 zeigt ein verhältnismäfsig kleines Stativ eines gewöhnlichen Mikroskopes mit Einrichtung für Polarisation von Reichert, das seiner Einfachheit, Zweckmäfsigkeit und Billigkeit halber bestens empfohlen werden kann, zumal es für die Untersuchung organischer Gewebe und Elementarorgane bei polarisiertem Lichte vollkommen ausreicht. Der Polarisator ist hier in eine Hülse einer Drehscheibenblendung derart eingesetzt, dafs er nach Einschlagen der Drehscheibe unter den Objekttisch genau zentrisch unter demselben steht, da der vorspringende Mittelpunktszapfen der Scheibe in eine unter dem Tische angebrachte Vertiefung eintritt. Die Höhe des Nicols kann durch Verschieben des drehbaren Armes an der links angebrachten Führungsstange verändert werden, aufserdem ist derselbe in der Hülse auch um seine Achse drehbar. Trotz der kompendiösen Form des Statives ist zwischen Beleuchtungsspiegel und Tisch noch hinreichender Abstand, um mit dem Polari-

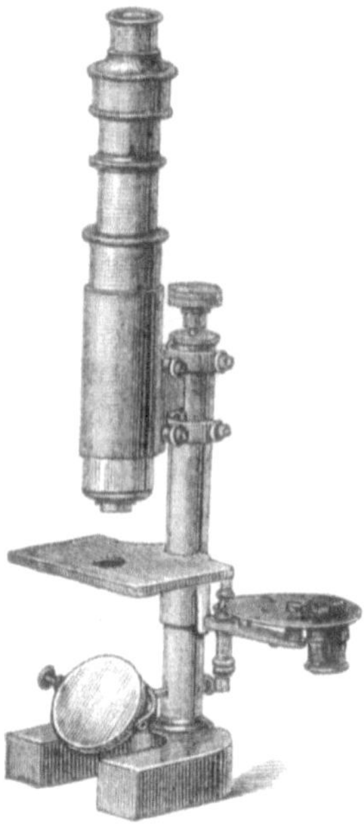

Fig. 126.
Reichert's Stativ No. Va mit Polarisationseinrichtung.
Modell 1883.

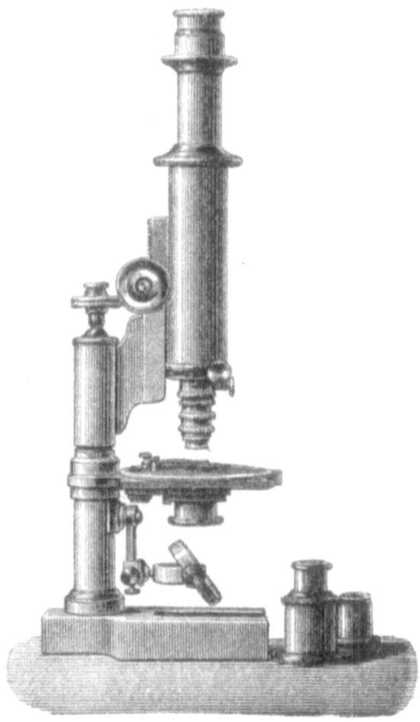

Fig. 127.
Hartnack's Stativ No. IX mit Polarisationseinrichtung.
Modell 1883.

sator bequem arbeiten zu können. Der Analysator wird dem Okulare aufgesetzt. Preis ohne Objektive und Okulare 40 fl. ö. W. = *69 ℳ.*

Fig. 127 zeigt ein gröfseres sehr empfehlenswertes Stativ zum speziellen Gebrauch für Mineralogen von Hartnack. Die Tischplatte ist unabhängig von dem übrigen Mikroskopkörper um ihre Achse drehbar, die grobe Einstellung erfolgt durch Zahn und Trieb, die feine wie gewöhnlich durch Mikrometerschraube. Der Polarisator wird von der Hülse eines Schlittenapparates aufgenommen und ist in derselben in senkrechter Richtung beweglich. Der Analysator mit einem Goniometer läſst sich bequem auf jedes Okular aufsetzen. Besondere Vorrichtung zum Zentrieren für jedes System ist am Tubusende vorhanden. Zu diesem Instrumente gehört ferner eine senkrecht zur Achse geschnittene Kalkspatplatte für stauroskopische Untersuchungen und eine Quarzplatte, und beträgt der Preis desselben mit den Objektiven 4, 7 und 9 und den Okularen 2, 3 und 4 (Vergröſserungen von 70 bis 860) 360 ℳ.

Figur 128 zeigt Reichert's groſses, eigens für mineralogisch - geologische Untersuchungen eingerichtetes Instrument. Das Stativ besitzt einen um seine Achse drehbaren, in 360° geteilten Objekttisch, dessen Fläche zur leichteren Orientirung bekannter Präparate mit zwei rechtwinkelig zu einander stehenden Millimeterteilungen versehen ist. Der Polarisator ist mittels eines drehbaren Armes unterhalb des Objekttisches angebracht, um ein schnelles Wechseln zwischen polarisiertem und nicht polarisiertem Lichte zu ermöglichen, und ist mittels Zahn und Trieb in der Höhe verstellbar. Der drehbare Arm (Substage) trägt eine Vorrichtung zur

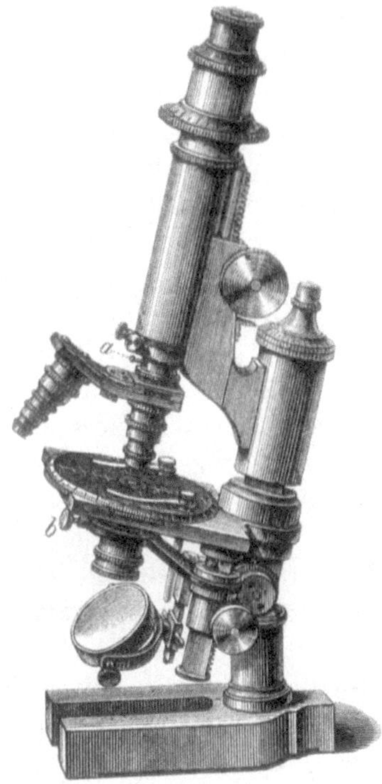

Fig. 128.
Reichert's groſses Mikroskop zu mineralogisch-geologischen Untersuchungen.
Modell 1883 (1/4 nat. Gr.).

zentrischen Einstellung des Polarisators. Der Analysator, mit einem gleichfalls in 360° geteilten Kreis, befindet sich über dem Okular und kann, ohne dieses zu wechseln, aufgesetzt und entfernt werden. Der Tubus hat eine Vorrichtung, um die Systeme genau zu zentrieren. Die Mikrometerschraube zur feinen Einstellung trägt an ihrer Peripherie eine Teilung, welche die feinsten Verstellungsunterschiede zu messen gestattet, somit zur Dickenmessung mikroskopischer Krystalle u. s. w. (Focimeter) dient. Preis des ganzen Instrumentes mit Quarzplatte und Kondensor, zur Beobachtung der Achsenbilder von Mineralschliffen, jedoch ohne Objektive und Okulare 140 fl. ö. W. = *240 M.*

Eine wesentliche Abweichung von unseren ziemlich übereinstimmenden deutschen Einrichtungen zeigen die französischen Polarisationsmikroskope (Microscopes pour l'étude des roches) von Nachet. Die Eigenartigkeit, welche der mechanische Teil dieser Instrumente zeigt, erklärt allein schon das Interesse, das allseitig diesen Mikroskopen entgegengebracht wird, und sollen daher die beiden gröſseren Modelle dieses Optikers in Abbildung und Beschreibung dem Leser vorgeführt werden.

Die Konstruktion des groſsen Instrumentes (Fig. 129) beruht zunächst auf dem Prinzip, Objekt und Objektiv, jedes für sich allein, gleichzeitig drehen zu können, ohne daſs man dabei ersteres aus dem Gesichtsfelde verliert. Um dieses zu erreichen, muſste zunächst die Tischplatte des Objekttisches, ohne andere Körperteile des Mikroskopes in Mitleidenschaft zu ziehen, um ihre Achse beweglich gemacht werden, was dadurch erzielt wurde, daſs eine am feststehenden Teile des Objekttisches angebrachte Schraube ohne Ende (*E*) in den gezahnten Rand der Peripherie der beweglichen Platte eingreift. Ferner muſste der Tubus aus zwei hinsichtlich der Bewegung völlig von einander unabhängigen Teilen (*A* und *B*) hergestellt werden, so daſs der untere, das Objektiv und die Vorrichtung zur feinen Einstellung tragende Teil *B* für sich, sowohl eine auf- und abwärts gerichtete als drehende Bewegung auszuführen vermag, ohne dafs das Okular, das Fadenkreuz und der Polarisationsapparat an einer dieser Bewegungen teilnimmt. Der Polarisator ist dabei, wie bei den deutschen Instrumenten, unter dem Objekttische bei *N* angebracht und zentriert. Der

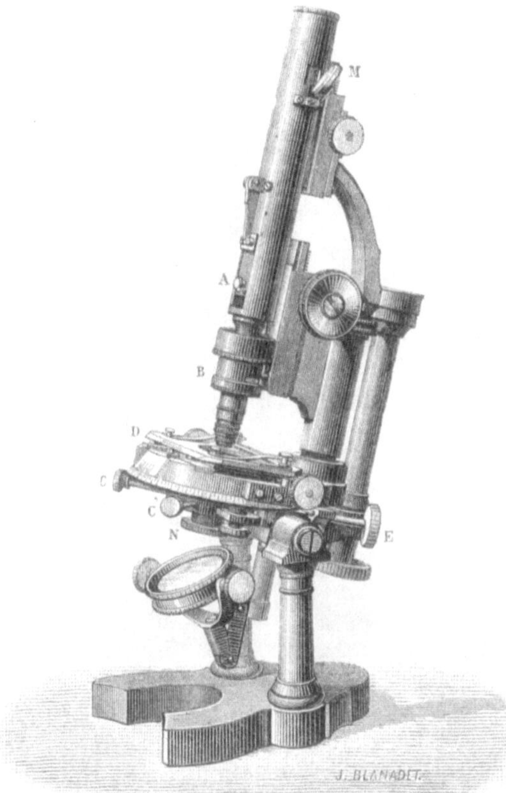

Fig. 129.
Grofses Polarisationsmikroskop von Nachet.

untere Teil des Tubus, welcher das Objektiv, die feine Einstellung und eine Vorrichtung zum Zentrieren der Systeme trägt, kann durch eigenes Triebwerk verlängert und verkürzt werden. Der Analysator wird in einen am unteren Ende der oberen Tubushälfte seitlich angebrachten Ausschnitt eingelegt, und letzterer mit einem Schieber verschlossen, so dafs durch Herausnehmen des Analysators aus seinem Platze ein Wechsel der Beleuchtung zwischen polarisiertem und nicht polarisiertem Lichte möglich ist. Das Okular, in welchem sich das Fadenkreuz befindet, ist seitlich mit einer Öffnung versehen, an welcher aufsen ein kleiner Spiegel *M* angebracht ist, um in schiefer Richtung das

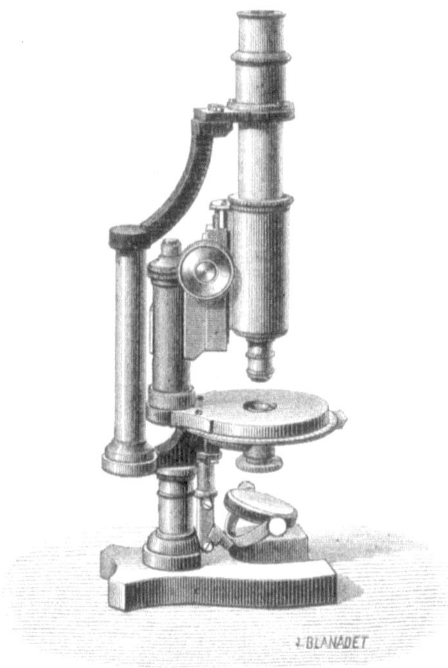

Fig. 130.
Einfaches Polarisationsmikroskop von Nachet.

Fadenkreuz während der Verdunkelung des Gesichtsfeldes beobachten zu können. Das Instrument kostet mit den sechs Objektiven No. 2, 3, 5, 6, 7 und 9, letzteres mit Immersion und Korrektion, 3 Okularen, einem Zeichenprisma, Okularmikrometer, einer Quarz- und Biot'schen Platte zusammen 1200 frs. = *960 M.*

Das kleinere Modell Nachet's beruht im wesentlichen auf demselben Prinzipe, nur ist seine Ausführung viel einfacher. Der obere Teil des Tubus, welcher den Analysator trägt, ist hier feststehend, dagegen der untere gegen den oberen durch Zahn und Trieb sowie Mikrometerschraube, siehe Fig. 130, beweglich. Der untere Teil des Tubus samt dem eigentlichen Objekttische und dem darunter befindlichen, einen Nonius tragenden, Arme ist um die optische Achse beweglich, während der Teilkreis feststeht. Der Analysator ist oberhalb des Okulares angebracht. Eine Schiefstellung des Instrumentes ist nicht möglich. Mit Polarisationsapparat, zwei Okularen, darunter eines mit Fadenkreuz, und den drei Objektiven No. 3, 6 und 7 kostet dieses Instrument 350 frs. = 280 *M*.

Nachstehend sollen die wichtigsten Polarisationserscheinungen unter dem Mikroskope, unter Voraussetzung der optischen Grundbegriffe über Polarisation, erörtert werden.

Nicol, welchem die zur Polarisation verwendeten Prismen ihren Namen verdanken, hat dieselben aus den Krystallen des isländischen Spates in der Art hergestellt, dafs er zunächst die Endflächen eines Krystalles so abschliff, dafs die neuentstandenen Endflächen senkrecht auf der optischen Achse stehen, sodann denselben derart entzwei sägte, dafs die Trennungsfläche parallel der optischen Achse verlief. Nachdem er einen zweiten Krystall in gleicher Weise behandelte, kittete er die beiden symmetrischen Hälften der Krystalle mittels Kanadabalsam zusammen, wodurch Prismen mit vier senkrechten Seitenflächen und zwei geneigten rhombischen Endflächen erhalten werden. Infolge dieser Einrichtung gelangt von den beiden Strahlen, in welche das Licht beim Durchgang durch einen doppeltbrechenden Körper zerlegt wird, nur ein Strahl, der polarisierte oder aufserordentliche, in das Auge, während der ordentliche Strahl infolge Reflexion an der mit Kanadabalsam bedeckten Schnittfläche verschwindet.

Der Polarisationsapparat dient nun dazu, um, unter dem Einflusse des polarisierten Lichtes, Unterschiede in der physikalischen und chemischen Beschaffenheit der organischen Gewebe und Elementarorgane zur Anschauung zu bringen, wodurch feinere Strukturverhältnisse erkannt werden können, die auf anderem Wege gar nicht, oder nur in unvollkommener Weise zu ermitteln sind. Wie schon bei der Beleuchtung durch polarisiertes Licht angedeutet wurde, ist bei gekreuzten Polarisationsebenen der beiden Nicols das Gesichtsfeld dunkel, weil der durch den Polarisator hindurch gegangene aufserordentliche Strahl, an der Kanadaschichte des Analysators angelangt, reflektiert wird, da der Analysator das Licht nur in derselben Achsenrichtung hindurchzulassen vermag, in welcher es durch den Polarisator gegangen ist. Diese übereinstimmende Achsenrichtung ist aber nur vorhanden, wenn die beiden Polarisationsebenen parallel zu einander stehen.

So gut aber ein doppeltbrechender Körper das Licht in bestimmter Richtung zu polarisieren vermag, ebenso gut kann er polarisiertes Licht wieder d e p o r a l i s i e r e n, wie aus folgendem Experimente hervorgeht. Denkt man sich zwischen Polarisator und Analysator, während ihre Polarisationsebenen gekreuzt sind, also das Gesichtsfeld dunkel ist, irgend einen doppeltbrechenden Krystall in beliebiger Stellung gebracht, so ist klar, dafs ein Teil der von dem Polarisator auf den Krystall gelangenden Lichtstrahlen reflektiert, ein anderer aber hindurchgelassen wird, da die Polarisationsebene des Krystalles bei der beliebigen Lage desselben weder zu der des Polarisators parallel, noch gegen dieselbe unter einem rechten Winkel gekreuzt sein wird. Der durch den Krystall hindurchgehende Teil der Lichtstrahlen hat aber offenbar die gleiche Achsenrichtung wie die Lichtstrahlen, welche der Analysator durchzulassen vermag, sie werden also auch diesen durchsetzen, und das durch den Analysator, oder das über demselben befindliche Okular blickende Auge sieht auf dunkelm Grunde den Krystall mehr oder weniger erleuchtet und zwar, je nach der Dicke des Krystalles und der gegenseitigen Lage der Polarisationsebenen, in verschiedenen Farben.

Schaltet man ein aus Gyps, einem doppeltbrechenden Krystalle, parallel zur optischen Achse geschliffenes dünnes Plättchen zwischen beide gekreuzte Nicols ein, so findet man, daſs das Gesichtsfeld im allgemeinen eine stärkere oder schwächere bestimmte Färbung zeigt. Die Intensität der Färbung steigert oder schwächt sich mit der Drehung des Plättchens und erreicht ihr Maximum, wenn die Polarisationsebenen der beiden Prismen gegen die Polarisationsebene des Gypsplättchens unter einem Winkel von 45° geneigt sind. Die Art der Farbe dagegen ist abhängig von der Dicke des Gypsplättchens. In zwei Lagen übt jedoch die Anwesenheit des Gypsplättchens gar keinen Einfluſs auf die Farbe des Gesichtsfeldes, dieses bleibt nach wie vor dunkel. Es sind dies zwei um einen Winkel von 90° von einander abweichende Lagen. In der einen Lage sind die Polarisationsebenen zwischen Polarisator und Gypsplättchen rechtwinkelig gekreuzt, es kann also durch das Gypsplättchen kein Licht hindurchgehen, in der anderen Lage sind die Polarisationsebenen zwischen Gypsplättchen und Analysator rechtwinkelig gekreuzt, es kann somit durch den Analysator kein Licht hindurch dringen; die Wirkung ist in beiden Fällen die gleiche, ein vollkommen dunkles Gesichtsfeld.

Bringt man die Polarisationsebenen der beiden Nicols in parallele Stellung zu einander und dreht jetzt auf dem Objekttisch ein Gypsplättchen um seine Achse, so treten zwar wieder Farbenerscheinungen auf, doch kommen jetzt die Komplementärfarben der ersteren zum Vorschein.

Aus dem Gesagten geht hervor, daſs der Beobachter durch Benutzung verschieden dicker Gypsplättchen es in der Hand hat, die verschiedenartigsten Färbungen des Gesichtsfeldes in den verschiedensten Intensitätsgraden hervorzurufen.

Für gewöhnlich reicht man mit zwei Gypsplättchen vollkommen aus und beschränkt sich dabei auf die beiden Plättchen, welche bei gekreuzten Nicols das Rot der ersten und zweiten Ordnung (Reihe der Farben der Newtonschen Ringe) geben.

Beobachtet man eine senkrecht zur optischen Achse geschnittene Platte eines einachsigen Krystalles (mit Ausnahme des Quarzes) unter dem Mikroskope bei gekreuzten Polarisationsebenen und unter Anwendung von konzentriertem Lichte, wie das vom Polarisator kommende ja meist ist, so erblickt man in jeder beliebigen Stellung der auf dem Objekttische zu drehenden Platte das Gesichtsfeld in der Mitte dunkel, dagegen in den peripherischen Teilen von zwei vom Zentrum ausgehenden, unter rechten Winkeln sich schneidenden Bändern durchsetzt, während der zwischenliegende Teil sich hell zeigt und um so heller erscheint, je mehr man sich der Mittelrichtung zwischen zwei aufeinander folgenden dunkeln Bändern nähert, so dafs die ganze Platte ein zentrisch über dieselbe verlaufendes dunkles Kreuz zeigt. Dreht man den Analysator um einen rechten Winkel, so dafs die beiden Polarisationsebenen parallel sind, so zeigt sich das Kreuz erleuchtet, während die Zwischenräume sich verdunkelt darstellen.

Schaltet man an Stelle der einachsigen Platte eine solche ein, welche aus einem zweiachsigen Krystalle senkrecht zur Mittellinie geschnitten ist, so tritt das dunkle Kreuz nur dann auf, wenn die Ebene, welche man sich durch die beiden optischen Achsen des zweiachsigen Krystalles gelegt denkt, entweder zur Polarisationsebene des Polarisators, oder zu der des Analysators, parallel ist, in allen anderen Lagen erscheinen an Stelle des Polarisationskreuzes die beiden Äste einer Hyperbel, welche um so weiter von einander entfernt liegen, je mehr sich die Stellung der oben genannten Ebene gegen die beiden Polarisationsebenen dem Winkel von 45° nähert.

Werden sehr dünne aber doch gleichmäfsig dicke Platten zu dem Versuche genommen, z. B. dünne Glimmerplättchen, so treten durch dieselben ähnliche Erscheinungen auf wie bei den einachsigen Plättchen, doch sind die Farben weit weniger lebhaft.

Eine Ausnahme in seinem Verhalten gegen polarisiertes Licht zeigt der Bergkrystall. Bringt man eine aus diesem Minerale senkrecht zur Achse geschnittene Platte zwischen die beiden polarisierenden Nicols, so erscheint das Gesichtsfeld lebhaft gleichmäfsig gefärbt, und es ändert sich die Farbe je nach der Drehung des Analysators, aber in keiner Stellung erscheint das Gesichtsfeld farblos, hell oder dunkel. Die bei der Drehung erscheinenden Farben folgen in der Ordnung der prismatischen Farben: rot, orange, gelb, grün, blau, indigo, violett aufeinander; doch treten dieselben in der angedeuteten Reihenfolge bei manchen Bergkrystallen auf, wenn man die Drehung gegen rechts (im Sinne der Bewegung der Zeiger einer Uhr), bei anderen dagegen dann, wenn man sie in entgegengesetzter Richtung, gegen links, ausführt. Platten der ersten Art heifsen rechtsdrehende, Platten der zweiten Art linksdrehende.

Bei der Untersuchung von Objekten unter Anwendung von polarisiertem Lichte handelt es sich meist um die Beantwortung der Frage: ist das vorliegende Objekt einfach oder doppelt brechend, und wenn letzteres der Fall ist, ist es einachsig oder zweiachsig? Die Erklärung und richtige Deutung der hierbei auftretenden Erscheinungen ist in vielen Fällen eine schwierige, und können daher nur die einfachsten Fälle hier nähere Beachtung finden.

Um zu untersuchen, ob ein Objekt einfach oder doppeltbrechend ist, bringt man es bei gekreuzten Nicols in das Gesichtsfeld und dreht dasselbe um seine senkrechte Achse. Bleibt während der Drehung das Gesichtsfeld in allen seinen Teilen dunkel, so ist der Körper einfach brechend. Um aber bezüglich der Schlufsfolgerung sicher zu sein, müssen einige Vorsichtsmafsregeln und Kontrollversuche angewendet werden.

Um sicher zu sein, dafs allenfallsige Lichteffekte nur vom polarisierten Lichte herrühren, mufs alles auffallende Licht sorgfältig abgehalten werden; es ist daher der Objekttisch während der Untersuchung durch einen passend aufgesetzten Schirm zu beschatten.

Möglicherweise ist die Lage des Objektes gegen den Tisch eine solche, dafs die doppeltbrechende Eigenschaft des ersteren nicht zur Geltung gelangt, man mufs daher das Objekt noch in einer anderen, zu der ersten womöglich senkrechten Lage gegen den Tisch wiederholt untersuchen.

Da bei schwach doppeltbrechenden Objekten die schwach auftretende Farbenerscheinung möglicherweise von der Färbung des Gesichtsfeldes nicht unterschieden werden kann, schaltet man zwischen Objekt und Polarisator ein Krystallplättchen von bekannter Farbe ein; zeigt sich auch dann noch keine Farbenerscheinung am Objekte, so ist wohl jede Täuschung bezüglich seines einfach brechenden Charakters ausgeschlossen. Als solche Plättchen verwendet man am vorteilhaftesten Gypsplättchen vom Rot der ersten Ordnung. Die Änderungen, welche bei dessen Anwendung in der Färbung des Gesichtsfeldes durch einen doppeltbrechenden Körper hervorgerufen werden, sind sehr empfindlich und können leicht wahrgenommen werden.

Die Entscheidung der Frage, ob ein Objekt ein- oder zweiachsig ist, ist keineswegs einfach zu treffen und kann daher hier nicht weiter berücksichtigt werden.

Das Saccharimeter und seine Anwendung.

Jedes Polarisations-Mikroskop kann mit geringen Kosten dahin vervollständigt werden, dafs es auch zur Bestimmung der sogenannten Circumpolarisation von Flüfsigkeiten, und daher zur quantitativen Bestimmung von Rohrzucker, Traubenzucker und Eiweifs in Lösungen, also als Saccharimeter, dienen kann. Man bedarf hierzu nur einer Glasröhre von 7 bis 8 mm lichter Weite und 200 bis 250 mm Länge, welche unten durch ein wasserdicht in einer Messingfassung aufschraubbares Glasplättchen geschlossen ist. Diese Röhre wird entweder mittels einer einfachen Fassung in den Tubus des Mikroskopes eingehängt, oder, wie das in neuester Zeit zur Verhütung allenfallsiger Verunreinigung des Tubus häufiger geschieht, an Stelle des letzteren in die Tubushülse eingesetzt, im letzteren Falle mufs die Röhre jedoch mit einer Vorrichtung zur Aufnahme des Analysators versehen sein. Ferner ist hierzu eine sogenannte Polarisationsplatte erforderlich, welche unmittelbar über dem Polarisator angebracht und gewöhnlich demselben aufgeschraubt wird. Es ist dies eine aus zwei verschieden geschnittenen Quarzplättchen, von denen das eine rechts- und das andere linksdrehend ist, zusammengesetzte Platte, die so neben einander liegen, dafs das Gesichtsfeld zur einen Hälfte von dem rechts-, zur andern Hälfte von dem linksdrehenden Plättchen ausgefüllt wird. Im allgemeinen werden nach dem früher über die Eigentümlichkeit des Quarzes im polarisierten Lichte Gesagten die beiden Gesichtsfeldhälften verschieden gefärbt sein, durch geeignete Drehung des Analysators wird es aber möglich werden eine Stellung zu erreichen, bei welcher die beiden Hälften des Gesichtsfeldes gleichmäfsig (blau oder rötlich blau) gefärbt erscheinen, während die geringste Drehung nach rechts oder links Spuren von Beimengung einer anderen Farbe bald in der einen, bald in der anderen Gesichtsfeldhälfte erkennen läfst. Hat man sich diese Stellung des Analysators, den sogenannten neutralen Punkt notiert, und man bringt nunmehr in das Beobachtungsrohr irgend eine circumpolarisierend wirkende Flüfsigkeit, so wird man finden, dafs jetzt, bei genau der gleichen Stellung des Analysators wie vorher, das Gesichtsfeld nicht mehr gleichmäfsig gefärbt ist, dafs vielmehr zur Erreichung dieses Zweckes der Analysator nach rechts oder links gedreht werden mufs, und zwar um einen um so gröfseren Winkel, je mehr die Flüfsigkeit von dem zu untersuchenden Stoffe aufgelöst enthält. Durch auf empirischem Wege angefertigte Tabellen ist man in der Lage, die der Gröfse der Drehung entsprechenden Volum- wie Gewichtsprozente des in Rede stehenden Stoffes in der Flüfsigkeit anzugeben.

Wasserlein gibt für den Gebrauch seines Saccharimeters folgende Anleitung: Nachdem man den Tubus aus dem Mikroskopstativ entfernt hat, setzt man an dessen Stelle das Saccharimeter ein, wobei zu beachten ist, dafs die unter dem Mittelrande des Rohres befindliche Schraube in den Ausschnitt der Tubushülse kommt, damit eine störende Drehung dieses Rohres vermieden wird. Hierauf bringt man den Polarisator mit der darüber liegenden Quarzplatte an seinen Ort (an Stelle der Cylinderblendung) in einer solchen Stellung, dafs die Spitze der unteren Prismafläche sich rechts oder links seitlich vom Stativ befindet, damit jede schädliche Spiegelung auf dieser Fläche vermieden wird. Hierauf bringt man das sorgfältig gereinigte leere Beobachtungsrohr in den Apparat und stellt den Spiegel so ein, dafs er sein Licht in das Rohr reflektiert. Hierauf erfolgt die Feststellung des neutralen Punktes, indem man den Nullstrich des Nonius am Analysator auf den Nullstrich der Teilung einstellt, und zwar für rechtsdrehende Flüssigkeiten den linken Nullstrich und umgekehrt, und hierauf den Polarisator so lange sorgfältig dreht, bis beide Hälften des Gesichtsfeldes eine vollständig gleiche Färbung in blau oder rötlichblau zeigen.

Hauptsache bleibt, dafs diese Einstellung möglichst genau geschieht und mehrere Male in Pausen kontrolliert werde, damit die Messung genau werde. Ebenso wichtig ist, dafs der Polarisator, nachdem er eingestellt ist, unberührt stehen bleibt. Nimmt man jetzt den Analysator ab, füllt das Beobachtungsrohr mit der zu untersuchenden Flüssigkeit, bringt Rohr und Analysator wieder an ihren Ort, den letzteren genau auf Null eingestellt wie zuvor, so wird das Gesichtsfeld, wenn die Flüssigkeit von dem polarisierenden Stoffe enthält, nicht mehr in beiden Hälften gleichmäfsig gefärbt erscheinen. Dreht man den Analysator nun so weit nach der der Drehungsebene der zu untersuchenden Flüssigkeit entsprechenden Seite, bis beide Hälften des Gesichtsfeldes wieder homogene Färbung zeigen, so kann man an der Teilung die Grade und durch den Nonius auch die Zehntelgrade ablesen. Letzteres geschieht, indem man nach Ablesen der vollen Grade die Teilstriche am Nonius so lange weiter zählt, bis einer derselben genau auf einen Teilstrich des Kreisbogens pafst. Da jeder Teil am Nonius um ein Zehntel kleiner ist als ein solcher an der Teilung, so gibt die gefundene Strichzahl die Zehntel an. Für Traubenzucker gibt der Apparat die Prozente direkt nach der Teilung an, für Rohrzucker und Eiweifs werden jedem Apparate Tabellen beigegeben, welche nach den Untersuchungen Dr. A. Schnacke's in Gera angefertigt wurden. Vor Untersuchung der Flüssigkeiten versäume man nicht, solche thunlichst zu entfärben und zu klären, auch solche, bei denen man einen sehr starken Prozentgehalt vermutet, vorher entsprechend zu verdünnen. Bei Füllung des Beobachtungsrohres vermeide man Luftblasen, indem man bis zum Rande füllt und mit dem Deckgläschen die Kuppe der Flüfsigkeit zur Seite schiebt.

Sind die zu untersuchenden Lösungen trüb, so werden sie zuerst durch gewöhnliche Filtration geklärt.

Gefärbte Lösungen müssen erst entfärbt werden. Dies geschieht bei Rohrzucker auf folgende Weise: Man füllt ein kleines Kochfläschchen, das an seinem Halse zwei Marken besitzt, deren untere einem Volumen von 100 ccm, deren obere einem solchen von 110 ccm entspricht, bis an die untere Marke mit Zuckerlösung, der man bis an die obere Marke Bleiessig zusetzt. Schüttelt man den Inhalt jetzt kräftig durcheinander, so wird man nach dem Absetzen und Filtrieren eine vollkommen farblose Flüssigkeit erhalten, die man sofort polarisieren kann, wobei jedoch nicht aufser Acht gelassen werden darf, dafs die Anzahl der abgelesenen Grade, wegen der vorgenommenen Verdünnung, um $\frac{1}{10}$ zu erhöhen ist. Eiweifslösungen müssen zum Zwecke der Entfärbung filtriert werden; bei schwacher Färbung genügt die gewöhnliche Filtration, stark gefärbte Lösungen dagegen müssen über frischer Knochenkohle, unter Umständen sogar öfters, filtriert werden.

Über alle weiters einzuschlagenden Manipulationen, namentlich über die Bestimmung der Zucker- und Eiweifsmengen in festen Substanzen, dann die Herstellung der Normalgewichtsmengen, sowie die Umwandlung der aus den einschlägigen Tabellen unmittelbar abzulesenden Volumprozente in Gewichtsprozente u. s. w. geben die jedem Apparate beigelegten Tabellen und Gebrauchsanweisungen von Dr. Schnacke eingehenden Aufschlufs. Preis des ganzen Apparates, für jedes mit Cylinderblendung versehene Mikroskopstativ passend, samt Gebrauchsanweisung und Tabellen bei Rudolf Wasserlein in Berlin 54 *M.*

Fig. 131 zeigt ein ähnliches, von Reichert in Wien nach Angabe Dr. Ultzmann's konstruiertes Saccharimeter zur Untersuchung diabetischen Harns (Traubenzucker). Dieses in neuester Zeit wesentlich vervollkommnete Instrument ist an jedem besseren Mikroskope mit freier Hand bei Tages- wie bei Lampenlicht zu gebrauchen und eignet sich hauptsächlich für praktische Ärzte und Kliniken, da mit demselben in einer den hier einschlägigen Bedürfnissen vollkommen entsprechenden Genauigkeit leicht und bequem gearbeitet werden kann. Das eigentliche Beobachtungsrohr *d* ist auch hier in eine lange Messinghülse eingeschlossen, welche an ihrem unteren Ende den Polarisator mit dem polarisierenden Nicol *f* und der Quarzplatte *p* angeschraubt trägt, und an ihrem oberen Ende den Analysator mit dem analysierenden Nicol *c* samt Okular trägt. Seitlich davon trägt es einen grofsen Kreisbogen mit Teilung und Nonius, welcher die Zuckerprozente direkt abzulesen gestattet. Der Gebrauch dieses Instrumentes ist noch einfacher als der des vorgenannten, weil hier Polarisationsapparat und Saccharimeter ein Stück bilden.

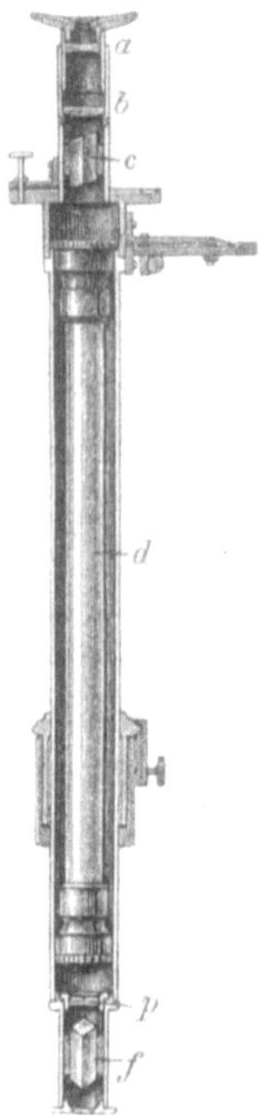

Fig. 131.
Saccharimeter zur Harnanalyse von Reichert in Wien.

Ist ein diabetischer Harn sehr hellgefärbt und klar, so kann er filtriert und sofort in die Glasröhre behufs Bestimmung gefüllt werden. Dunkel gefärbter, trüber, oder Eiweifs führender Harn muſs zuerst geklärt und von allen störenden Substanzen befreit werden. Auch hier führt eine zehnprozentige Lösung von Bleizucker zum Ziele, indem durch dieselbe ein weiſses flockiges Präcipitat aus Chlorblei, schwefelsaurem und phosphorsaurem Bleioxyd bestehend, ausgeschieden wird, welches alle Farbstoffe des Harnes, sowie auch den etwaigen Eiweiſsgehalt, mit sich reiſst. Wird diese Flüſsigkeit nunmehr filtriert, so erhält man eine beinahe wasserhelle Lösung, welche die Zuckermenge unverändert enthält.

Dieser Apparat eignet sich übrigens gleichfalls zur Bestimmung von Eiweiſs und Rohrzucker. Da das Eiweiſs die Polarisationsebene ebenso stark nach links dreht, als der Traubenzucker nach rechts, so kann der Apparat, an der Hand einer geeigneten Tabelle, auch ohne weiteres hierfür benutzt werden. Das Rotationsvermögen des Rohrzuckers beträgt nur $\frac{3}{4}$ von dem des Traubenzuckers; bei Bestimmung dieser Zuckerart muſs also eine Reduktion der für Traubenzucker richtigen Zahl auf $\frac{3}{4}$ ihres Wertes vorgenommen werden. Preis des kompletten Apparates *36 fl. ö. W.*

Das Mikrospektroskop.

Durch die Verbindung des Spektralapparates mit dem Mikroskope ist nicht nur das Studium der Spektralerscheinungen vereinfacht, sondern für diesen Zweck auch ein kostspieliges Instrument entbehrlich geworden. Man verwendet gegenwärtig diesen Apparat in der tierischen Histologie zur Untersuchung des Spektrums von Blut, dann aber auch zur Beobachtung des Sonnenspektrums, verschiedener Flammenspektra, der Frauenhofer'schen Gitterspektra, der Schwerd'schen Beugungsphänomene, zur Vergleichung der Absorption u. s. w. Bezüglich der theoretischen Erörterungen über diese Erscheinungen verweise ich auf die einschlägigen Lehrbücher der Physik und begnüge mich hier damit, die Einrichtung und Wirkungsweise eines derartigen Apparates näher zu beschreiben.

Fig. 132 zeigt ein solches Mikrospektroskop nach dem Plane Sorby-Browning's von Seibert angefertigt. Dasselbe besteht in seinem unteren Teile aus einer Messingröhre, welche an Stelle des Okulares dem Mikroskoptubus aufgesetzt wird. In dieser Röhre ist durch Zahn und Trieb eine zweite Röhre, welche das Okular und fünf Prismen (à vision directe) enthält, verschiebbar.

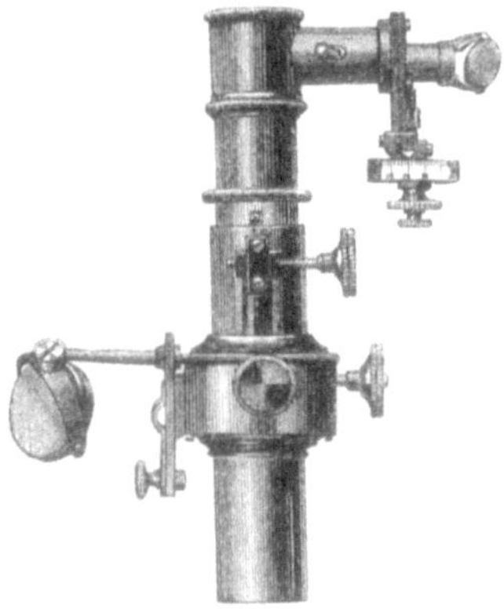

Fig. 132.
Seibert's Mikrospektroskop nach Sorby-Browning.

Die am oberen Ende des Apparates rechts rechtwinkelig zu einander angeordneten Nebenteile dienen zur Bestimmung der Lage der einzelnen Frauenhofer'schen Linien oder der Absorptionsstreifen im Spektrum. Links unten befindet sich seitwärts ein drehbarer Spiegel, der sein Licht nach dem gleichfalls seitlich in vertikaler Richtung angebrachten kleinen Objekttische wirft, auf welchem, durch Klammern festgehalten, das zu untersuchende Objekt liegt. Da die Stative der gröfseren Instrumente, an denen in der Regel die Spektralapparate nur Verwendung finden, Schiefstellung gestatten, so wird der Tubus während der Untersuchung aus Bequemlichkeitsrücksichten in eine geneigte Lage gebracht. Von dem Objekttische aus gelangt das Licht durch eine seitlich angebrachte Öffnung in das Innere des Apparates und wird hier durch Reflexion des untersten Prisma in der Richtung der Achse des Apparates weiter geleitet, nachdem es zuvor eine durch die dem Spiegel gegenüberliegende Schraube regulierbare Spalte passierte. Durch diese Einrichtung läfst sich das Spektrum des seitlich liegenden Objektes mit dem Spektrum des früher durch den Tubus des Mikroskopes eingetretenen Lichtes oder dem Spektrum des auf dem Objekttische des Mikroskopes liegenden Gegenstandes vergleichen.

Bei dem Gebrauch des Apparates verfährt man folgendermafsen. Zunächst wird das zu untersuchende Objekt unter dem Mikroskop beobachtet und genau eingestellt, dann wird das gewöhnliche Okular entfernt und statt desselben das Mikrospektroskop eingesetzt. Die Spalte des Apparates wird sodann mittels der Schraube so lange erweitert, bis das Objekt im Gesichtsfelde erscheint, und endlich wird das die Prismen und das Okular enthaltende innere Rohr durch den Trieb so lange bewegt, bis das Farbenbild genau gesehen wird; denn bekanntlich ist die Wirkung des Spektralapparates nur dann eine gute, wenn das Objekt nicht direkt im Fokus des Mikroskopes, sondern etwas ober- oder unterhalb desselben eingestellt wird, weil die scharfen Konturen der Blutkörperchen etc. dieselbe Wirkung auf das Spektrum ausüben, wie ein aus schlechten Schneiden gebildeter oder Staubteile enthaltender Spalt.

Soll noch die Lage der Absorptionsstreifen bestimmt werden, so dient hierzu der oben rechts angebrachte Mefsapparat. Durch Drehen der mit einer graduierten Trommel in Verbindung stehenden Mikrometerschraube kann nämlich ein auf eine dunkle Glasplatte photographiertes Zeichen (eine Linie, ein Kreuz, ein Quadrat etc.) auf das Spektrum projiziert werden, wobei die an der Trommel angebrachte Skala den Grad der Verschiebung anzeigt. Mit einem Spiegelchen kann man diesen kleinen Mefsapparat beleuchten. Die Entfernung der stärkeren Frauenhofer'schen Linien wird nun dadurch gemessen, dafs man nacheinander das photographierte Zeichen zu den einzelnen Linien schiebt und an der Trommel des Mikrometers die einzelnen Entfernungen abliest und aufzeichnet. Die so erhaltenen Zahlen bilden die einzelnen Teilstriche eines in 100 Teile geteilten beliebigen Mafses, da man sich die Gesamtlänge des Spektrums in 100 gleiche Teile geteilt denkt, wodurch also die Zahlen an und für sich, auch ohne Zugrundelegung irgend eines Mafsstabes, vergleichbare Werte darstellen. In gleicher Weise werden die zu bestimmenden Absorptionsstreifen gemessen. Preis des Apparates ohne Meſsapparat *90 ℳ.*, mit Meſsapparat *120 ℳ.*

Fig. 133 stellt in Ansicht und Querschnitt die Einrichtung eines ähnlichen Apparates dar, wie ihn Hartnack in neuester Zeit konstruiert. Preis desselben *96 ℳ.*

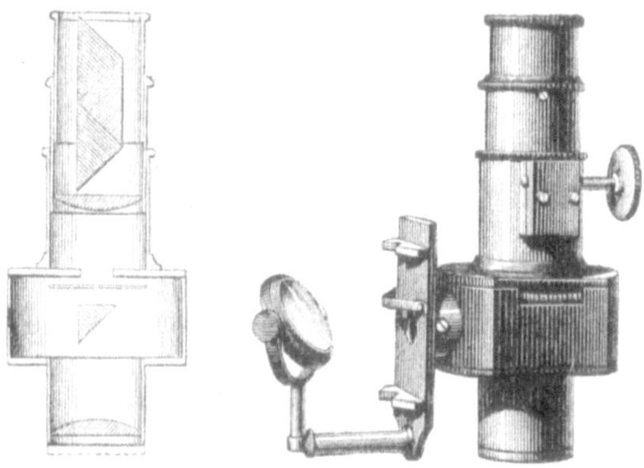

Fig. 133.
Hartnack's Spektral-Apparat.

Polarispektro-Mikroskop von A. Rollett.

Mit diesem Namen bezeichnet Rollett die Kombination eines zusammengesetzten Mikroskopes mit einem Spektral- und einem Polarisationsapparate. Die vorstehend beschriebenen Spektral-Apparate sind in beiden Konstruktionen lediglich Spektralokulare, deren Anwendung in der Mikroskopie eine ziemlich beschränkte ist, da sie doch nur zur Lösung einer bestimmten Aufgabe vorzüglich geeignet sind.

Es gibt aber eine groſse Anzahl von Aufgaben der mikrospektroskopischen Untersuchung, welche mittels des Spektrumokulares gar nicht in Angriff genommen werden können, wie z. B. alle jene, bei denen es sich nicht bloss darum handelt, die Absorptionsspektren von an mikroskopischen Objekten vorkommenden Farbestoffen, sondern darum, die mikroskopischen Objekte selbst im monochromatischen Lichte, sei es bestimmter oder aller Regionen des Spektrums zu untersuchen. Für solche Zwecke ist es aber, wie es vor Einführung des Spektralokulares auch geschah, unerläfslich, Teile eines Spektrums, oder ein kleines in das Gesichtsfeld des Mikroskopes passendes Spektrum,

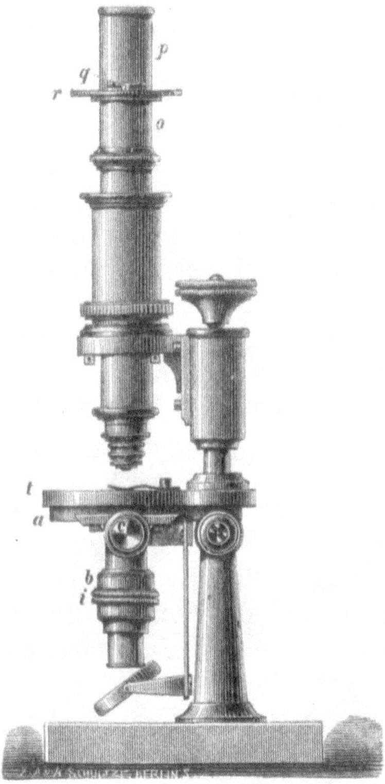

Fig. 134.

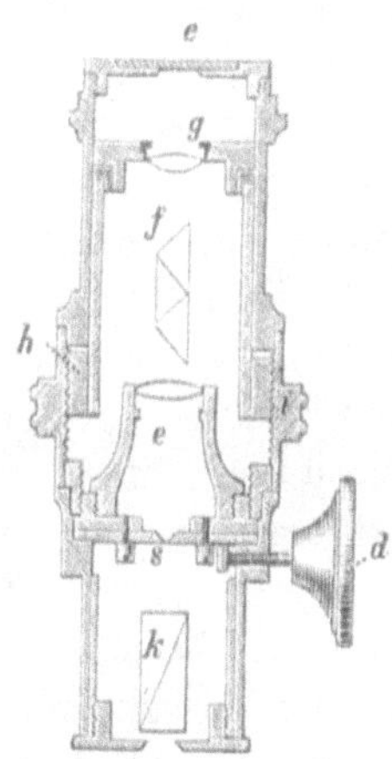

Fig. 135.

Rollett's Polarispektro-Mikroskop, ausgeführt von Schmidt & Haensch in Berlin.

in die Ebene des mikroskopischen Objektes zu projizieren, was nur mittels Spektralapparaten, die unter dem Objekttische angebracht sind, möglich wird.

Das in Fig. 134 und Fig. 135 abgebildete, in der Werkstätte von Schmidt & Haensch in Berlin konstruierte Polarispektro-Mikroskop beruht zunächst auf letzterem Prinzip.

Unter dem Objekttische *t*, welcher etwas höher als bei gewöhnlichen Mikroskopen plaziert ist, befindet sich eine mit ovalem Loche versehene Metallplatte *a*, an welche ein kleines Spektroskop *b* angesetzt ist. Dasselbe ist in einer an der erwähnten Metallplatte angebrachten Schlittenvorrichtung durch eine mit Trommelteilung versehene Mikrometerschraube *c* in horizontaler Richtung von rechts nach links verschiebbar.

Das Spektroskop, welches Fig. 135 im Durchschnitte darstellt, besteht aus dem Spalte *s*, der mittels der Schraube *d* zu stellen ist, einer Linse *e* (Kollimatorlinse), einem geradlinig angeordneten (à vision directe) Prismensystem *f* und einer darüber liegenden Sammellinse von kurzer Brennweite *g*, welche dazu bestimmt ist, ein kleines Spektrum in die Ebene des auf dem Objekttische liegenden mikroskopischen Objektes zu projizieren. Damit dieses für verschiedene Objekte auf verschieden dicken Objektträgern leicht geschehen kann, sind Prisma und Sammellinse in vertikaler Richtung verschiebbar. Die vertikale Verschiebung wird dadurch ermöglicht, dafs Spalt und Linse *e* einerseits, Prisma und Linse *g* anderseits in zwei in einander verschiebbaren Hülsen befestigt sind. Besorgt wird die Verschiebung durch eine in die innere Hülse eingeschnittene Mikrometerschraube *h*, in deren Gewinde ein in der äufseren Hülse festliegender, nur um die vertikale Achse des Instrumentes drehbarer Ring *i* (Fig. 134 und 135) eingreift, eine Einrichtung, welche mit der bei Immersionssystemen gebräuchlichen Korrektionsschraube übereinstimmt. Eine am Rande des beweglichen Ringes befindliche Teilung und eine an der äufseren Hülse angebrachte Marke erlauben eine vertikale Verschiebung um Bruchteile eines Millimetermafsstabes, der neben einem kleinen Schlitze in der äufseren Hülse angebracht ist, vorzunehmen. Der Stand des Mafsstabes kann mittels einer durch den Schlitz sichtbaren Marke abgelesen werden. Die Dispersion des Prismensystems à vision directe ist so gewählt, dafs bei mittlerer Vergröfserung das kleine in die Objektebene projizierte Spektrum im Gesichtsfelde des Mikroskopes vom roten bis zum violetten Ende ganz zu übersehen ist und die Frauenhofer'schen Hauptlinien deutlich wahrzunehmen sind. Unterhalb des Spaltes befindet sich ein polarisierendes Hartnack-Prazmowsky-sches Prisma *k*, und oberhalb der Sammellinse *g* ist ein Gypsplättchen *c* vom Rot I. Ordnung oder Rot II. Ordnung angebracht.

Im oberen Ende des Tubus befindet sich ein Okular *o* (Fig. 134), über welchem ein analysierendes Hartnack-Prazmowsky'sches Prisma angebracht ist. Dasselbe ist mittels seiner Hülse *p* über dem Okular drehbar und wird seine Orientierung durch einen an der Hülse befestigten Zeiger *q* angegeben, der sich über einer am Okulare befestigten Kreisteilung bewegt.

Für den Gebrauch soll der optische Apparat des Instrumentes derart orientiert sein, dafs die Schwingungsrichtung des stärker gebrochenen (aufserordentlichen) Strahles in der Gypsplatte mit der Richtung des Spaltes genau zusammenfällt, die Schwingungsrichtungen des Polarisators und Analysators zu einander rechtwinkelig und zu der vorgenannten Richtung unter einem Winkel von 45^0 geneigt stehen.

Bei dieser Anordnung der Apparate wird man, bei hinreichend starken parallelen Strahlen, die von dem Beleuchtungsspiegel aus in das Instrument gelangen (helles diffuses Tageslicht, direktes Sonnenlicht, Petroleum- oder Gaslicht), in dem im Gesichtsfelde des Mikroskopes erscheinenden Spektrum einen dunklen Interferenzstreifen in der Gegend, welche der Frauenhofer'schen Linie *E* entspricht und der je nach der Nuance des Gypsplättchens sich von *E* mehr oder weniger gegen *F* oder *D* hin entfernt, erblicken.

In das Gesichtsfeld wird nun das auf einem gewöhnlichen Objektträger präparierte Objekt derart gebracht, dafs es über den dunkeln Interferenzstreifen zu liegen kommt. Ist das Objekt einfach brechend, so bleibt es in allen Lagen dunkel auf dunklem Grunde. Ist es doppelt brechend, dann wirkt es als Verdickung der Gypsplatte, wenn die

Schwingungsrichtung des ordentlichen Strahles im Objekte mit der Schwingungsrichtung des schwächer gebrochenen Strahles in der Gypsplatte, und die Schwingungsrichtung des aufserordentlichen Strahles im Objekte mit der Schwingungsrichtung des stärker gebrochenen Strahles in der Gypsplatte übereinstimmt; als Verdünnung im entgegengesetzten Falle.

In beiden Fällen leuchten die doppeltbrechenden Objekte auf dunklem Grunde in der durch den Interferenzstreifen ausgelöschten Spektralfarbe.

Wenn man nun aber — und dazu dient die früher beschriebene Horizontalverschiebung des Spektroskopes — das Spektrum unter dem festliegenden Objekte verschiebt, so findet man bei einer Verdickung der Gypsplatte durch das Objekt gegen das rote Ende zu eine Spektralregion, in welcher das doppeltbrechende Objekt dunkel auf hellem Grunde erscheint, dagegen bei einer Verdünnung der Gypsplatte durch das Objekt eine solche Spektralregion gegen das violette Ende zu. Die dunkeln Interferenzstreifen wandern im Spektrum mit zunehmender Dicke der doppeltbrechenden Platte vom violetten gegen das rote Ende zu, bei abnehmender Dicke umgekehrt. Ohne Polarisationsapparat und Gypsplättchen kann das beschriebene Instrument mit dem Spektralapparate allein als Mikrospektroskop, und nach Entfernung des Spektralapparates auch als gewöhnliches Mikroskop verwendet werden, zumal das Stativ Schiefstellung und Drehung um die optische Achse gestattet.

In modifizierter Konstruktion fertigt Zeifs in Jena das vorbeschriebene Spektroskop nach den Angaben Dippel's zum Zwecke der Bestimmung des Charakters der Doppelbrechung in mikroskopischen Präparaten.

Der Zeiss'sche Spektro-Polarisator besteht aus einer Prismen-Kombination von zwei Flintglasprismen, welche eine Ablenkung von 90° ergeben und einerseits mit beweglichem Spalt und Kollimatorlinse, anderseits mit einem Mikroskopobjektiv, das ein reelles Spektrum von

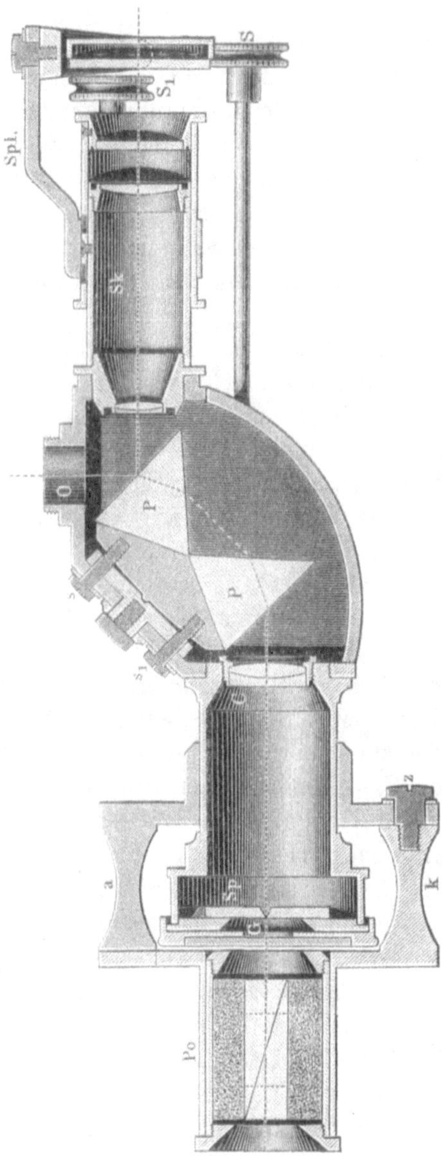

Fig. 136.

Spektro-Polarisator in modifizierter Konstruktion nach Dippel, angefertigt von Zeifs in Jena (natürl. Gröfse).

unten auf das zu untersuchende Präparat projiziert, verbunden sind.

Fig. 136 zeigt die Einrichtung dieses Apparates. An dem Prismengehäuse befindet sich ein Skalenrohr mit Beleuchtungsspiegel, Kollimatorlinse und eine nach der Wellenlänge geteilte und bezifferte Skala, deren reelles Bild mittels Reflexion an einer Prismenfläche gleichzeitig mit dem Spektrum in die Einstellungsebene projiziert wird. Die Backen des Spaltes werden durch eine Schraube mit doppeltem Gewinde symmetrisch bewegt, so daſs die Mitte des Spaltes stets denselben Ort einnimmt. Vor dem Spalte ist an einem drehbaren Arme ein Prazmowski'sches Prisma als Polarisator angebracht und zwischen diesem und dem Spalte ein drehbarer Ring eingelegt zur Aufnahme von Gypsplättchen, um Interferenzstreifen in dem Spektrum zu erzeugen. Zur Projektion des Spektrums in der jeweils gewünschten Gröſse dient ein schwaches oder mittelstarkes Objektivsystem, das sich an das Prismengehäuse anschrauben läſst.

Der ganze Apparat ist zur Aufnahme in einem Substage eines gröſseren Instrumentes eingerichtet, wobei die Einstellung in vertikaler Richtung durch Zahn und Trieb, die Verschiebung des Spektrums innerhalb der Einstellungsebene aber durch eine doppelte Kulissenführung mittels zweier Schraubenköpfe bewirkt wird, Preis *180 ℳ*

Die in den eben beschriebenen Spektro-Polarisator eingeschaltete Prismen-Kombination samt Linsen wird von der genannten Firma nach Hartnack'scher Anordnung auch allein als Beleuchtungsapparat für monochromatisches Licht geliefert und ist derselbe in Fig. 137 dargestellt.

Durch die mittels der Schraube s_2 regulierbare Spalte *Sp* gelangt das Licht in den Apparat und erzeugt, nachdem es die Kollimatorlinse *C*, die beiden Prismen P_1 und P_2 und die Sammellinse *O* passierte, das Spektrum *Spk*, das in beträchtlicher Länge auf das zu untersuchende Präparat projiziert erscheint, so daſs bei etwas stärkeren Vergröſserungen das ganze Gesichtsfeld mit annähernd einfarbigem Lichte beleuchtet ist. Durch Verschiebung des Spaltes mittels einer Schraube können die verschiedenen Farben nach und nach in das Gesichtsfeld geführt werden.

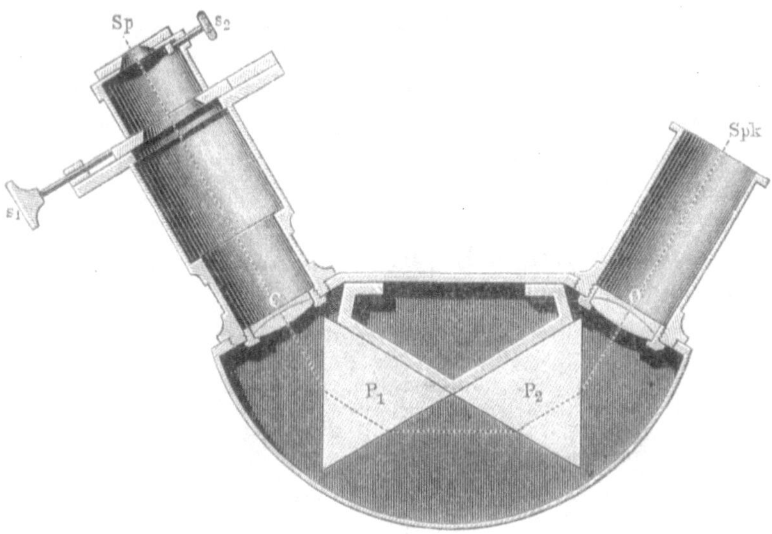

Fig. 137.
Beleuchtungsapparat für monochromatisches Licht nach Hartnack von C. Zeiſs (nat. Gr.)

Der Apparat wird in den Substage oder Schlittenapparat eines nicht zu kleinen Stativs eingesetzt und kostet in Etui *80 ℳ.*

Mikrophotographische Apparate.

Nachdem die Photographie in neuester Zeit so herrliche Resultate erzielte, war es wohl selbstverständlich, daſs ihre Anwendung auch auf dem Gebiete der Mikroskopie versucht wurde; ist doch der Gedanke, daſs durch Benutzung der Photographie von mikroskopischen Objekten Abbildungen erhalten werden, welche an Genauigkeit der Darstellung jede Zeichnung, selbst die mit den besten Zeichenapparaten hergestellte, in hohem Grade übertreffen müssen, an sich schon verlockend genug. Ist nun auch bis heute diese Hoffnung noch keineswegs erfüllt, weist namentlich eine grofse Reihe mikrophotographisch reproduzierter Objekte in den Bildern eine derartige Undeutlichkeit und Verschwommenheit auf, dafs gute Zeichnungen noch keineswegs entbehrt werden können, so ist doch die Möglichkeit keineswegs ausgeschlossen, dafs bei gröfserer Vervollkommnung der technischen Hilfsmittel die Mikrophotographie in der Mikroskopie noch eine bedeutende Rolle spielen wird, umsomehr, als gerade in neuester Zeit auf diesem Gebiete Fortschritte erzielt wurden, die unsere gerechte Bewunderung erregen, wie dies namentlich bezüglich der im anatomischen Institut des Professor His in Leipzig in jüngster Zeit angefertigten Mikrophotographien der Fall ist.

In seiner ursprünglichen, von Robin und Gerlach zur Anwendung gebrachten Gestalt bildet das Photomikroskop keinen für sich bestehenden eigenen Apparat (und auch heute trifft man noch vielfach derartige Einrichtungen), sondern es diente, wie aus Fig. 138 ersichtlich, ein gewöhnliches Arbeitsmikroskop als Vergröfserungsmittel. Das Licht wird hierbei durch einen vor dem Mikroskope angebrachten Spiegel *a* und eine hinter demselben aufgestellte Sammellinse *b* konzentriert und in diesem Zustande auf den eigentlichen Mikroskopspiegel geleitet. Der photographische Apparat, die Camera obscura, ruht, von drei Stützen getragen, derart über dem Mikroskop, dafs die untere Wandung derselben die Fassung des Okulares in sich aufnimmt. Bei dem neuesten mikrophotographischen Apparat von Seibert & Krafft (Fig. 139) ist dieselbe praktisch auf einem eigenen Stativ befestigt, an welchem sie mittels Trieb auf

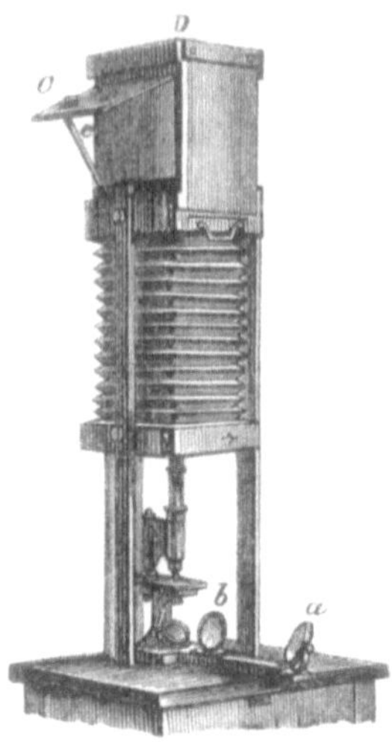

Fig. 138.
Mikrophotographischer Apparat nach Robin.

und ab geschoben werden kann. Ein Blatt Papier oder eine mattgeschliffene Glasplatte, welche, wie an jedem gewöhnlichem Photographie-Apparat, in den Hintergrund der Kammer eingesetzt wird, dient als Visierscheibe, auf welcher das Bild scharf eingestellt werden kann. Ist dies geschehen, so wird wie bei jeder andern Aufnahme photographiert. Das Okular kann dabei benutzt oder weggelassen werden. Im letzteren Falle genügt eine Verkürzung des Tubus, um die nötige Korrektur des optischen Apparates herbeizuführen. Ist die Aufnahme vollendet, so unterbricht man die Einwirkung des Lichtes durch Verstellen des Spiegels am Mikroskop.

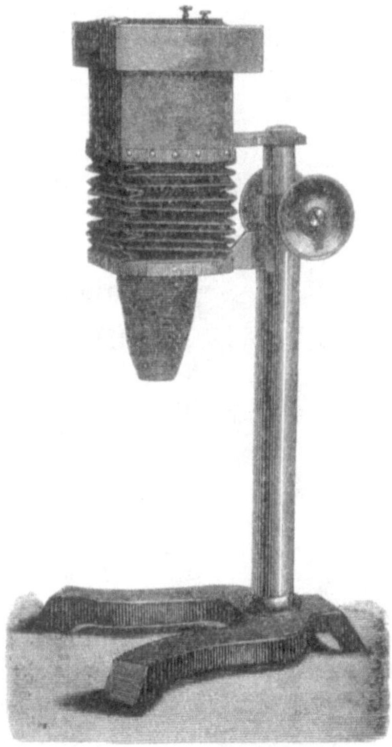

Fig. 139.
Mikrophotographischer Apparat (für jedes gewöhnliche Mikroskopstativ passend) von Seibert & Krafft.

Gröſsere, ausschlieſslich für mikrophotographische Aufnahme bestimmte Apparate konstruieren gegenwärtig in vorzüglicher Ausführung und nach nahezu übereinstimmenden Prinzipien Hartnack, Reichert, Zeiſs und Seibert, und soll der von letzterem Optiker hergestellte Apparat hier näher beschrieben werden.

Dieser Apparat (Fig. 140), der in horizontaler Anordnung konstruiert ist und die Herstellung von Bildern bis zu 150 mm Durchmesser gestattet, besteht aus einer zweiteiligen Camera obscura, in welche anstatt der gewöhnlichen Linse der Tubus eines Mikroskopes befestigt ist, der in der

Hülse eines horizontal liegenden Mikroskopes beweglich ist. Vor letzterem, auf einem Schlitten verstellbar, befinden sich ein Diaphragma, eine Sammellinse und ein Spiegel, welche zum Sammeln und Zentrieren des zur Beleuchtung des Objektives dienenden Lichtes nötig sind. Die scharfe Einstellung erfolgt durch eine Mikrometerschraube, deren gezähnter Rand in ein zweites Zahnrad eingreift, welch letzteres durch eine in Gelenken bewegliche Führungsstange vom Hinterteil der Kammer aus während der Bildfixierung bewegt werden kann. Der optische Apparat besteht aus vier mikrophotographischen Objektiven von $\frac{1}{8}$, $\frac{1}{4}$, $\frac{1}{2}$ und 1 Zoll Brennweite und kostet komplett *348 M.*

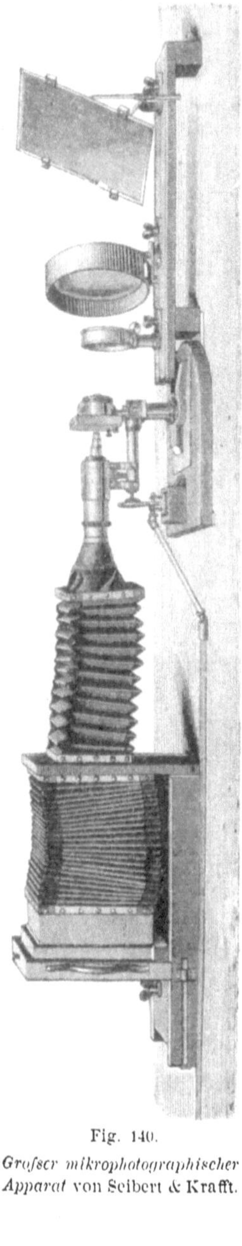

Fig. 140.
Grofser mikrophotographischer Apparat von Seibert & Krafft.

Die Präparation der zu photographischen Aufnahmen bestimmten mikroskopischen Objekte erfordert die gröfste Sorgfalt und die peinlichste Sauberkeit; denn die Schwierigkeit der Herstellung einer wirklich schönen Mikrophotographie liegt darin, dafs der Apparat zu naturgetreu arbeitet, dafs er alles aufs getreueste kopiert und die weniger guten Partien eines Objektes, die der Zeichner einfach übersieht, mit derselben Treue wiedergibt, wie die gelungenen. Eine weitere Kalamität besteht darin, dafs die lichtempfindliche Substanz, welche das Bild erzeugt, gegen lebhafte Farben sich nicht differenzierend genug verhält, wodurch gleichfalls unklare

Bilder entstehen. Aus den angeführten Gründen hat Merkel vollkommen Recht, wenn er sagt: Wenn ich die Wahl habe, durch den photographischen Apparat oder durch die Augen des Zeichners getäuscht zu werden, so werde ich als das kleinere Übel gewifs das letztere wählen.

Der Raum gestattet nicht, diesen interessanten Gegenstand hier weiter zu verfolgen. Wer sich jedoch eingehender mit der hier einschlägigen Materie beschäftigen will, dem sei Benecke's Werk »Die Photographie als Hilfsmittel mikroskopischer Forschung«, Braunschweig, bestens empfohlen.

Das stereoskopische Mikroskop (Binokular-Mikroskop).

Wenn man in den Tubus eines Mikroskopes in geeigneter Weise Prismen bringt, welche die von dem Objekte herrührenden und durch das Objektivsystem gegangenen Lichtstrahlenbündel in zwei Teile spalten, jedes dieser beiden Strahlenbündel sodann in einem eigenen Tubus mit besonderem Okular weiter leitet, und gleichzeitig diesen beiden Tuben eine Richtung gibt, welche der Konvergenz der Augenachse entspricht, so dafs mit beiden Augen in das Mikroskop gesehen werden kann, dann decken sich die in beiden Augen entstandenen Bilder und man sieht das Objekt durch ein solches Mikroskop verkörpert, plastisch, ähnlich den Bildern eines gewöhnlichen Stereoskopes.

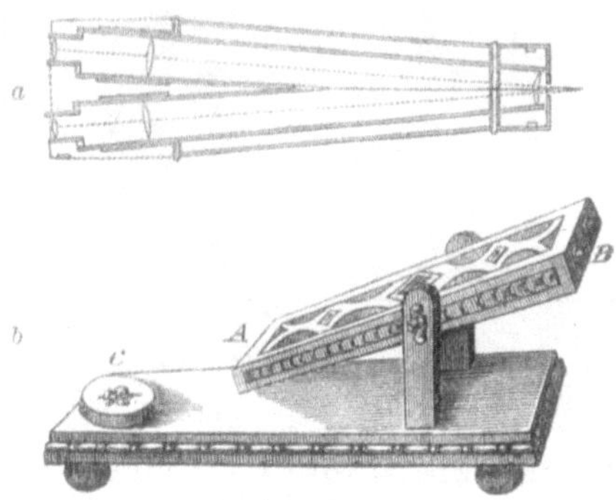

Fig. 141.
Cherubin's Binokularmikroskop.

Schon kurze Zeit nach Erfindung des zusammengesetzten Mikroskopes wurden Versuche gemacht, Instrumente herzustellen, bei denen man mit zwei Augen beobachtete. Der Kapuzinermönch Cherubin konstruierte im Jahre 1678 ein solches, das in Fig. 141 im Durchschnitt und in der Ansicht abgebildet ist, doch war dasselbe eigentlich nichts anderes als ein doppeltes Mikroskop, in welchem unten, an der Vereinigung der beiden Tuben, eine gemeinschaftliche Objektivlinse angebracht war. Dasselbe war natürlich unbrauchbar und kam, wie auch einige andere später konstruierte Instrumente von ähnlicher Einrichtung, bald in völlige Vergessenheit. Erst gegen die Mitte der fünfziger Jahre des laufenden Jahrhunderts fand

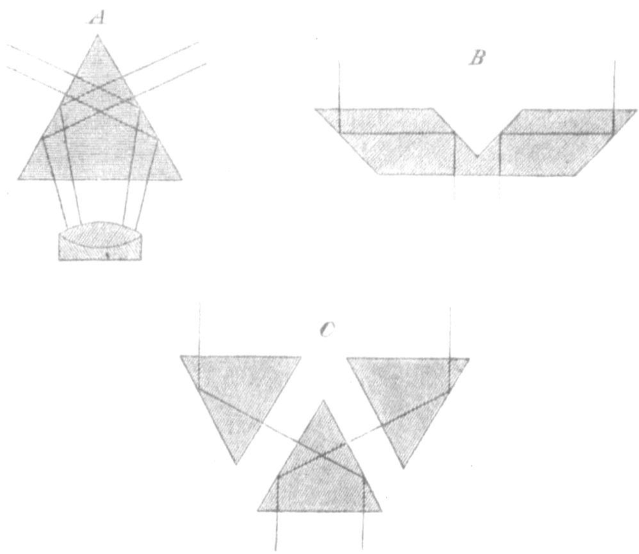

Fig. 142.
Teilung der Strahlenbüschel im binokularen Mikroskop.

die Idee wieder ihre Verfechter und es entstanden, auf dem Prinzipe der Teilung der Strahlenbündel beruhend, solche Mikroskope von Ridell, Nachet, Harting, Wenham, Stephenson, Tolles und anderen konstruiert. Gegenwärtig ist das Binokular-Mikroskop in England und Amerika ziemlich allgemein verbreitet, während dasselbe auf dem europäischen Kontinent bis vor wenigen Jahren noch so gut wie gänzlich unbekannt war.

In welcher Weise hierbei die Teilung der Lichtstrahlen bewirkt wird, veranschaulichen die Abbildungen in Fig. 142. Eine der abgebildeten, oder eine ähnliche Prismenkombination, wird in den Tubus des Mikroskopes eingesetzt. Dabei ist es dem Prinzipe nach gleichgültig, ob die Teilung der Lichtstrahlen unmittelbar nach ihrem Durchgange durch das Objektiv erfolgt, oder ob die Teilung erst auf dem Niveau des objektiven Bildes bewirkt wird. Im ersteren Falle erhält man ein Instrument mit wirklichem Binokular-Tubus, im letzteren Falle lediglich ein stereoskopisches Okular. Alle oben genannten Konstrukteure fertigen Instrumente mit binokularem Tubus; Mikroskope mit stereoskopischen Okularen, die erst in allerneuester Zeit zur Anwendung gelangten, sind meines Wissens gegenwärtig nur von Zeifs und Vérick zu erhalten.

Die äufsere Form eines solchen Binokular-Tubus veranschaulicht Fig. 143, welche die neueste Konstruktion dieses Tubus von Nachet vorführt. Mittels der Schraube *V* kann der rechtsseitige bewegliche Tubus dem feststehenden genähert oder von demselben entfernt werden, wodurch die beiden Okulare genau in den Augenabstand eines jeden Beobachters gebracht werden können.

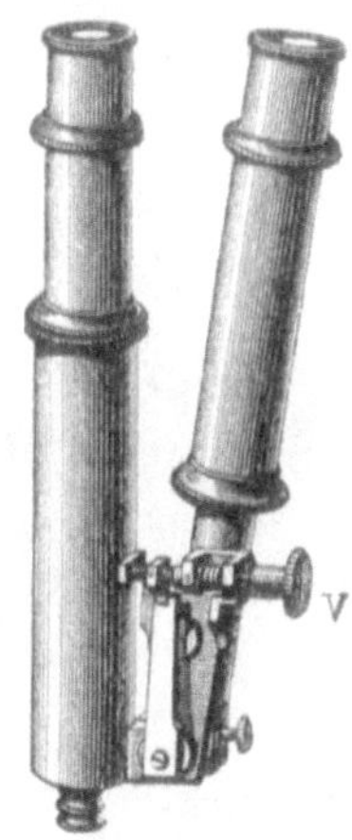

Fig. 143.
Nachet's neuer Binokular-Tubus.

Fig. 144 zeigt Nachet's neues grofses Binokular-Mikroskop. Dasselbe besitzt allseitig beweglichen Spiegel, drehbaren Objekttisch, Vorrichtung zum genauen Zentrieren der Diaphragmen, Vorrichtung zum schnellen Wechseln der Objektive, Kondensor, und kostet mit den Objektiven Nr. 2, 3 und 5 komplett *500 frs.*

Um das binokulare Mikroskop auch bei hohen Vergröfserungen ohne erschwerende Bedingungen gebrauchen zu können, konstruierte Abbe im Jahre 1880 ein stereoskopisches Okular für das Mikroskop, welches seit dieser Zeit von Zeifs ausgeführt wird und dessen Einrichtung näher erläutert werden soll.

Abbe war bestrebt, die Verdoppelung des mikroskopischen Bildes zum Zwecke binokularer Beobachtung ohne

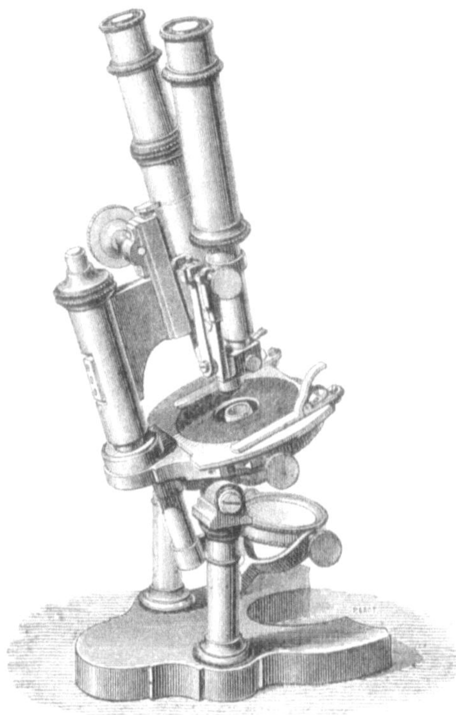

Fig. 144.
Neues grofses Binokular-Mikroskop von Nachet.

Halbierung der Strahlenbüschel herbeizuführen und erreichte diese Absicht durch eine gleichmäfsige Spaltung aller aus dem Objektive austretenden Strahlen mittels partieller Reflexion, wobei die Spaltung in einem beliebigen Niveau erfolgen kann. Die zur Erzielung des stereoskopischen Effektes erforderliche Teilung wird dabei erst nach der Spaltung, und zwar an der Stelle bewirkt, wo die aus der obersten Okularlinse ausgetretenen Strahlen sich zur Bildung des reellen Bildes vereinigen. Dieses Prinzip läſst sich eben so gut für die Konstruktion eines binokularen Tubus, wie auch eines stereoskopischen Okulares verwerten. Abbe hat dasselbe, wie schon angedeutet, für den letzteren Zweck in Ausführung gebracht.

Den Körper dieses stereoskopischen Okulares bildet ein allseitig geschlossenes Messinggehäuse (Fig. 145), welches

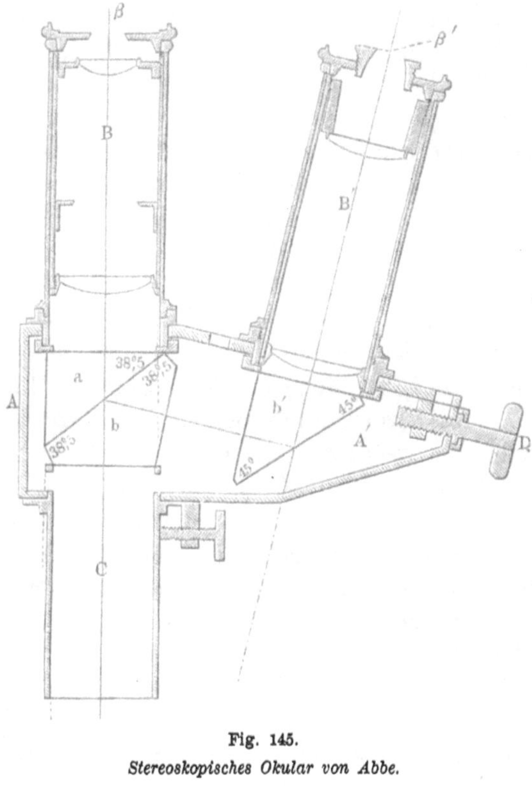

Fig. 145.
Stereoskopisches Okular von Abbe.

im Innern eine Kombination von drei Kronglasprismen *a*, *b* und *b'* enthält. Die Deckplatte des Gehäuses trägt die beiden Okulare, das eine, zentrale *B*, in fester Stellung, das andere, seitliche *B'*, auf einem verschiebbaren Schlitten zur Anpassung des Okularabstandes an die Augendistanz, welche mittels einer Schraube *D* reguliert werden kann. Die Bodenplatte trägt eine nach abwärts gerichtete Messinghülse *C*, mit welcher sich das Ganze in den Tubus eines beliebigen Mikroskopes wie ein gewöhnliches Okular einstecken läfst. Zwei der Prismen sind unmittelbar unter dem feststehenden Okulare derart, zu einem festen Stück vereinigt, angebracht, dafs sie zusammen eine dicke plane Platte darstellen, deren obere und untere Fläche zu einander parallel sind und senkrecht zur Richtung der durch den Tubus dringenden Lichtstrahlen stehen. Beide Prismen sind an ihren aneinanderstofsenden Flächen unter einem Winkel von 38,5° gegen die Achse geneigt und durch eine Luftschichte von minimaler Dicke (weniger als 0,01 mm) von einander getrennt. Die vom Objektive kommenden Strahlenkegel zerlegen sich an derselben in einen durchgehenden und einen zurückgeworfenen Teil. Die durchgehenden Strahlen durchsetzen das Doppelprisma ohne alle Ablenkung und erzeugen das Bild des Objektes im feststehenden Okulare; die zurückgeworfenen Strahlen treten durch eine Seitenfläche des Doppelprisma unter einem Winkel von 13° gegen die Horizontale geneigt aus, und werden durch totale Reflexion an der Hypotenusenfläche des rechtwinkelig gleichschenkeligen dritten Prisma in das bewegliche Okular geleitet, dessen Achse gleichfalls um 13° von der Achse des Mikroskopes abweicht, in welchem sie ebenfalls das Bild des Objektes erzeugen. Die beiden Okulare können ausgezogen werden und gestatten dadurch, die häufig vorhandene Verschiedenheit der Sehweite beider Augen auszugleichen.

Die Okulare sind von verschiedener Konstruktion, um den schädlichen Einflufs der ungleichen Weglänge der geradlinigen und der doppelt gebrochenen Strahlen zu beseitigen, so dafs trotz dieser Ungleichheit scharfe Bilder von gleicher Vergröfserung bei derselben Einstellung des Mikroskopes erhalten werden.

Die Teilung der Strahlenkegel zum Zwecke des stereoskopischen Sehens wird bewirkt durch halbseitige Abblendung der über den Okularen, in den sogenannten Augenpunkten β und β', auftretenden reellen Bilder. Diese Absicht wird durch besondere Okulardeckel mit halbkreisförmigen Ausschnitten, sogenannte Halbdiaphragmen, erreicht, deren geradlinige Kante genau in der optischen Achse der Okulare liegt. Die Erfahrung hat gezeigt, dafs es zur Erzielung eines vollkommenen stereoskopischen Effektes schon genügt, wenn nur die Abblendung des einen, lichtschwächeren Okulars erfolgt, was insofern als Gewinn betrachtet werden mufs, als dadurch eine gröfsere Helligkeit des Gesichtsfeldes erzielt wird, als wenn beide Okulare zur Hälfte abgeblendet wären.

Ohne die Diaphragmen benutzt, gestattet der Apparat binokulares Sehen ohne spezifisch stereoskopische Wirkung. Dieses stereoskopische Okular kann mit schwachen und starken Objektiven an jedem gröfseren Stativ, welches mit Zahn und Trieb zur groben Einstellung versehen ist und eine Verkürzung des Tubus wenigstens bis zu 160 mm gestattet, verwendet werden, und beträgt der Preis desselben in Etui bei C. Zeifs in Jena *150 ℳ.*

Früher legte man, namentlich in Frankreich, grofsen Wert auf die Konstruktion multokularer Mikroskope, wodurch zwei oder auch drei Personen gleichzeitig dasselbe Objekt beobachten konnten. Fig. 146 stellt ein solches, für die gleichzeitige Beobachtung durch drei Personen eingerichtetes Instrument dar, wie es Nachet noch vor etwa 10 Jahren konstruierte. Man hat indefs bald gefunden, dafs sie dem beabsichtigten Zwecke nur sehr unvollkommen entsprechen, da einerseits durch

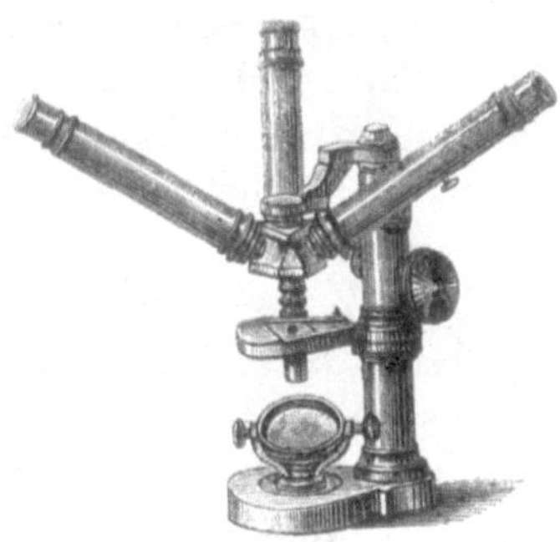

Fig. 146.
Triokulares Mikroskop von Nachet nach Dippel.

die Vervielfältigung der brechenden Mittel sehr viel Licht verloren geht und anderseits die Bilder an Schärfe und Klarheit leiden. Gegenwärtig sind dieselben nicht mehr in Gebrauch, da der gegenwärtige Stand der Mikroskopie an solche Instrumente Anforderungen stellt, die sehr weit aufserhalb der Grenzen ihrer Leistungsfähigkeit liegen.

Das umgekehrte Mikroskop.

Wenn ich auch mit dem Urteile vieler deutscher Mikroskopiker, welche die Apparate, die an einem gewöhnlichen Instrumente angebracht werden müssen, um dasselbe in ein umgekehrtes Mikroskop zu verwandeln, als eine mechanische Spielerei bezeichnen, mich gerne einverstanden erkläre, so darf sich doch dieses absprechende Urteil nicht auf ein Mikroskop erstrecken, das ausschliefslich für diesen Zweck eingerichtet ist, das seinem ganzen Bau und seiner ganzen Anlage nach überhaupt ein umgekehrtes Mikroskop ist. Kann ein solches Instrument mit Vorteil auch nur in beschränkten Fällen zur Anwendung gelangen, so leistet es in diesen wenigen Fällen um so vorzüglichere Dienste, die namentlich der Chemiker und der Tier-Anatome ganz gewifs zu schätzen wissen werden. In Deutschland haben zwar derartige Instrumente eine verhältnismäfsig geringe Verbreitung gefunden, doch scheinen dieselben in Frankreich sehr beliebt zu sein, wenigstens läfst der Umstand, dafs Nachet erst in allerjüngster Zeit zwei neue derartige wesentlich verbesserte Modelle konstruierte, darauf schliefsen.

Fig. 147 stellt dessen neues grofses umgekehrtes Mikroskop dar. Die Beleuchtung erfolgt hier durch einen über dem Instrumente in einer halbkreisförmigen Gabel hängenden und nach allen Richtungen hin beweglichen Silberspiegel. Unter demselben ist der in beweglicher Führung laufende und mit Schrauben zur genauen Zentrierung versehene Diaphragmenträger *C* angeordnet. Der feste Objekttisch trägt eine drehbare Platte. Die grobe Einstellung erfolgt durch Zahn und Trieb *B*, die feine durch Mikrometerschraube. Die Entfernung zwischen Objektiv und Okular beträgt 90 bis 100 cm und verursacht keinerlei Nachteile. Die dadurch hervorgerufene aufserordentliche Vergröfserung

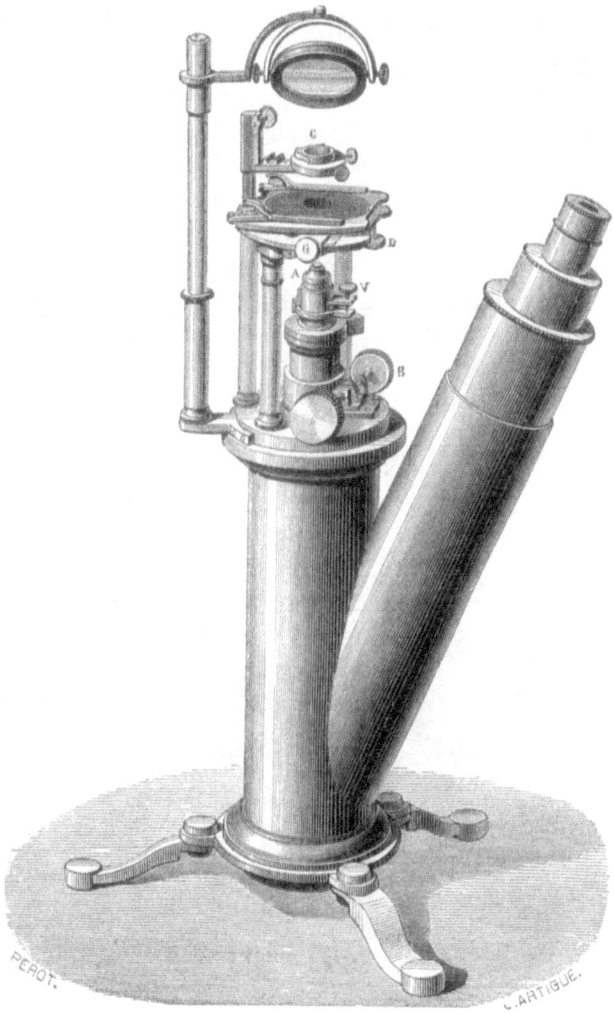

Fig. 147.
Grofses umgekehrtes Mikroskop von Nachet.

gibt gleichwohl ausgezeichnet scharfe und gleichmäfsige Bilder, da alle Teile des Instrumentes auf das feinste und sorgfältigste ausgeführt sind, namentlich auf die Zentrierung der Linsensysteme und die Anlage und Ausführung des Beleuchtungsapparates ein besonderes Augenmerk gerichtet wurde. Selbst die stärksten Linsensysteme können dabei noch mit Vorteil zur Anwendung kommen. Der Lichtverlust ist in Folge der Anwendung eines Silberspiegels ganz unbedeutend. Zu diesem Instrumente gehört ein achromatischer Kondensor, ein besonderer Spiegel samt Beleuchtungslinse für schief einfallendes Licht und zwei Okulare, und beträgt der Preis hierfür ohne Objektive *800 frs.*

Das neueste Modell des nämlichen Optikers ist in Fig. 148 abgebildet. Dasselbe dient, wie das vorgenannte,

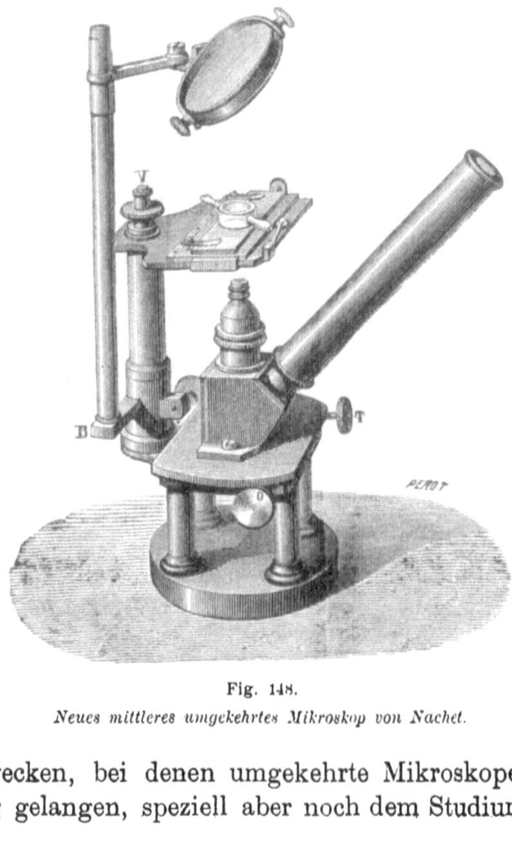

Fig. 148.
Neues mittleres umgekehrtes Mikroskop von Nachet.

allen Zwecken, bei denen umgekehrte Mikroskope zur Anwendung gelangen, speziell aber noch dem Studium elementarer Gewebeteile unter dem Einflusse verschiedener Gase. Die grobe Einstellung geschieht bei diesem Instrumente durch senkrechte Verschiebung des Objektives in einer Hülse, die feine dagegen durch die Mikrometerschraube *V*, durch welche der Objekttisch gehoben und gesenkt wird. Zum Zwecke der Untersuchung verschiedener Objekte unter Einwirkung diverser Gase, z. B. bei der Kultur von Hefenpilzen u. s. w., befindet sich auf dem Objekttische eine zentrisch durchbohrte Kupferplatte, welche in der Mitte eine Glaszelle trägt (Fig. 149), deren Boden durch ein mit Kanadabalsam fest aufgekittetes Deckgläschen luftdicht abgeschlossen ist. In diese Glaszelle kommen die zu untersuchenden Körper, wenn nötig in Flüssigkeiten. An dieselbe sind an zwei einander gegenüberliegenden Stellen zwei kurze Glasröhrchen angeschmolzen, durch welche eine Regulierung der ein- und austretenden Gase bewirkt wird. Beim Gebrauch wird die Zelle mit einem plangeschliffenen Glasplättchen bedeckt, das durch etwas auf den Rand gebrachtes Glycerin das Innere der Glaszelle gegen aufsen luftdicht abschliefst.

Fig. 149.
Objektträger mit Glaszelle (zur Untersuchung von Objekten unter dem Einflusse von Gasen).

Der Oberkörper des Mikroskopes, und damit auch das demselben aufgeschraubte Objektiv, kann durch die beiden rechtwinkelig zu einander stehenden Schrauben *O* und *T*, durch welche die den Körper tragende Tischplatte in horizontaler Lage nach jeder Richtung verschiebbar ist, derart unter der Öffnung des Objekttisches bewegt werden, dafs dadurch jede gewünschte Stelle des unbeweglich liegen bleibenden Objektes durchforscht werden kann. Preis des Instrumentes mit zwei Okularen und den Objektiven No. 3, 6 und 7, samt vier Glaszellen *500 frs.*

Demonstrationsmikroskope.

Diese Instrumente dienen dazu, gewisse mikroskopische Präparate einem gröfseren Auditorium, von Hand zu Hand gehend, zur Anschauung zu bringen.

Fig. 150 zeigt eine Abbildung des neuen Seibert'schen Demonstrations-Mikroskopes. Das Präparat wird am untern Teil des Instrumentes zwischen die beiden federnden Klammern eingeschoben, eingestellt und festgehalten. Das Objektiv sitzt am unteren Ende des ausziehbaren Tubus, an welchem zugleich die Einstellung erfolgt. Eine Beleuchtungsvorrichtung ist nicht vorhanden, vielmehr wird das Instrument ähnlich wie ein Perspektiv in der Hand, gegen die Lichtquelle gewendet, gehalten. Starke Vergröfserungen sind dadurch selbstverständlich ausgeschlossen. Zu diesem Instrument gehört ein Okular und drei achromatische Objektivlinsen, mittels welcher Vergröfserungen von 40, 80 und 120 erreicht werden, und kostet dasselbe in dieser Ausstattung *36 M.*

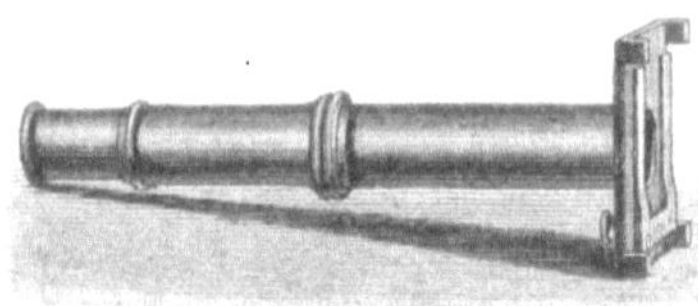

Fig. 150.
Demonstrationsmikroskop von Seibert & Krafft.

Ein vollkommeneres Demonstrationsmikroskop konstruiert gegenwärtig Nachet. Dasselbe ist in der Lage, in welcher es als Handmikroskop gebraucht wird, in Fig. 151 abgebildet. Das Präparat wird bei demselben seitlich in den Rahmen des kleinen Objekttisches eingeschoben und darin festgehalten. Ist einmal auf ein Präparat eingestellt, so ist eine weitere Regulierung der Einstellung beim Wechseln von Präparaten in den meisten Fällen überflüfsig. Die feine Einstellung erfolgt durch eine am Objekttische angebrachte Mikrometerschraube. Das Instrument besitzt einen Spiegel und einen Kondensator; infolgedessen können an das Tubusende die gewöhnlichen Objektivsysteme angeschraubt werden und gestattet hierdurch dasselbe die Anwendung jeder wünschenswerten Vergröfserung.

Dem Instrument ist ferner ein Fufsgestell beigegeben, auf welches dasselbe aufgesetzt und dadurch wie jedes ge-

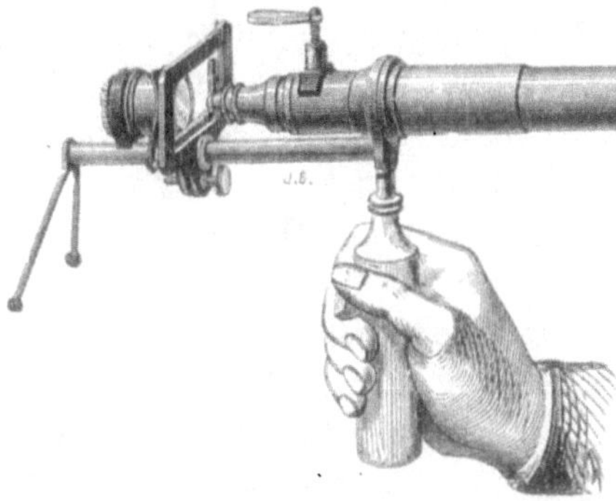

Fig. 151.
Nachet's Demonstrationsmikroskop in der Stellung für den Handgebrauch.

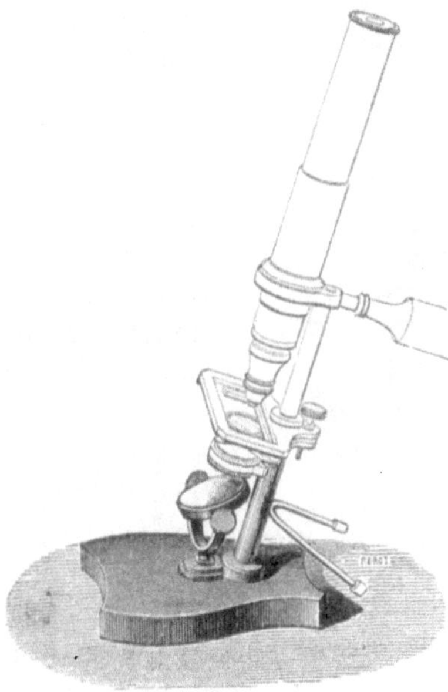

Fig. 152.
Nachet's Demonstrationsmikroskop als gewöhnliches feststehendes Instrument verwendet.

wöhnliche Mikroskop benutzt werden kann. In dieser Stellung zeigt Fig. 152 das Instrument. Auch ohne Fufsgestell läfst sich dieses Demonstrationsmikroskop mit eingeklemmtem Präparat in geneigter Lage auf einen Tisch stellen, um etwa eine bestimmte Stelle des Präparates aufzusuchen. In dieser Lage ruht es auf drei Punkten, gebildet durch das Ende der Handhabe und die zwei Arme der am Ende der Stativstange angebrachten Gabel. Preis des Instrumentes samt aller Zubehör, jedoch ohne Objektive, *80 frs.*

Ein eigenartig konstruiertes Demonstrationsmikroskop fertigt gegenwärtig Klönne & Müller in Berlin an. Dasselbe gestattet die gleichzeitige Plazierung von 8 verschiedenen Präparaten auf einem und demselben Objekttische. Fig. 153 enthält eine Abbildung dieses Instrumentes. Dasselbe besitzt schweren, hufeisenförmigen Messingfufs, grofsen scheibenförmigen Objekttisch für 8 Präparate, der um die Stativsäule drehbar ist, und allseitig verstellbaren Hohl- und Planspiegel. Der Tubus ist mit Auszug versehen. Die feine Einstellung erfolgt durch eine über der Stativsäule angebrachte Mikrometerschraube; aufserdem befindet sich unterhalb des gemeinsamen Objekttisches an jeder Stelle eines Präparates noch eine besondere Mikrometerschraube, um die verschiedene Dicke der Objektträger auszugleichen. Unter jedem Einzeltischchen ist ferner eine besondere Blendscheibe angebracht, um das für das Präparat passendste Licht einstellen zu können. Für jedes Präparat sind zwei Klammern vorhanden. Durch einfaches Drehen des Gesamttisches erscheinen nach einander die Präparate im Gesichtsfelde. Preis

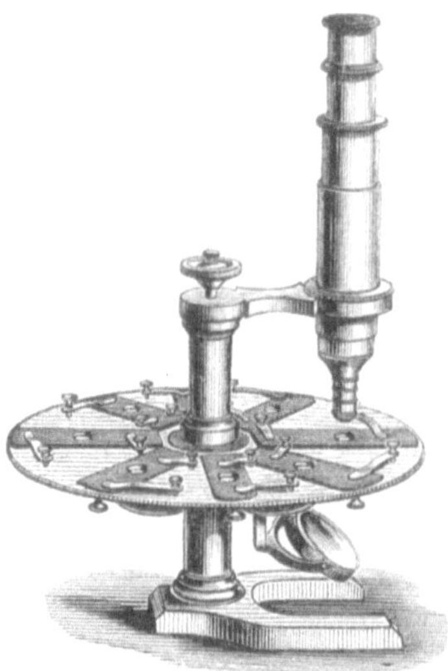

Fig. 153.
Klönne & Müller's grofses Demonstrations-Mikroskop.

des Instrumentes mit zwei Okularen, den Objektiven 1, 2 und 3, Vergröfserung bis 600fach, und verschliefsbarem Mahagonischrank, *200 M.*

Eine noch weiter gehende Ausbildung hat das Prinzip der gleichzeitigen Bereitstellung mehrerer Präparate in dem von Prof. Lenhossék in Paris erfundenen Polymikroskop gefunden. Mittels Drehung zweier Kurbeln können bei diesem Instrumente 60 vorher eingelegte Präparate nach einander in das Gesichtsfeld gebracht werden, wobei jedes Mal durch das Einschnappen einer Feder das Objekt genau zentriert wird.

Das Instrument ist zu grober und feiner Einstellung mit den nötigen Bewegungen versehen, und kann nach Bedarf schief gestellt und umgelegt werden. Dem Einzelnen wird ein derartiger Apparat, wenn es sich nicht um ein Schaustück für einen Salon handelt, kaum Vorteile bieten, doch mag seine Benutzung bei mikroskopischen Vorlesungen zeitersparend sein.

Reisemikroskope.

Für alle jene Forscher, die ihre Studien und Untersuchungen nicht ausschliefslich im Studierzimmer besorgen können, die vielmehr ihr Untersuchungsmaterial sich mühevoll auf Reisen zu sammeln haben und daher an Ort und Stelle Aufschlufs über den Wert und die Bedeutung des Gefundenen sich erholen müssen, ja selbst sofort Spezialuntersuchungen vorzunehmen genötigt sind, bietet der Transport der gewöhnlichen Arbeitsinstrumente eine Quelle nie versiegender Schwierigkeiten und Hindernisse. Es verdient daher das Bestreben der Mikroskopverfertiger, für den gedachten Zweck Instrumente von möglichst geringem Volumen und Gewicht herzustellen, die aber gleichwohl dieselben Vorteile wie die gewöhnlichen Arbeitsinstrumente bieten, gewifs alle Anerkennung.

Die Firmen Zeifs und Nachet haben unbestritten diese Aufgabe am vollkommensten gelöst und soll die Konstruktion dieser beiden Instrumente eingehend besprochen werden.

Das Zeifs'sche (in Fig. 154 abgebildete), äufserst kompendiös und mit aufsergewöhnlicher Sorgfalt gearbeitete Instrument besteht aus dem Stativ VI und ist mit den Systemen A, C, E, J oder A, C, D, F ausgestattet.

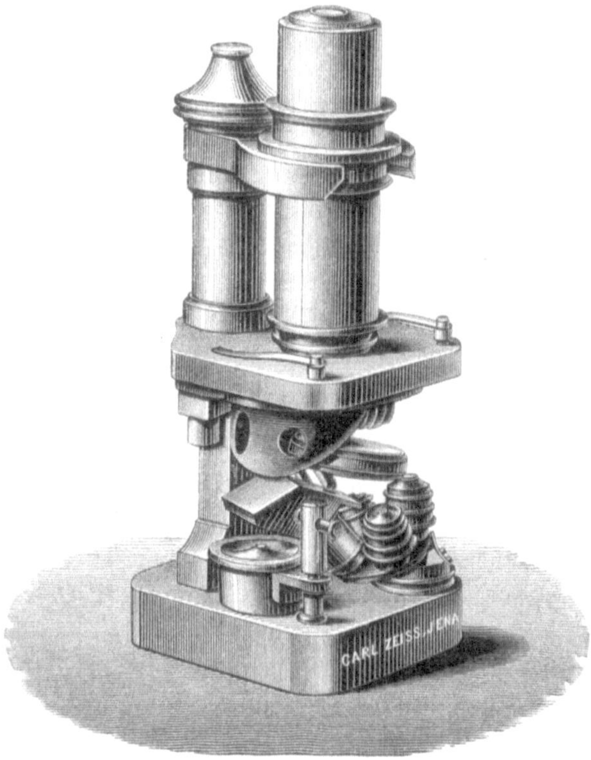

Fig. 154.
Reisemikroskop von C. Zeifs.

In verpacktem Zustande ist dasselbe in einem verschliefsbaren Mahagonikasten von 10 zu 11 cm Grundfläche und 21 cm Höhe untergebracht. Das Stativ besitzt einen schweren, plattenartigen, viereckigen Fufs, einen allseitig verstellbaren Plan- und Hohlspiegel, welcher auch die für difficile Untersuchungen so angenehme Bewegung nach vorn gestattet, einen grofsen, mattgeschliffenen Objekttisch und eine äufserst exakt gearbeitete Mikrometerschraube. Der Objekttisch ist, wie bei allen mittleren und kleinen Zeifs'schen Instrumenten, an seiner unteren Fläche ausgekugelt und trägt hohlkugelartige Blendscheiben. Der Tubus ist mit Auszug versehen und kann gegen eine beigegebene Brücke'sche Präparierlupe mit grofsem Fokalabstand und 15 bis 30facher Vergröfserung vertaucht werden, so dafs das Instrument in jedem Augenblick als vorzügliches Präpariermikroskop verwendet werden kann. Zu diesem Zwecke ist die Führungshülse des Tubus zum Abnehmen eingerichtet.

Das Stativ besitzt aufserdem noch die Bewegung um die optische Achse, ein Vorzug, welcher namentlich für die Ausführung schwierigerer Untersuchungen nicht unterschätzt werden darf. Die Objektivsysteme sind mit Revolverfassung versehen und zum Zwecke der Aufbewahrung auf den Fufs des Instrumentes aufgeschraubt.

Was dem Instrumente zu ganz besonderer Empfehlung dient, das ist die niedrige, das bequemste Arbeiten im Sitzen gestattende Form desselben, verbunden mit einer selbst für die difficilsten wissenschaftlich histologischen Untersuchungen ausreichenden mechanischen Einrichtung.

Der auf der Zeichnung abgebildete viereckige Fufs ist neuerdings durch einen Hufeisenfufs ersetzt worden.

Beigegeben sind demselben aufserdem noch ein Zeichenprisma nach Nobert, sowie eine Anzahl Präparierinstrumente und beträgt der Preis desselben mit allem Zubehör und den Objektivsystemen A, C, E und J, letzteres mit Immersion, *450 M.*, für das gleiche Instrument mit den Systemen A, C, D und F *366 M.*

Das Nachet'sche Reisemikroskop, das in den folgenden Figuren abgebildet ist, zeigt aufgestellt (Fig. 155) die gewöhnliche Form eines Mikroskopes. Dasselbe besitzt einen grofsen doppelhufeisenförmigen Fufs und Einrichtung für Schiefstellung. Unterhalb des hinlänglich grofsen, 92 cm im Quadrat haltenden Objekttisches ist ein seitlich sowie senkrecht verstellbarer Hohl- und Planspiegel angebracht. Die grobe Einstellung erfolgt durch freie Tubusschiebung, die feine durch Mikrometerschraube. Seine Konstruktion

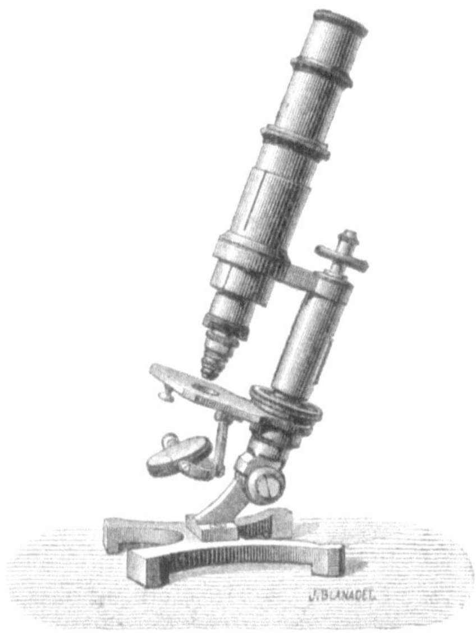

Fig. 155.

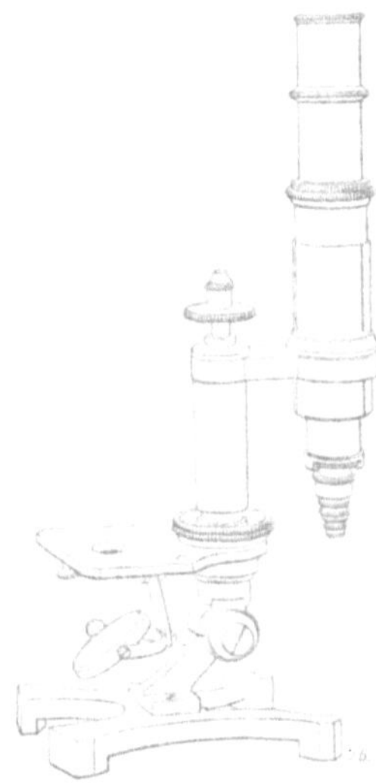

Fig. 156.

Nachet's Reisemikroskop als Arbeitsinstrument.

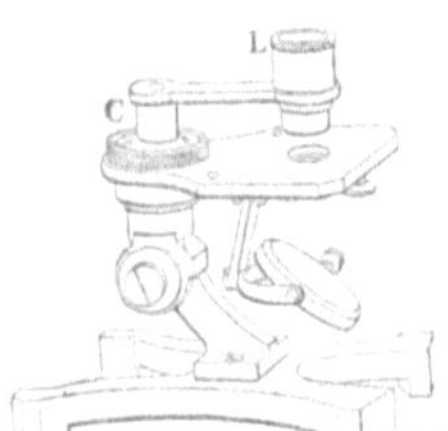

Fig. 157.

Nachet's Reisemikroskop als Präpariermikroskop.

Fig. 158.

Der Fuſs von Nachet's Reisemikroskop zum Einpacken umgeschlagen.

gestattet, den Tubus zurückzuschlagen (Fig. 156), aus seiner Hülse zu entfernen und die Tubussäule von dem Fuſse des Instrumentes abzuschrauben. An Stelle derselben kann

(Fig. 157) der Lupenträger *C* mit einem Doublet *L* angeschraubt werden, wodurch das Instrument als einfaches Präpariermikroskop benutzt werden kann. Zum Zwecke des raschen Wechselns der Vergröſserungen werden die Objektive dem Tubus nicht angeschraubt, sondern in der früher besprochenen Weise, wie Fig. 41 darstellt, durch Einschieben befestigt.

Um das Instrument in möglichst kompendiöser Form verpacken zu können, läſst sich der Objekttisch samt dem Beleuchtungsapparat an dem Charnier für Schiefstellung, wie Fig. 158 zeigt, nach rückwärts vollständig umlegen, so daſs sich die ganze Höhe des Fuſses auf 4,5 cm reduziert. Im zerlegten Zustande kann man das Instrument samt allen Nebenapparaten und einem Behälter für Objektträger und Deckgläschen in einem 19 cm langen, 11 cm breiten und 6 cm hohen Kasten bequem unterbringen (Fig. 159). Der

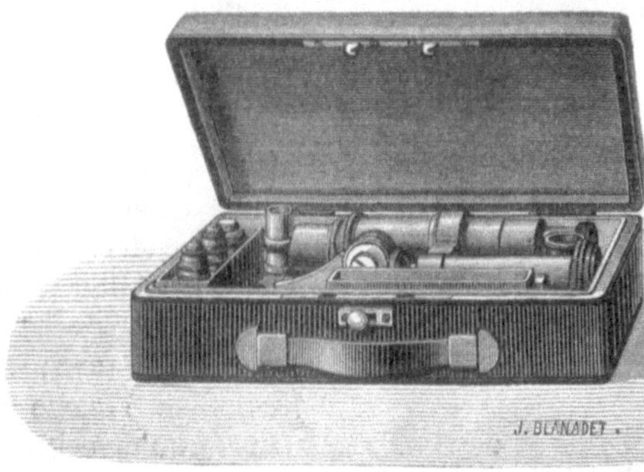

Fig. 159.
Nachet's Reisemikroskop in verpacktem Zustande.

Preis des Instrumentes mit aller Zubehör, einem Okular, zwei Doubletten und den Objektiven No. 3 und 6, beträgt *200 frs.*

Trichinenmikroskope.

Die Erfahrung zeigte, daſs ungeübte Fleischbeschauer bei Untersuchung des Fleisches auf Trichinen mittels eines gewöhnlichen Mikroskopes nicht alle Partien des Präparates, bei freihändiger Verschiebung desselben, in das Gesichtsfeld zu bringen vermögen, wodurch die Gewähr einer mikroskopischen Fleischuntersuchung in bedenklicher Weise erschüttert wird.

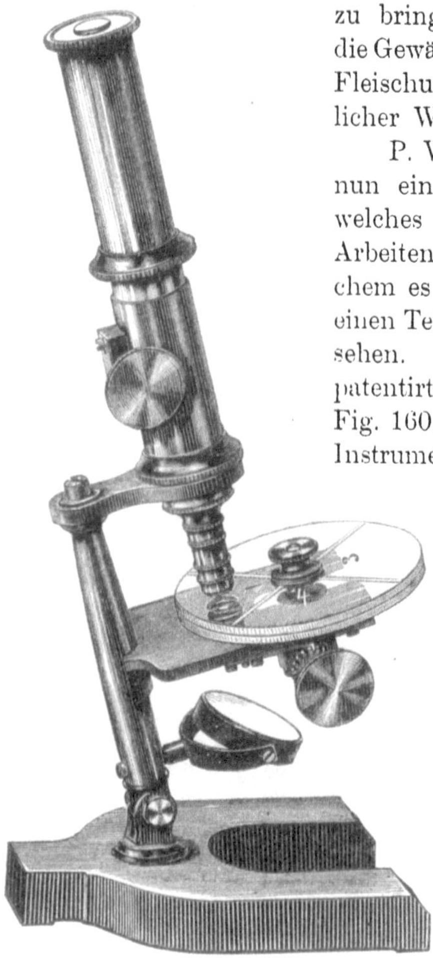

Fig. 160.
Wächter's patentiertes Trichinenmikroskop.

P. Wächter in Berlin hat nun ein Mikroskop konstruiert, welches ein absolut verläſsiges Arbeiten gestattet und bei welchem es zur Unmöglichkeit wird, einen Teil des Präparates zu übersehen. Die Einrichtung dieses patentirten Mikroskopes zeigt Fig. 160. Die Objektträger des Instrumentes bestehen aus zwei runden 8 bis 9 cm im Durchmesser haltenden und 5 bis 7 mm starken geschliffenen Glasplatten, welche durch einen im Zentrum derselben befindlichen Metallknopf fest aufeinandergeschraubt werden können, und zwischen welche die zu untersuchenden Fleischteile eingelegt und gequetscht werden. Von den Glasplatten ist die eine, welche als eigentlicher Objektträger dient, in vier mit deutlich sichtbaren Nummern versehene Felder eingeteilt, wodurch vier verschiedene Fleischpartien gleichzeitig zur Untersuchung gelangen können und eine Verwechslung derselben ausgeschlossen ist.

Beim Gebrauche wird die Schraube, welche die Glasplatten zusammenhält, abgeschraubt, die Platten abgehoben, sorgfältig gereinigt, und die zu untersuchenden Fleischteile auf der unteren Platte ausgebreitet. Die Deckplatte wird sodann aufgelegt und festgeschraubt.

Bei Beginn der Untersuchung stellt man die in den Objekttisch eingesetzten Glasplatten vermittels der an demselben angebrachten Triebschraube so, daſs die Peripherie der Objektträger der Säule des Mikroskopstatives so nahe wie möglich kommt, und dreht sodann während des Durchmusterns des Präparates die Objektträger mit der Hand langsam um ihre Achse. Nach jeder vollen Umdrehung, welche durch das Einspringen einer Feder angezeigt wird, rückt man durch die seitlich angebrachte und bequem zu handhabende Triebschraube die Objektträger, der Vergröſserung und Gröſse des Gesichtsfeldes entsprechend, weiter nach vorne und zwar bei der schwächsten Vergröſserung um drei Zähne, bei der mittleren um zwei Zähne und bei der stärksten um einen Zahn des an der Triebschraube befindlichen Rädchens, und so fort, bis die ganze Fläche durchsucht ist. Der Preis des Instrumentes mit drei achromatischen Doppellinsen, welche entweder eine 30, 100 und 150malige, oder eine 50, 100 und 200malige Vergröſserung bewirken, beträgt *60 M.*

Einen, gleichen Zwecken dienenden, sehr bequem zu handhabenden Apparat liefert in neuerer Zeit das optische Institut von J. Klönne & G. Müller in Berlin unter dem Namen Pendel-Objekttisch.

Diese Vorrichtung, welche auf dem Objekttische eines beliebigen Mikroskopes aufgeschraubt werden kann und in Fig. 161 abgebildet ist, besteht aus einer Bodenplatte von Messing mit groſsem zentrischen Ausschnitte, über welcher in paralleler Führung laufend, eine zweite durchbrochene Metallplatte durch eine seitlich angebrachte Mikrometerschraube in der Richtung der Längsachse des Instrumentes bewegt werden kann. Auf diese zweite Platte kommt das zu durchsuchende Präparat und wird dort durch zwei kräftige Klammern, die zugleich als Kompressorium dienen können, festgehalten. Der Mikrometerschraube gegenüber ist ein Charnier angebracht, welches eine pendelnde Bewegung des ganzen Apparates über dem eigentlichen Objekttische des Instrumentes gestattet.

Beim Gebrauche wird der Schlittenapparat mit dem Präparate derart eingestellt, dafs das ganze Präparat in der Richtung gegen das Charnier zu so weit aus der Mitte gerückt ist, dafs nur dessen äufserste Randpartien im Gesichtsfelde erscheinen.

Fig. 161.

Pendel-Objekttisch zur Untersuchung von Fleisch etc. von J. Klönne & G. Müller.

Nunmehr pendelt man, während man das Präparat durchmustert, mit der Hand die Schraube führend, hin und her. Bei jeder Umkehr in der Pendelrichtung dreht man die Schraube jedesmal so weit, als es die benutzte Vergröfserung erfordert, um einen neuen Teil des Präparates in das Gesichtsfeld zu bekommen. Die Behandlung des Apparates ist so einfach und sein Funktionieren so verlässig, dafs es fast zur Unmöglichkeit wird, irgend eine Stelle eines Präparates zu übersehen. Ich kann daher diese Vorrichtung allen, denen die Untersuchung von Fleisch oder anderen Nahrungsmitteln obliegt, und die nicht Mikroskopiker von Fach sind, bestens empfehlen, zumal sein Preis, nämlich für engl. Objektträger *15 M.*, für gröfsere Objektträger *20 M.* inkl. Kästchen, ein sehr mäfsiger ist.

Fig. 162 zeigt die Stellung des Pendeltisches auf dem Objekttisch eines gewöhnlichen Mikroskopes. Das letztere ist besonders für Fleischbeschauer sowie zum Familiengebrauch geeignet. Es besitzt eisernen Hufeisenfufs, Mikrometerschraube, Auszugtubus, Objekttisch mit Hartgummiplatte, Scheibenblenden, Plan- und Hohlspiegel mit seitlicher Bewegung und ist zum Schiefstellen eingerichtet. Die optische Ausstattung besteht aus zwei Okularen und den

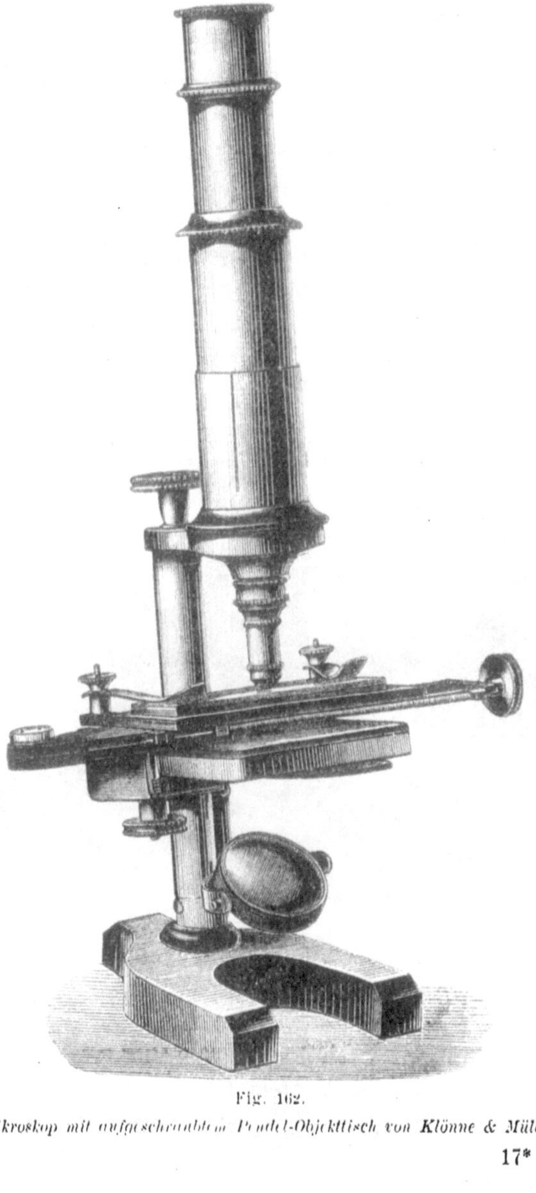

Fig. 162.

Mikroskop mit aufgeschraubtem Pendel-Objekttisch von Klönne & Müller.

Objektivsystemen 1 und 2, welche Vergröſserungen von 40 bis 350 gestatten. Ferner ist demselben beigegeben ein abnehmbarer Pendel-Objekttisch, 1 Pincette, 2 Nadeln, Objektträger, Deckgläser und Trichinenpräparate sowie Dunker's Anleitung zur mikroskopischen Fleischschau und zur Untersuchung der gewöhnlichen Genuſsmittel. Preis desselben inkl. verschlieſsbarem Kasten *75 ℳ.*

Schlieſslich sei hier noch des Objekttisches mit doppelter automatischer Bewegung erwähnt, wie ihn Franz Schmidt & Haensch für den gleichen Zweck konstruiert. Derselbe besteht, wie aus Fig. 163 ersichtlich, aus einem Metallrahmen, auf welchem eine zentrisch durchbohrte Metallplatte E ruht. Über derselben erheben sich die beiden Kom-

Fig. 163.
Automatisch beweglicher Objekttisch mit Kompressorien von Fr. Schmidt & Haensch.

pressorien C, durch welche das zwischen zwei gewöhnlichen Objektträgern flach ausgebreitete Objekt durch die beiden Schrauben nach Erfordernis gequetscht werden kann. Der

Hebel *A* gestattet eine Verschiebung des Objektes in der Richtung von rechts nach links, oder umgekehrt in einer Längenausdehnung von etwa 3 cm. Die Bewegung nach vor- oder rückwärts erfolgt durch die Drehung der Schraubenköpfe *D*, welche an den Enden einer gezahnten Welle aufsitzen, welch letztere wieder in eine sich unter dem Objekttische hinziehende Zahnstange eingreift.

Beim Gebrauch wird das zu untersuchende Fleisch u. s. w. zwischen zwei Objektträgern ausgebreitet und mittels der Kompressorien gequetscht. Durch entsprechende Drehung der Wellenköpfe *D* wird sodann der bewegliche Tisch samt dem Objekte der Mikroskopsäule so weit genähert, dafs die äufsersten Randpartien des Objektes noch im Gesichtsfelde erscheinen, worauf während der Durchmusterung des Präparates durch den Hebel *A* das Objekt der Breite nach durch das Gesichtsfeld geführt wird. Durch entsprechende Vorwärtsbewegung der Wellenköpfe wird sodann eine neue Partie des Objektes in das Gesichtsfeld gebracht und durch Verrücken des Hebels der ganzen Breite nach durchforscht, und so fort, bis das ganze Präparat gründlich durchgemustert ist. Bei einiger Übung wird auch mittels dieses Apparates die Arbeit in verhältnismäfsig kurzer Zeit und mit vollkommener Sicherheit beendigt sein.

Das Ohrmikroskop.

Zu den mancherlei Verwendungsarten des Mikroskopes in Wissenschaft und Praxis hat sich in neuester Zeit noch eine solche gesellt, an deren Möglichkeit früher stark gezweifelt wurde. Es ist dies das Ohrmikroskop von Dr. Weber-Liel, welches die Beobachtung des Gehörganges auch bei verhältnismäfsig bedeutenden Vergröfserungen gestattet, wodurch es möglich geworden ist, auch feinere Struktur-Abnormitäten als solche zu erkennen und in vielen Fällen die Krankheitsursache zu erkennen und zu beseitigen.

Das Instrument besteht aus drei Teilen, dem eigentlichen Mikroskop, dem Spiegel mit der Beleuchtungslinse und der pneumatischen Kammer nebst Schlauch.

Der Mikroskopkörper, der die Form eines Hand-Demonstrationsmikroskopes hat, trägt an seinem unteren Teile einen konischen Ansatz, der den äufseren Gehörgang ganz ausfüllt. Oberhalb dieses Ansatzes befindet sich eine Kammer, in welche seitwärts ein Gummischlauch mündet, der in ein Mundstück endigt. Diese Kammer wird in ihrem oberen Teile von einem luftdicht eingesetzten Spiegel geschlossen, so dafs, wenn das Instrument in das Ohr des Patienten eingeführt ist, Luft nur durch den Schlauch Zutritt zu ihm hat. Über der pneumatischen Kammer läfst sich der Tubus des Instrumentes, zum Zwecke der genauen Einstellung, in einer Hülse bequem verschieben. Der die pneumatische Kammer nach oben abschliefsende Spiegel liegt unter einem Winkel von 45° zur Tubusachse geneigt und ist mit seiner spiegelnden Fläche einer Beleuchtungslinse zugekehrt, welche die Kammer nach aufsen luftdicht abschliefst. Die Spiegelfläche ist in der Mitte von der spiegelnden Schichte befreit, so dafs daselbst ein ungehemmter Durchblick in der Achse des Mikroskopes möglich wird. Die Vergröfserung des Instrumentes ist eine etwa 20 fache, stark genug, um die Gehörknöchelchen etc. genügend zu vergröfsern.

Bei der Anwendung des Ohrmikroskopes mufs der Patient eine Stellung einnehmen, die ihm ein sicheres Festhalten der seinem Kopfe durch den Arzt gegebenen Lage ermöglicht. Entweder erreicht man dies durch einen Kopfhalter, oder indem ein Assistent den Kranken unterstützt. Als Lichtquelle dient entweder direktes Sonnenlicht oder eine energische künstliche Flamme. Der Konus des Instrumentes wird nun in das zu untersuchende Ohr eingeführt und gedreht, bis das Innere des Ohres von dem durch die Linse einfallenden und vom Spiegel reflektierten Lichte genügend erleuchtet erscheint. Wenn man nun während der Untersuchung die Luft im äufseren Gehörgang durch das Mundstück des Schlauches nur mäfsig verdichtet oder verdünnt, so bemerkt man, wie das Trommelfell und der

Hammergriff in seinen verschiedenen Teilen in Bewegung gesetzt werden und gewinnt dadurch schon ein bestimmtes Urteil über Spannungsanomalien bei pathologischen Gewebsveränderungen. Die gröſste Bedeutung gewinnt das Instrument aber durch die Thatsache, deren Erörterung nicht Gegenstand der Beschreibung des Instrumentes sein kann, daſs man sich mittels desselben über die Schwingungsfähigkeit des akustischen Apparates beim lebenden Menschen belehren kann. Ausgeführt wird dieses Instrument gegenwärtig in der Werkstätte von R. Wasserlein in Berlin und kostet in Etui mit Gebrauchsanweisung *45 M.*

Mikroskopstativ mit Kugelgelenken von A. Martens.

Es läſst sich nicht in Abrede stellen, daſs in bestimmten Fällen, und wenn es sich überhaupt nicht um bedeutende Vergröſserungen handelt, die verhältnismäſsig geringe Beweglichkeit unserer Mikroskopstative als Übelstand empfunden werden kann. So ist es wohl begreiflich, daſs bei mikroskopischen Untersuchungen über die Gefügeverhältnisse der Metalle, namentlich von Eisen und Stahl, sich das Bedürfnis nach einem Instrumente fühlbar macht, welches die Vornahme der Untersuchung auch an gröſseren Stücken gestattet. Auch für den Chemiker würde das Mikroskop von gröſserer Verwendbarkeit werden, wenn es ihm möglich wäre, mit seinen Gefäſsen und Apparaten direkt in das Gesichtsfeld des Mikroskopes gelangen zu können. Bei anatomischen Untersuchungen des Tier- wie Pflanzenreiches würde es oft von groſsem Werte sein, wenn das Mikroskop so eingerichtet wäre, daſs es ohne weiteres an die zu untersuchende Stelle herangeführt und in jeder gewünschten Lage festgeklemmt werden könnte.

Solche Erwägungen veranlaſsten den Ingenieur A. Martens in Berlin über eine zweckmäſsige Konstruktion eines beweglichen Mikroskopstatives nachzudenken und schlieſslich ein solches Stativ in der optisch-mechanischen Werkstätte von Schmidt & Haensch in Berlin zur Ausführung bringen zu lassen. Die Einrichtung desselben ist in Fig. 164 veranschaulicht.

Das Instrument hat einen schweren gufseisernen Fufs, welcher auf einer ringförmigen Sitzfläche den massiven halbkugelförmigen Objekttisch trägt. Dieser ist mit einer kreisförmigen Tischplatte versehen, welche in den Tischkörper mehr oder minder tief eingeschraubt werden kann. An der Tischplatte können kleinere Objekte mittels der gebräuchlichen Klammerfedern festgeklemmt werden.

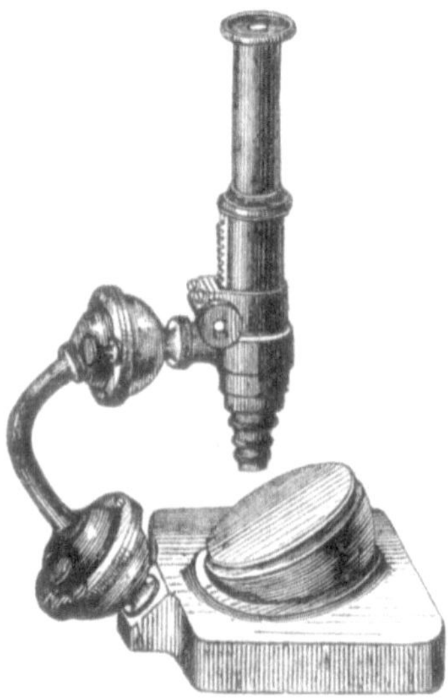

Fig. 164.
Martens' Mikroskopstativ mit Kugelgelenken,
ausgeführt von Schmidt & Haensch in Berlin.

Die bewegliche Tischplatte ist nicht dringendes Erfordernis, da man die Halbkugel selbst auf ihrem Sitze beliebig drehen und neigen kann; sie ist aber für die Arbeit recht bequem, namentlich, wenn man ein Objekt nach einander von allen Seiten beleuchten will. In diesem Falle mufs die zu untersuchende Stelle nahezu in die Rotationsachse des Tisches gebracht werden. Ferner leistet die drehbare Tischplatte beim Photographieren wesentliche Dienste, wenn man den Tisch so weit in den Untersatz hineinschraubt, dafs der Objektpunkt mit dem Kugelmittelpunkt des Tisches zusammenfällt. Alsdann kann man mit leichter Mühe die beste Beleuchtung durch Lagenänderung des Tisches einstellen. Der halbkugelförmige Tisch mufs aus diesem Grunde sanft, aber so schwer beweglich sein, dafs er in jeder Einstellung, auch ohne Festschraubung, stehen bleibt. Dies wird am besten dadurch erreicht, dafs man die auf ihren Sitz aufgeschlossene und darum leicht bewegliche Kugelfläche mit einer aus Talg und Wachs bereiteten Schmiere bestreicht, welche genügend zähe ist, um den Tisch in seiner Lage festzuhalten.

Das eigentliche Stativ des Instrumentes ist gleichfalls sehr vielseitig beweglich. Erreicht wurde dies durch Anbringung zweier Kugelgelenke, deren Kugeln hohl sind und einen verhältnismäfsig grofsen Durchmesser erhalten haben. Die untere Kugel ist in ein schalenförmiges Lager am Stativfufse eingebettet, uud kann in demselben mittels eines Klemmringes festgeklemmt werden. Die zweite Kugel steht mit der ersten durch ein knieförmiges Rohr in fester Verbindung und ist in einer zweiten Schale, an welche der Tubus des Instrumentes befestigt ist, beweglich, in welcher sie gleichfalls durch einen Klemmring festgehalten wird. Damit jederzeit ein sicheres Klemmen und somit eine feste Einstellung des Tubus erzielt werden kann, sind die ringförmigen Klemmflächen in den beiden Ringen möglichst nahe gegen die Mittelebene der Gelenkkugeln gerückt, während die Klemmflächen in den Lagerschalen mehr von dieser Ebene entfernt sind. Durch diese unsymmetrische Anordnung der Klemmflächen wird ein leichtes Loslassen der Klemmung erzielt. Das Klemmen wird durch die zwei Schrauben in den Klemmringen bewerkstelligt, denen eine Feder entgegenwirkt. Es erfolgt das Klemmen hierbei mit einer solchen Sicherheit, dafs man nach dem Anziehen der Schrauben das ziemlich schwere Instrument an dem Tubushalter aufheben kann, ohne die Einstellung zu verändern.

Da es sich bei den mit diesem Instrumente auszuführenden Untersuchungen fast immer nur um geringe Vergröfserungen handelt, so wurde für die Tubusverschiebung lediglich eine sehr ausgiebige Einstellung mittels Zahn und Trieb vorgesehen und auch von der Anbringung einer eigenen Beleuchtungslinse Abstand genommen, weil es bei diesen schwachen Vergröfserungen genügt, das Objekt in der gehörigen Weise dem Tageslichte zuzuwenden, was ja bei der beschriebenen Einrichtung des Objekttisches immer leicht ausgeführt werden kann.

Bezüglich der optischen Einrichtung ist zu bemerken, dafs zunächst drei Vergröfserungen mittels einfacher achromatischer Doppellinsen in Aussicht genommen sind, was für die meisten Untersuchungen in der Praxis vollkommen ausreichend sein wird. Dabei ist es jederzeit möglich, bei etwa notwendig erscheinenden stärkeren Vergröfserungen auch gewöhnliche Objektivsysteme in Anwendung zu bringen.

Das Instrument ist vornehmlich dazu bestimmt, in die für feine Arbeiten weniger geschickten Hände des Praktikers, sowie in Räumlichkeiten überzugehen, die einem scharfen Staube ausgesetzt sind. Aus diesem Grunde ist zum Schutze der Objektivgläser vor dieselbe ein planparalleles Glas eingeschaltet, welches nach einer etwaigen Beschädigung leicht ausgewechselt werden kann. Mit Rücksicht auf die bereits betonte geringe Vergröfserung hat eine derartige Einschaltung keinerlei Mängel des mikroskopischen Bildes im Gefolge.

Schraubenmikrometer.

Die in Abschnitt XIII beschriebenen Glasmikrometer reichen im allgemeinen für den weitaus gröfsten Teil der mikroskopischen Messungen vollkommen aus. Wer sich indes häufiger mit den allerfeinsten mikroskopischen Gröfsenbestimmungen zu befassen hat, oder wer die Anfertigung von Tabellen für die Vergröfserungsfaktoren der verschiedenen Linsenkombinationen zu zeitraubend oder unbequem finden sollte, der wird nach Mefsapparaten zu greifen haben, die ihm ein direktes Messen bis zu jedem erforderlichen Grad der Genauigkeit gestatten. Es sind dies die Schraubenmikrometer, deren Preis mit Rücksicht auf die Subtilität ihrer Ausführung selbstverständlich ein ziemlich hoher ist.

Wie die Glasmikrometer, so können auch die Schraubenmikrometer Objektiv- und Okular-Schraubenmikrometer sein. Die nachstehend beschriebenen und abgebildeten Mefsapparate veranschaulichen die Konstruktion, nach welcher dieselben in der optischen Werkstätte von Zeifs in Jena gegenwärtig ausgeführt werden.

Objektiv-Schraubenmikrometer. Das Prinzip dieses Meſsapparates besteht darin, daſs irgend ein auf dem Objekttische liegender Gegenstand mittels einer sehr feinen Mikrometerschraube über den Objekttisch hinweggeführt wird, während der Beobachter durch einen über das Diaphragma des Okulares gespannten feinen Faden die Ränder des Bildes auf einer mit der Mikrometerschraube in Verbindung stehenden geteilten Trommel markiert.

Das Zeiſs'sche Objektiv-Schraubenmikrometer (Fig. 165) besteht aus einem Metallschlitten, der durch eine Meſs-

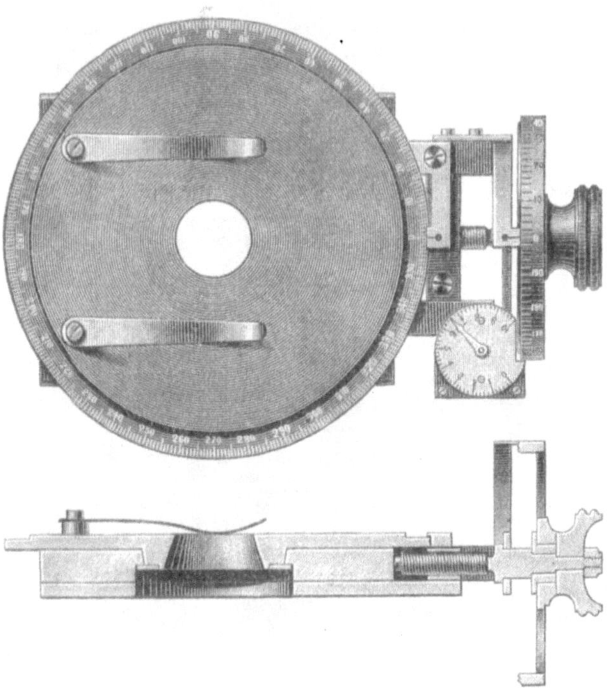

Fig. 165.
Objektiv-Schraubenmikrometer von Zeiſs in Ansicht und Durchschnitt (3/4 nat. Gr.).

schraube fortgeführt wird und eine zentrisch durchbohrte drehbare Scheibe mit Kreisteilung trägt, welch letztere zur Orientirung des Objektes dient. Die Verschiebung der Drehscheibe mit dem durch Klammern darauf befestigten Objekte erfolgt durch eine aufs genaueste und sorgfältigste geschnittene Mikrometerschraube, welche durch eine Trommel gedreht wird. Die Teilung der Trommel gibt direkt 0,002 mm an; die vollen Umdrehungen der Schraube, welche je 1 mm betragen, werden durch ein seitlich der Trommel angebrachtes Zifferblatt gezählt. Der Bewegungsspielraum der Schraube beträgt 10 mm. Der ganze Meſsapparat ist zum Befestigen auf dem Objekttische eines gröſseren Statives eingerichtet und kostet *120 ℳ.*

Okular-Schraubenmikrometer. Dasselbe beruht darauf, daſs von zwei im Gesichtsfelde des Okulares sichtbaren Fäden der eine mittels einer Mikrometerschraube von

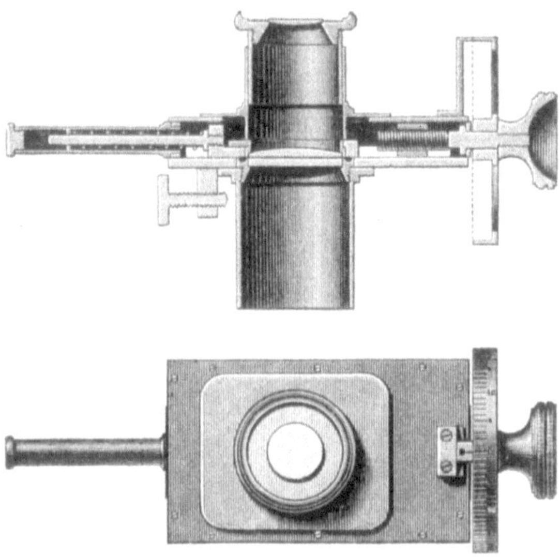

Fig. 166.
Okular-Schraubenmikrometer von Zeiſs in Ansicht und Durchschnitt (¹/₄ nat. Gr.).

dem zweiten, feststehenden, entfernt und schlieſslich der Abstand beider gemessen werden kann. Dasselbe besteht (Fig. 166) aus einem Rhamsden'schen Okular, welches samt dem beweglichen Faden durch eine Mikrometerschraube über dem vom Objektive entworfenen Bilde fortgeführt werden kann, so dafs die Einstellung stets in der Mitte des Okularfeldes erfolgt. Durch diese Einrichtung ist der Hauptmangel, welcher den älteren Okular-Schraubenmikrometern anhaftete beseitigt. Dieser Mangel entspringt nämlich dem Umstande, dafs die Vergröfserung in den Randteilen eines Okulares stets mehr oder weniger von jener in den zentralen Teilen abweicht. Ein Intervall der Trommelteilung entspricht 0,002 mm. Die vollen Umdrehungen der Trommel werden an einer im Gesichtsfelde sichtbaren bezifferten Skala gezählt. Die Länge der Mikrometerschraube gestattet ein Messen des objektiven Bildes bis zu einer Länge von 8 mm.

Da die Längenangabe eines Okularmikrometers keinen absoluten, sondern nur einen relativen, von der Vergröfserung des benutzten Objektivsystemes und der Tubuslänge abhängigen Wert besitzt, so ist demselben eine kleine Tabelle beigegeben, welche diese relativen Werte auf ihre absolute Gröfse zurückzuführen gestattet. Preis des Apparates *60 M.*

Diatomaceen-Probe- und Typenplatten.

Nachträglich finde ich mich noch veranlafst, der von Möller in Wedel (Holstein) angefertigten neuen Diatomaceen-Probe- und Typenplatten Erwähnung zu thun. Erstere sind dazu bestimmt, die Leistungsfähigkeit des Mikroskopes in Bezug auf sein Begrenzungs- und Auflösungsvermögen zu prüfen; letztere dienen zum Habitusstudium der Diatomaceen. Der genannte Präparator fertigt seine Probeplatten in zwei Formen an, von welchen die eine 20, die andere 60 in Reihen, der Schwierigkeit der Lösung nach geordnete Diatiomaceen enthält.

Die kleinere Platte trägt in einem etwa 3 mm langen Streifen die nachgenannten Diatomaceen:

Eupodiscus Argus Ehrbg.

1. Triceratium Favus Ehrbg.
2. Pinnularia nobilis Ehrbg.
3. Navicula Lyra Ehrbg. var.

4. Navicula Lyra Ehrbg.
5. Pinnularia interrupta Sm. var.
6. Stauroneis Phoenicenteron Ehrbg.
7. Grammatophora marina Sm.
8. Pleurosigma balticum Sm.
9. Pleurosigma acuminatum (Kg.) Grun.
10. Nitzschia Amphioxys Sm.
11. Pleurosigma angulatum Sm.
12. Grammatophora oceanica Erbg. = G. subtilissima.
13. Surirella Gemma Ehrbg.
14. Nitzschia sigmoidea Sm.
15. Pleurosigma Fasciola Sm. var.
16. Surirella Gemma Ehrbg.
17. Cymatopleura elliptica Bréb.
18. Navicula crassinervis Bréb. = Frustulia saxonica Rabh.
19. Nitzschia curvula Sm.
20. Amphipleura pellucida Kg.

Eupodiscus Argus Ehrbg.

Die beiden Eupodiscus Argus am Anfange und Ende der Reihe dienen nur zum Einschlufs derselben.

Diese Platten werden in vier verschiedenen Präparationsweisen zu den beigesetzten Preisen hergestellt: in Kanadabalsam liegend 10 *M.*, trocken in Luft liegend 12 *M.*, in Monobrom-Naphtalin präpariert 12 *M.* und in Phosphor präpariert 20 *M.*

Die Preise der gröfseren 60 Diatomeen enthaltenden Platten betragen in der nämlichen Weise präpariert 20 *M.*, 24 *M.*, 24 *M.* und 40 *M.*

Die Typenplatten werden in vier Formen je 100, 400, 800 und 1600 Diatomeen enthaltend angefertigt und sind die Preise hierfür 20 *M.*, 75 *M.*, 400 *M.* und beziehungsweise 1600 *M.* Die einzelnen Individuen liegen auf diesen Platten in Reihe und Glied systematisch geordnet und sind mit solcher Pünktlichkeit aufgelegt, dafs mit Hilfe des beigegebenen Verzeichnisses jede Spezies augenblicklich gefunden, oder der systematische Name einer auf der Platte gesehenen nachgeschlagen werden kann. Übrigens liefert Möller die beiden ersteren Typenplatten zu unverändertem Preise auch in der Form, dafs jede Spezies unter sich ihren Namen in Photographie trägt, wodurch die Platten ein äufserst elegantes Aussehen erhalten und das vergleichende Studium der einzelnen Arten noch mehr erleichtert wird.

XXI. Mikrotome.

Je vollkommener im Laufe der Zeit die Konstruktion des optischen Apparates der Mikroskope, namentlich der Objektivsysteme, sich gestaltete, desto schwieriger wurde die Aufgabe, die zu untersuchenden Objekte in möglichst dünnen Schichten herzustellen. Das Schneiden aus freier Hand ist aber einerseits eine Kunst, deren Erlernung vielfache Schwierigkeiten bietet, anderseits liefert sie nur dann ein jederzeit brauchbares Resultat, wenn der Schneidende es darin wirklich zu einer Virtuosität gebracht hat. Man hat daher darnach gestrebt, schneidende Werkzeuge zu erfinden, mittels welcher man sehr dünne, aber gleichmäfsige Durchschnitte der zu beobachtenden Gegenstände herstellen kann.

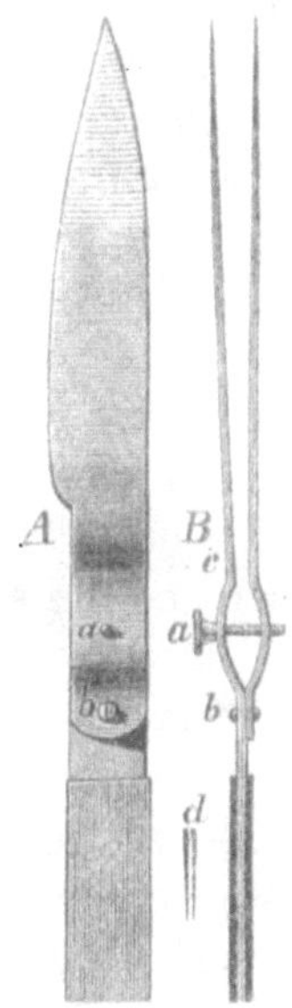

Fig. 167.
Valentin's Doppelmesser. (Nach Dippel.)
A von der Fläche, *B* von der Rückseite aus gesehen.

Man verfiel dabei zunächst auf die Herstellung der sogenannten Doppelmesser, wie sie zuerst in England konstruiert und später auch bei uns in mancherlei Modifikationen eingeführt wurden. Fig. 167 stellt das Valentin'sche Doppelmesser dar, wie solches von Harting konstruiert wurde. Dasselbe besteht aus zwei parallel neben einander laufenden und durch den Stift *b* mit einander vereinigten Messern, deren Klingen durch die

Schraube *a* einander genähert oder von einander entfernt werden können. Um das Instrument bequem reinigen und schleifen zu können, kann die kürzere Klinge um den Stift *b* zurückgeschlagen werden; *d* zeigt die Stellung der Klingen beim Schneiden.

War es nun unter Benutzung solcher Doppelmesser auch möglich, von verhältnismäfsig kleinen Flächen sehr dünne, gleichmäfsige Schnitte herzustellen, so versagten sie doch den Dienst, sobald es sich um einigermafsen gröfsere Flächen handelte, zudem ist ihr Gebrauch ein so umständlicher und ihr richtiges Funktionieren von so vielen Zufälligkeiten abhängig, dafs sie in neuester Zeit gröfstenteils aufser Gebrauch gesetzt wurden.

Es war daher schon seit langer Zeit das Bestreben darauf gerichtet, Instrumente zu konstruieren, wodurch dem Messer eine gröfsere Sicherheit in der Führung erteilt werde, um dadurch gleichmäfsigere Schnitte zu erhalten. Solche Instrumente bezeichnet man mit dem Namen Mikrotome und sind solche gegenwärtig, in den mannigfachsten Konstruktionen ausgeführt, in Gebrauch.

Alle bis jetzt in Verwendung stehenden Mikrotome beruhen auf zwei verschiedenen Prinzipien. Das eine, von Vérick und Rivet herrührend und seit seiner Erfindung vielfach modifiziert, besteht darin, dafs auf einer schiefen Ebene ein Präparat in demselben Mafse in die Höhe geschoben wird, in welchem es durch allmähliches Abschneiden an Höhendimension verliert, während das schneidende Messer auf gleicher Höhe bleibt. Das andere, von Ranvier zuerst angewendete Prinzip, das namentlich durch Gudden und Reichert wertvolle Verbesserungen erfahren hat, gipfelt darin, dafs das zu schneidende, in eine geeignete Masse eingebettete Objekt auf dem Boden eines Hohlcylinders befestigt wird und samt diesem Boden durch allmähliches Emporschrauben mittels einer Mikrometerschraube in den Bereich der Schneide eines auf der horizontalen Kopfplatte des Cylinders sich bewegenden Messers gebracht wird, welches feinste Schnitte davon abhobelt. Ohne hier auf Einzelnheiten eingehen zu wollen, sei bemerkt, dafs die nach dem ersten Prinzip konstruierten Mikrotome sich vorwiegend für das Schneiden von nicht zu harten pflanzlichen Präparaten eignen, während die nach dem zweiten Prinzip konstruierten Instrumente in ihren verschiedenen Modifikationen eine weit allgemeinere Verwendung ermöglichen.

Rivet'sches Mikrotom, ausgeführt von Vérick in Paris.

Dieses Instrument besteht aufser dem Messer und seinem Träger aus drei Teilen, nämlich: aus einem Holzklotz, einem Holzkeil und einer mit Spiralfeder versehenen Holzklammer. Der Holzklotz ist 16 cm lang, 6 cm breit und 6 cm hoch. An jeder Seite desselben befindet sich ein keilförmiger Ausschnitt, so dafs die Breite des über dieselben hinausragenden mittleren Teiles des Klotzes nur 1,3 cm beträgt. Der linksseitige, dem Schneidenden zugewendete Ausschnitt liegt in einer schiefen Ebene mit dem Steigungsverhältnisse 1 : 10, der rechtsseitige dagegen in einer horizontalen Ebene. Auf dem vorstehenden mittleren Teile befindet sich links ein in Millimeter geteilter Mafsstab von 10 cm Länge. Jeder Teilstrich entspricht sonach einer Steigung von $\frac{1}{10}$ mm. Die beiden Keilausschnitte laufen übrigens seitlich parallel, so dafs das vorragende Mittelstück des Klotzes vorn und hinten gleich dick ist. In dem in schiefer Ebene liegenden Keilausschnitt kann der zweite Teil des Instrumentes, der genau angepafste Holzkeil, auf und ab geschoben werden, und an diesem ist der dritte Teil, eine mit Spiralfeder versehene Holzklammer, befestigt, in welche das zu schneidende Objekt frei oder zwischen Hollundermark oder in Stearin eingegossen, eingezwängt wird. In dem, in horizontaler Ebene liegenden Keilausschnitt wird ein zweiter Holzkeil, der die Mittelleiste des Klotzes um die Dicke des Messerrückens überragt, hin und her geschoben. In demselben befindet sich oben ein Ausschnitt, in welchen der starke Stiel des Messers genau hineinpafst, und der mit gröfster Sorgfalt so gearbeitet ist, dafs das Messer die für das Schneiden günstigste Lage bekommt. Dasselbe kann dort mittels einer

Messingschraube unverrückbar festgeschraubt werden, so dafs eine Veränderung der Lage völlig unmöglich wird.

Die Manipulation des Schneidens ist nun eine sehr einfache. Man stellt den Keil mit der Objektklammer je nach der Dicke der Präparate, die man herzustellen beabsichtigt, auf einen ganzen oder halben Teilstrich ein und führt alsdann den Schnitt aus, indem man den Keil mit dem Messer durch einen kurzen Zug nach sich heranführt. Bei den meisten gröfseren Objekten gibt die Steigung um $\frac{1}{10}$ mm vollständig genügend dünne Schnitte.

Das Messer besitzt eine 5,5 cm lange und 1,6 cm breite Schneide und steht zu dem 8 cm langen und 1,2 cm breiten Stiel unter einem Winkel von 15° geneigt. Der Stiel sowie der Rücken des Messers haben die ansehnliche Dicke von 0,5 cm. Die Schneide ist oben sehr tief hohl, unten vollständig plan geschliffen. Beim Gebrauche empfiehlt es sich, sowohl die Oberfläche des Objektes als die Hohlseite des Messers mit Wasser zu benetzen. Dafs jederzeit für eine ganz vorzügliche Schärfe der Klinge Sorge getragen werden mufs, bedarf wohl kaum der Erwähnung. Der Preis dieses, dem Botaniker sicherlich gute Dienste leistenden Instrumentes beträgt bei Vérick in Paris *30 frs.*

Gudden'sches Hand-Mikrotom, ausgeführt von Reichert in Wien.

Dieses von Ranvier zuerst konstruierte Instrument besteht (Fig. 168) aus zwei auseinander nehmbaren Teilen, einem Hartgufs-Hohlcylinder, der an seinem oberen Ende eine horizontale, als Auflage für das Messer dienende Kopfplatte und am unteren Ende eine feingearbeitete Mikrometerschraube trägt, und einem kurzen massiven Cylinder, der Bodenplatte, welche durch die Mikrometerschraube in die Höhe gehoben werden kann. Das zu schneidende Präparat, welches in eine geeignete Einbettungsmasse eingeschmolzen ist, wird auf dem massiven Cylinder befestigt, welcher durch die Mikrometerschraube zum Zwecke des Schneidens auf die gewünschte Höhe gebracht wird. Beim Gebrauche wird, wie die Figur zeigt, das Instrument mit der linken Hand gefafst und mittels eines mit der rechten Hand geführten gewöhnlichen Rasiermessers Schnitte von gewünschter Dünne hergestellt. Dieses sehr zu empfehlende Instrument ist durch den genannten Verfertiger in drei Gröfsen von 2, 3 und 4 cm Cylinderdurchmesser zum Preise von *10* beziehungsweise *12* und *14 fl. ö. W.* exklusive des Messers zu beziehen. Zu diesem Instrumente wird auf Wunsch auch ein Halter (Preis 5 fl. ö. W.) geliefert, welcher es ermöglicht, das Mikrotom

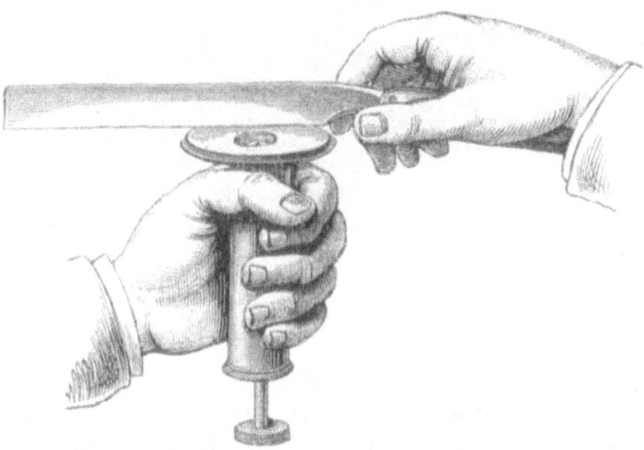

Fig. 168.
Gudden'sches Handmikrotom von Reichert.

an irgend einem Tische zu befestigen, wodurch der Arbeitende beide Hände frei erhält. Dieser Halter besteht aus zwei Teilen, aus einer Schraubenklammer, mit welcher der Halter am Tische befestigt wird, und einem ringförmigen, aus zwei Spangen gebildeten Träger, welcher zur Aufnahme des Mikrotomes dient. Es erhöht diese Einrichtung die Brauchbarkeit des Instrumentes, weil dadurch das Mikrotom rasch und bequem vom Halter entfernt werden kann und aufserdem der Mikrotomcylinder mit dem eingeschmolzenen Objekte in eine wechselnde Stellung zur Tischplatte gebracht werden kann.

Gudden's grofses Mikrotom, angefertigt von Katsch in München und Reichert in Wien.

Das vorzüglichste Instrument dieser Art ist wohl Gudden's grofses Mikrotom, welches in neuester Zeit zur Gewinnung grofser Schnitte, selbst durch ganze Körper erwachsener Tiere, benutzt wird. Im wesentlichen unterscheidet es sich von den bisher Genannten namentlich dadurch, dafs die Präparate unter Wasser geschnitten werden können. Seine Konstruktion zeigt Fig. 169. Es besteht

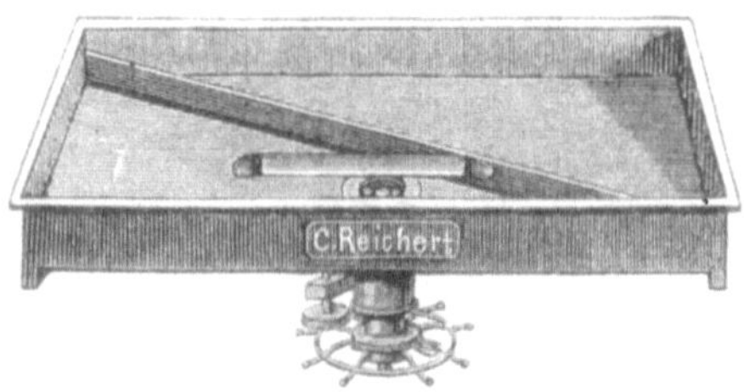

Fig. 169.
Gudden's grofses Mikrotom.

aus einem flachen Behälter, der bei den kleineren Modellen an einem Tische angeschraubt werden kann, bei den gröfseren dagegen auf einem Gestelle, welches dem der Nähmaschinen ähnlich ist, ruht. In der Richtung der Diagonale des Behälters verläuft eine Leiste, auf welche sich das eine Ende des schneidenden Messers stützt, um sicher gegen die über den Boden des Behälters etwas emporstehende Mikrotomscheibe geführt werden zu können. Die Mikrotomscheibe schliefst einen am Boden des Gefäfses befestigten und unter denselben hinabreichenden Hohlcylinder ab, in welchem ein kurzer massiver Kupfercylinder mittels einer am unteren Ende des Hohlcylinders, also unter dem Gefäfse, angebrachten Schraube auf und ab bewegt werden kann. Die zu schneidenden Präparate werden, in eine geeignete Einbettungsmasse eingeschmolzen, am oberen Ende des Kupfercylinders befestigt und trägt letzterer zu diesem Zwecke an seiner Deckfläche drei Knöpfe. Die Einbettung geschieht in der Weise, dafs man, nachdem das Objekt in dem Mikrotomcylinder in die geeignete Lage gebracht wurde, den Hohlraum mit der geschmolzenen Masse ausgiefst. Nach dem Erkalten können die Schnitte angefertigt werden. Während des Schneidens ist das Gefäfs mit Wasser gefüllt, so dafs das Schneiden unter Wasser geschieht. Die Schraube kann mittels eines Hahnes sehr fein eingestellt werden, und wird bei jedem Drehen desselben durch die einspringende Arretierung des Hahnes ein lautes Zeichen gegeben.

Reichert's Handmikrotom.

Dieses handsame und praktische Instrument empfiehlt sich überall da, wo die Methode des Einbettens zwischen Wachs oder Paraffin zu umständlich erscheint. Das Objekt wird hierbei zwischen Hollundermark gelegt und auf sehr einfache und rasche Art befestigt.

Dieses Instrument, welches Fig. 170 in Ansicht und Fig. 171 im Durchschnitte zeigt, besteht aus einem hohlen

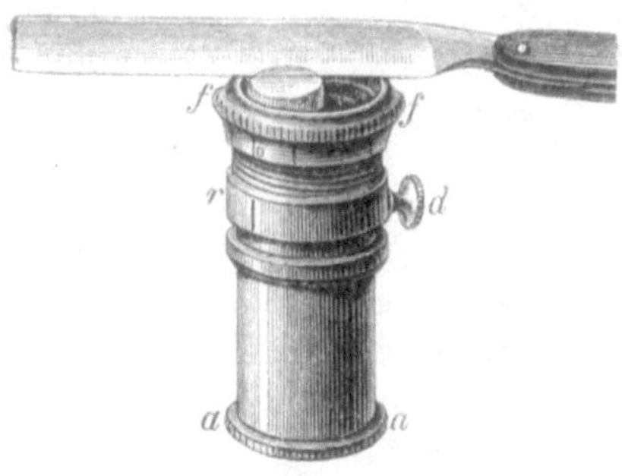

Fig. 170.
Reichert's Handmikrotom in Ansicht.

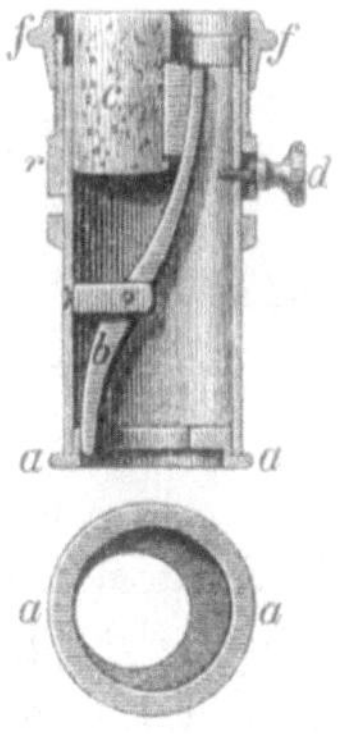

Fig. 171.
Reichert's Handmikrotom im Durchschnitt.

Metallcylinder, der an seinem unteren Ende eine exzentrisch durchbohrte Scheibe *a a* und an seinem oberen Ende eine den Cylinder umfassende Hülse trägt, welche an ihrem unteren Teile in einen Verstärkungsring *r* mit einer Stellschraube *d* verläuft, durch welch letztere die Hülse an den Hohlcylinder festgeschraubt werden kann, während in ihrer oberen Hälfte ein feines Schraubengewinde eingeschnitten ist. Im Innern des Hohlcylinders ist in einer Gabel ein zweiarmiger Hebel befestigt, dessen längerer, nach oben gerichteter Arm das zwischen Hollundermark liegende Präparat *c* aufnimmt, während der kürzere nach unten gerichtete Arm *b* mit seinem Ende in die exzentrische Kreisbohrung der Scheibe *a a* eingreift, durch deren Drehung das Präparat nach Bedürfnis festgeklemmt wird. Über die Schraubengänge der Hülse legt sich, in die Schraubengänge eingreifend, die Schraubenmutter *f f*, deren nach oben gerichteter Rand als Führungsfläche für das Messer dient. Durch Abwärtsdrehen der Schraubenmutter kommt das Präparat in den Bereich des Messers und können Schnitte von beliebiger Dicke gemacht werden. Zur Bestimmung der Dicke der Schnitte ist die Schraubenmutter auf ihrem äufseren Rande mit einer Teilung versehen, deren Abstände einer Senkung von $\frac{1}{10}$ mm entsprechen. Ich kann dieses Instrument namentlich Studierenden aufs wärmste empfehlen, zumal sein Preis, *12 fl. ö. W.* für Objekte von 15 bis 25 mm Durchmesser, ein billiger ist.

Mikrotom von Nachet.

Ein weiteres, sinnreich konstruiertes Mikrotom fertigt Nachet an. Dasselbe besteht, wie Fig. 172 ersehen läfst, aus einem kräftigen, aus Holz konstruierten Gestelle, das unterhalb des Tisches in der Mitte der Vorderseite eine zweiteilige cylindrische Metallklammer trägt, deren beide Hälften durch eine Schraube fest aneinander gedrückt werden können. Diese Klammern umschliefsen einen Hohlcylinder mit massivem, auf und ab beweglichem Boden, der seine Bewegung durch eine unterhalb angebrachte feine Mikrometerschraube mit geteilter Trommel empfängt. Der Hohlcylinder reicht durch die Tischfläche des Instrumentes und schliefst mit derselben, zum Zwecke der sicheren Messerführung, eben ab. Dem gleichen Zwecke dient auch ein an der Vorderkante des Tisches aufgeschraubter Metallstreifen. Die zu schneidenden Objekte werden in den Hohl-

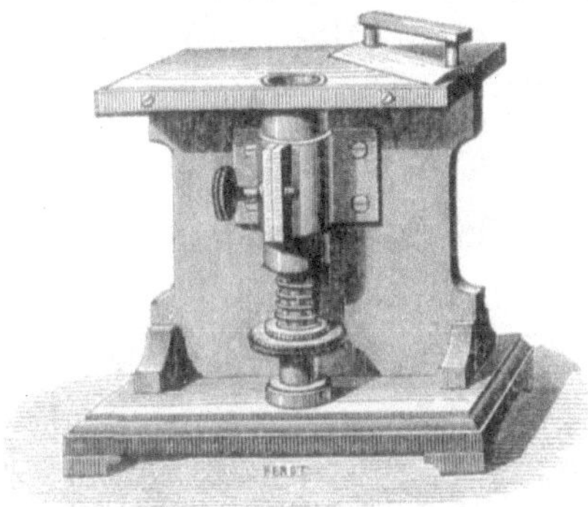

Fig. 172.
Mikrotom von Nachet.

cylinder eingeschmolzen und durch Drehung der Mikrometerschraube auf das Niveau der Schnittführung gebracht. Die Form des Messers ist aus der Figur ersichtlich. Preis des ganzen Apparates samt Messer *50 frs.*

Mikrotom von Zeifs, nach Körting.

In jüngster Zeit ist aus der Werkstätte von Zeifs in Jena ein Mikrotom hervorgegangen, welches aufserordentlich praktisch ist und in Bezug auf Präzision der Einstellung, Messerführung und Objektfixierung nichts zu wünschen übrig läfst.

In Fig. 173 ist dieses Instrument abgebildet. Auf breiter gufseiserner Fufsplatte *a* ist eine Messingwand *b* aufgeschraubt. Diese trägt rechts einen gehobelten Schlitten, auf welchem der Messerträger bewegt werden kann. Die Länge der Schnittführung beträgt 150 mm. Das Herabgleiten wird durch einen Schlitz *d* im Schlitten verhindert, in welchem eine von unten in den Messerträger eingesetzte Kopfschraube sich bewegt. Das Messer wird mittels einer Klaue *f* durch die Schraube *e* befestigt. Das Messer selbst ist mit

Rücksicht darauf konstruiert, dafs man es beim Abziehen bequem handhaben und erforderlichenfalls auch zu Schnitten aus freier Hand benutzen kann. Die Neigung der Schneide in vertikaler Richtung läfst sich durch Stellschrauben an der Auflageplatte für das Messer justieren. Das Messer kann bei der Rückführung gehoben werden, um

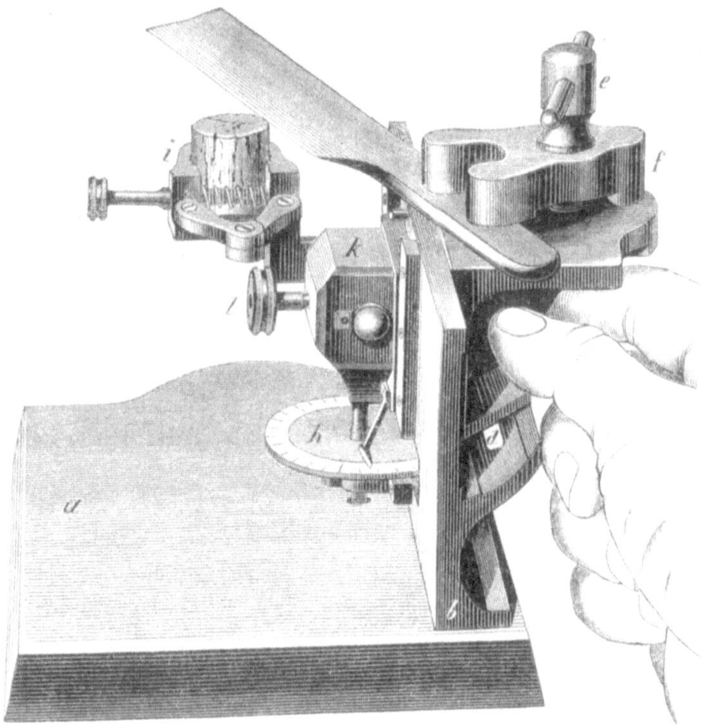

Fig. 173.
Mikrotom nach Körting, verbessert von Zeifs.

eine Berührung des Objektes dabei zu verhindern, und läfst sich, ohne Veränderung der Justierung, samt dem Schlitten leicht aus der Führungsbahn ausheben.

Das Objekt wird in einer stellbaren Zange *i* gehalten, welche Drehungen um zwei zu einander senkrechte Achsen gestattet, um die Neigung des Präparates in jeder Richtung verändern zu können. Die Zange sitzt an einem zweiten Schlitten *k* in dicht gehender Kulisse mittels einer Stellschraube *l* befestigt und wird durch eine Mikrometerschraube senkrecht gegen die Richtung der Schnittführung fortbewegt. Die Mikrometerschraube sitzt an einer geteilten Trommel *h* und ist so fein geschnitten, dafs eine ganze Umdrehung der Trommel die das Objekt tragende Zange um 0,3 mm hebt. Die Trommel ist in 30 Teile geteilt, so dafs die Entfernung zweier Teilstriche einer Hebung des Objektes um 0,01 mm entspricht. Um die einzelnen Teile gegen das Rosten zu schützen, sind alle Teile vernickelt. Preis des Apparates samt Messer in Etui *110 M.*

Gebrauch des Mikroskopes.

XXII. Behandlung des Mikroskopes.

Da der Ankauf eines Mikroskopes eine kostspielige Sache ist, so wird wohl jeder Besitzer eines solchen ernstlich bestrebt sein, dasselbe vor Schaden zu bewahren und darnach trachten, es möglichst lange in gutem Stande zu erhalten. In erster Linie ist hierzu nötig, dafs das Arbeitszimmer des Mikroskopikers zu keinem anderen Zwecke benutzt wird, und dafs von demselben Dämpfe und Gase aller Art ferne gehalten werden. Die Lage desselben gegen Süden ist, der ungünstigen Beleuchtungsverhältnisse wegen, unzweckmäfsig. Kehrbesen und Abstaubfedern werden sicherlich die dauernde Ursache zu gründlichem Ärger, wenn ihnen der Mikroskopiker einmal den Eintritt in sein Zimmer gestattet hat. Der Arbeitstisch, der keinerlei besondere, für das Mikroskopieren etwa speziell erforderliche Einrichtung zu besitzen braucht, erhält am besten seinen dauernden Platz in unmittelbarer Nähe eines Fensters, so dafs der Arbeitende sein Gesicht dem Fenster zukehrt; es fällt dadurch das Licht in der vorteilhaftesten Richtung und in hinreichender Menge sowohl für das Präparieren, als für die Untersuchung ein. So zweckmäfsig es einerseits auch sein mag, wenn der Arbeitende die sämtlichen benötigten Utensilien in unmittelbarem Bereich seiner Hände auf dem Arbeitstische untergebracht hat, so fordert doch die Rücksicht auf das Mikroskop, dafs alle Gläser mit Reagentien, Zusatz- oder Mazerationsflüssigkeiten, soweit sie ätzende oder sonst zersetzend wirkende Dämpfe verbreiten, nicht nur von dem Arbeitstische, sondern selbst aus dem Arbeitszimmer entfernt werden; denn trotz der eingeschliffenen Stöpsel verflüchtigt sich aus denselben doch jederzeit ein Teil des Inhaltes, der häufig schädliche Einflüsse auf die Linsen und Metallteile des Mikroskopes ausübt.

Das Instrument mufs dem Arbeitenden immer bequem zur Hand sein, deshalb darf dasselbe nicht nach dem jedesmaligen Gebrauch in den Kasten eingepackt werden, sondern soll auf dem Arbeitstische, allerdings gegen Staub und anderweitige Verunreinigungen geschützt, stehen bleiben. Am zweckmäfsigsten ist es wohl, wenn dasselbe mit einer Glasglocke, wie sie zur Umhüllung von Standuhren und ähnlichen Dingen in Gebrauch sind, bedeckt wird. Ob während der Nichtbenutzung die Linsen am Stative belassen oder von demselben weggenommen werden, scheint mir, wenn nur sonst mit denselben vorsichtig umgegangen wird, nicht von Bedeutung zu sein. Ich belasse z. B. bei allen meinen Instrumenten die Linsen an ihrer Stelle, selbst den Revolver-Objektivträger mit seiner ganzen Armatur, und habe dabei keinerlei schlimme Wahrnehmung gemacht. Fleifsiges Reinigen aller Teile des Statives, namentlich aber derjenigen, welche in unausgesetzter Berührung mit dem Wasserdampf führenden Athem des Beobachters stehen, ist unbedingtes Erfordernis. Dagegen empfiehlt es sich sehr, durch vorsichtiges Behandeln des optischen Teiles dafür Sorge zu tragen, dafs eine Reinigung desselben möglichst selten erforderlich ist, denn die Linsen, insbesondere die der Objektive, werden durch häufiges Abreiben leicht beschädigt. Die Metallteile reinigt man am besten durch Abreiben mit einem trockenen Leinenlappen; nie befeuchte man denselben für diesen Zweck mit Weingeist, da dieser den Firnifs, mit welchem die Messingteile zum Schutze gegen Grünspanbildung überzogen sind, auflöst und dadurch dem sauberen Aussehen des Instrumentes Eintrag thut. Auch vergesse man nicht, alle der Bewegung dienenden Vorrichtungen, namentlich die Hülse, in der sich der Tubus verschieben läfst, den Zahn und Trieb, wo ein solcher vorhanden, und die Mikrometerschraube von Zeit zu Zeit etwas einzuölen, wozu am besten das sogenannte Uhrmacheröl benutzt wird.

Den auf den Linsen und dem Spiegel leicht anhaftenden Staub entfernt man durch Überfahren mit einem weichen, trockenen Pinsel; fester aufliegende Verunreinigungen, wie Schmutz- und Fettflecken, entfernt man durch vorsichtiges Abreiben mit einem feinen, in destilliertes Wasser getauchten Leinwand- oder Rehlederlappen; läfst sich auf diese Weise die Verunreinigung nicht bequem oder nicht vollständig beseitigen, so tauche man das Läppchen in Weingeist, vergesse aber dabei nicht, dafs alle Doppellinsen durch Kanadabalsam zusammengekittet sind, welcher sich in Weingeist auflöst, sorge also dafür, dafs nicht etwa Weingeist zwischen die Fassung der Linsen eindringt.

Nach jeder Untersuchung überzeuge man sich, ob die Objektive nicht etwa durch Flüssigkeiten der Objektträger, Reagentien u. s. w. verunreinigt sind, in welchem Falle sofortige Reinigung durch Abspülen in destilliertem Wasser und nachfolgendes sorgfältiges Abtrocknen zu geschehen hat. Geht man bei Anwendung solcher Flüssigkeiten sparsam und vorsichtig zu Werke, so werden derartige Reinigungen übrigens selten notwendig werden. Systeme für homogene Immersion bedürfen, soferne sie in reines Zedernholzöl tauchen, keiner besonderen Reinigung nach dem Gebrauche, man trocknet sie einfach ab. Ist dagegen der Immersionsflüssigkeit ein fettes Öl (Ricinusöl, Olivenöl) beigemengt, so entfernt man nach dem Abtrocknen die haften bleibende schwache Fettschichte leicht und vollständig durch Abwischen mit Zedernholzöl.

Besondere Vorsicht in der Behandlung erheischt die Mikrometerschraube für die feine Einstellung. Man gewöhne sich daran, die grobe Einstellung, gleichgültig, ob dieselbe mittels Zahn und Trieb oder durch freies Schieben des Tubus erfolgt, so lange wirken zu lassen, bis das Objekt überhaupt im Gesichtsfelde erscheint, und erst dann zur Benutzung der Mikrometerschraube zu schreiten. Der Wirkungskreis dieser Schraube ist nämlich auf eine Höhendifferenz von etwa 1 cm beschränkt, an der einen oder anderen Grenze angelangt, versagt die Schraube den Dienst, indem die Feder entweder ihre Ruhelage oder das Maximum ihrer Spannkraft erreicht hat. Beide Lagen sind möglichst zu vermeiden, mindestens ist die Schraube nach Gebrauch in eine mittlere Lage zurückzuführen und darin während des Nichtgebrauches zu belassen.

XXIII. Eigentümlichkeit des mikroskopischen Sehens.

Obwohl man durch das Mikroskop die Objekte keineswegs anders sieht als mit blofsem Auge, so befinden sich doch die mikroskopischen Objekte unter so eigenartigen und fremdartigen Umständen, wie sie beim gewöhnlichen Sehen nie, oder nur höchst selten vorkommen, zudem ist das Auge beim Sehen durch das Mikroskop aller derjenigen Hilfsmittel beraubt, die es beim gewöhnlichen Sehen unterstützen, um von einem Gegenstande die verschiedensten Anschauungen zu gewinnen und über die Form und Lage seiner einzelnen Teile sich zu orientieren. Aus diesem Grunde mufs das mikroskopische Sehen erst durch Übung erlernt werden, was allerdings, sobald die fremdartigen Verhältnisse, unter denen sich Objekt und Auge befinden, und die dadurch bedingten veränderten Eindrücke hinreichend bekannt sind, weder einer sehr langen Zeit noch einer besonderen Anstrengung bedarf, sich vielmehr bei einiger Umsicht während des Beobachtens von selbst ergibt.

Zunächst ist hier zu betonen, daſs die meisten mikroskopischen Untersuchungen bei durchgehendem Lichte vorgenommen werden, während fast alle Wahrnehmungen mit bloſsem Auge bei auffallendem Lichte erfolgen. Beim gewöhnlichen Sehen erblickt man den Gegenstand durch das von ihm zurückgeworfene oder zerstreute Licht, während man einen durchsichtigen Körper unterm Mikroskop lediglich dadurch wahrnimmt, daſs ein Teil der Lichtstrahlen, welche in das Gesichtsfeld eintreten, nicht ins Auge gelangt, man sieht hier also von dem Gegenstande mehr ein Schattenbild als den Gegenstand selbst.

Eine weitere Eigentümlichkeit des mikroskopischen Sehens besteht darin, daſs man von dem betreffenden Gegenstande stets nur eine Flächenansicht erblickt. Hier hilft kein Accommodationsvermögen des Auges, nur die eingestellte Fläche ist dem Auge sichtbar, was darüber oder darunter ist, bleibt unsichtbar, um so mehr, je stärker die Vergröſserung und je besser das benutzte Objektivsystem ist. Will man sich von diesen höher oder tiefer gelegenen Partien eine Anschauung verschaffen, so kann dies nur durch eine Veränderung der Einstellung erfolgen, wobei aber selbstverständlich das frühere Flächenbild wieder verschwindet. Die Vereinigung dieser zeitlich von einander getrennten Gesichtseindrücke zu einem richtigen, wahrheitsgetreuen körperlichen Ganzen bleibt der Fantasie überlassen. Aufgabe der mikroskopischen Beobachtung ist es nun, durch gründliches, möglichst vielseitiges Auffassen der einzelnen Teile des betreffenden Objektes dafür zu sorgen, daſs die Fantasie dieses etwas gefährliche Geschäft der Konstruktion des Ganzen aus seinen Einzelnheiten logisch durchführt. Unterstützt wird diese Arbeit dadurch, daſs man alles, nicht wirklich zum beobachteten Gegenstand Gehörige, aus dem mikroskopischen Bilde desselben ausscheidet.

Was die gründliche und möglichst vielseitige Auffassung der Bilder anlangt, so ist daran zu erinnern, daſs durch den optischen Apparat im Bilde Erscheinungen auftreten können, die mit dem Gegenstande selbst gar nichts zu schaffen haben, die der Beobachter aber kennen mufs, um sich davor zu hüten, dieselben auf den Gegenstand zu übertragen.

Solche Erscheinungen sind namentlich die Beugungs- oder Diffraktionserscheinungen. Dieselben werden durch Interferenzen des Lichtes hervorgebracht und treten um so sicherer auf, je besser das benutzte System und je stärker die Beleuchtung ist. Diese Erscheinungen zeigen sich darin, dafs längs der dunkeln Ränder eines Objektes sowohl innerhalb als aufserhalb seiner Grenzlinien, ein oder mehrere, mit dunkeln Linien abwechselnde Lichtstreifen auftreten, welche bei starker Beleuchtung und hoher Vergröfserung Farbensäume zeigen. Ein passendes Objekt, um solche Diffraktionserscheinungen zu beobachten, sind kleine Luftblasen in Flüssigkeiten, deren dunkeln Rand man von einem oder mehreren hellen Lichtsäumen eingefafst sieht, welche selbst wieder von feinen dunkeln Linien begrenzt erscheinen. Solche Diffraktionslinien können überall entstehen, wo Lichtstrahlen an den Rändern eines Körpers vorbeigehen. Da dieselben, wenn nicht etwa direktes Sonnenlicht zur Verwendung kommt, nur bei durchgehendem, nicht aber bei auffallendem Lichte auftreten können, so hat man in der abwechselnden Anwendung beider Beleuchtungsweisen in vielen Fällen ein Mittel, den wahren Ursprung dieser Linien zu erkennen, und die Änderungen, welche sie in dem mikroskopischen Bilde hervorrufen, zu studieren. Übrigens schützt das eigentümliche, nicht näher zu beschreibende Aussehen, sowie der eigentümliche Glanz, der zwischen den dunkeln Linien liegenden Stellen, den einigermafsen Geübten vor jeder Täuschung.

Von den Diffraktionslinien wohl zu unterscheiden sind doppelte oder verbreiterte Randlinien, welche manchmal auftreten, aber bei veränderter Einstellung wieder verschwinden und sich als einfache, scharf begrenzte Linien darstellen. Diese breitgedrückten oder verdoppelten Konturen rühren von ungenauer Einstellung her und lassen sich durch den richtigen Gebrauch der Mikrometerschraube sofort beseitigen. In dieser Richnng mufs hier überhaupt darauf hingewiesen werden, dafs der Anfänger erfahrungsgemäfs die feine Einstellung zu selten und zu vorübergehend in Gebrauch nimmt. Hat ihm irgend eine Bewegung der Mikrometerschraube ein nur einigermafsen deutliches Bild verschafft, so ist er mit dem Erfolg vollständig zufrieden und verzichtet gar zu gerne auf alle weiteren Versuche, das Bild zu verbessern. Dies soll nicht vorkommen. Wie der umsichtige Steuermann sein Rad nie aus den Händen läfst und unausgesetzt seinen Kurs reguliert, so soll auch der Mikroskopiker stets die eine Hand an seiner Mikrometerschraube belassen, um so jederzeit sein Bild möglichst zu verbessern. Gründliches Durchforschen der aufgeführten Probeobjekte wird den Neuling bald darüber belehren, dafs das beste Bild keineswegs sofort zum Vorschein kommt, vielmehr mancherlei Schraubenbewegungen erforderlich macht.

Von fremden Körpern, welche bei mikroskopischen Untersuchungen im Gesichtsfelde erscheinen und den Anfänger zu Irrtümern verleiten können, verdienen Luftblasen und Fett- oder Ölkügelchen besondere Beachtung, nicht nur weil diese beiden Objekte zu den verbreitetsten mikroskopischen Dingen gehören, sondern auch deshalb, weil ihre Oberfläche gleich jener der meisten mikroskopischen Objekte von gebogenen Flächen begrenzt wird, sie also zugleich zum Studium darüber benutzt werden können, wie dergleichen Objekte sich unter dem Mikroskope bei durchgehendem Lichte zeigen.

Fig. 174 A stellt ein Luftbläschen dar, welches in einem stärker brechenden Medium schwimmt. Die von dem Objekte ausgehendem Lichtstrahlen treten in der Zeichnung parallel zu einander und senkrecht gegen die Trennungsfläche beider Medien in das neue Medium ein, werden also nach den Brechungsgesetzen von ihrer Bahn solange nicht abgelenkt, bis sie die Oberfläche des weniger dichten Luftbläschens berühren. Hier werden dieselben, mit Ausnahme des zentralen Strahles, der ungebrochen hindurchgeht, vom

Einfallslot gebrochen, so dafs sie in stark divergierender Richtung aus dem Luftbläschen austreten und, wenn auch hier zum Einfallslot gebrochen, ihren Weg immer noch divergierend fortsetzen, also nicht in das Objektiv gelangen können. Das Luftbläschen wirkt demnach wie eine Zerstreuungslinse und scheinen die divergierenden Lichtstrahlen von einem Punkte herzukommen, der in der rückseitigen Verlängerung der Lichtstrahlen (durch den Vereinigungspunkt der punktierten Linien angedeutet) liegt. Würde man also das Instrument auf diesen Punkt einstellen, so

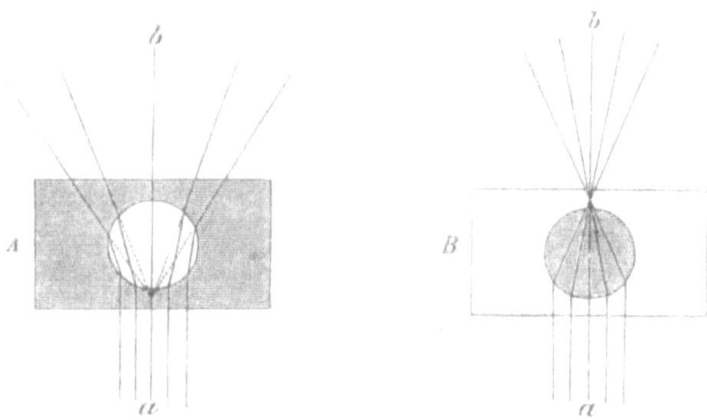

Fig. 174.
A Lichtstrahlen durch ein Luftbläschen, B Lichtstrahlen durch ein Ölkügelchen tretend.

müfste der sich zuerst in ziemlicher Breite bemerkbar machende dunkle Rand immer schmäler und schmäler werden, bis der Vereinigungspunkt endlich als Lichtpunkt hervorträte.

So gestaltet sich nun aber die Sache in Wirklichkeit nicht, weil der ziemlich nahe am Objekte angebrachte Spiegel vorwiegend divergierende Strahlen nach dem Objekte sendet, deren Vereinigung nicht in e i n e m, sondern in v i e l e n Punkten erfolgt, die in einer gekrümmten Oberfläche um das Zentrum herum liegen. Bei mittlerer Einstellung erscheint daher der peripherische Teil dunkel, und zwar um so breiter, je mehr sich der Brechungsindex der Luft von dem des umgebenden Mediums entfernt, während der zentrale Teil erhellt ist. Wird dagegen höher eingestellt, so wird der erhellte Teil breiter, während die dunkeln Teile ihre scharfen Konturen verlieren, so dafs schliefslich nur noch das Zentrum erleuchtet ist. Beim Senken des Tubus erblickt man im Zentrum häufig die Scheinbilder von in der Nähe befindlichen und im Beleuchtungsspiegel sich abspiegelnden Gegenständen, wie der Fensterkreuze u. s. w. Solche Luftblasen erhält man in verschiedener Gröfse, wenn man einen Tropfen einer Lösung von Gummi arabicum einige Zeit mit einem Glasstäbchen umrührt. Wer einmal diese Erscheinung gründlich beobachtet hat, wird durch Luftblasen nicht zu Täuschungen veranlafst. Leichter ist allerdings die Täuschung möglich, wenn die Luft in den Höhlungen organischer Körper eingeschlossen ist und deren Formen ausfüllt. Hier erscheint die Luft, dieses durchsichtigste Medium, stets schwarz, da die durch die Luftschichte gegangenen, nach den verschiedensten Richtungen divergierenden Strahlen gar nicht mehr in das Objektiv und Auge gelangen können. Wie sich in diesem Falle das mikroskopische Bild gestaltet, veranschaulicht Fig. 175, welche die mit Luft erfüllten Knochenhöhlen darstellt, die wie mit einer schwarzen undurchsichtigen Masse erfüllt erscheinen. Um in solchen Fällen ein für allemal vor Täuschungen sicher zu sein, empfiehlt es sich, aus irgend einem safterfüllten Pflanzenteile, z. B. einem Krautstengel, zwei Querschnitte zu fertigen, den einen in destilliertem Wasser zu kochen, wodurch alle Luft ausgetrieben wird, den zweiten aber ohne weitere Behandlung neben dem ersten mit Wasser auf einen Objektträger gebracht unter dem Mikroskope zu beobachten. Die verschiedenen Bilder dieser beiden Querschnitte werden mit Sicherheit den Einflufs, welchen eingeschlossene Luft auf das mikroskopische Bild ausübt, erkennen lassen.

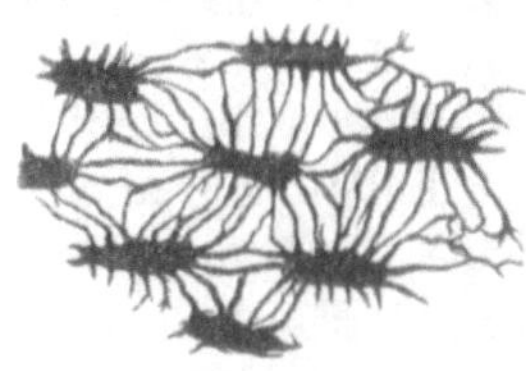

Fig. 175.
Knochenhöhlen mit Luft erfüllt.

In Fig. 174 B ist ein Öltröpfchen, von einem schwächer brechenden Medium *A B* umgeben, dargestellt. Die Lichtstrahlen werden bei ihrem Durchgange durch den Öltropfen so stark zum Einfallslot gebrochen, dafs sie sich alsbald in einem Punkte wirklich vereinigen, sodann aber divergierend ihren Weg fortsetzen und wie im Luftbläschen derart, jedoch in umgekehrtem Sinn, zerstreut werden, dafs lediglich der zentrale Strahl in das Objektiv und Auge gelangen kann. Die Bilder von Öltröpfchen stellen sich daher bei mittlerer Einstellung ähnlich dar, wie die der Luftbläschen, nur ist hier der schwarze Rand weit schmäler, weil der Unterschied im Brechungsvermögen zwischen Wasser und Öl weit geringer ist, als zwischen Wasser und Luft. Das Breiterwerden des Lichtbildes und das Verschwinden der scharfen Konturen erfolgt aber hier beim Tieferschrauben des Tubus, während dies bei Luftblasen beim Höherschrauben desselben stattfindet.

Häufig können aber auch auf den Linsen wie auf dem Objektträger und dem Objekte kleine Partikelchen von tierischen oder pflanzlichen Geweben, als Fasern von Papier, Leinwand, Wolle, Baumwolle, Epithelialzellen der Oberhaut oder Mundschleimhaut, Haarfragmente der benutzten Pinsel auftreten. Ferner können sich in dem zur Benetzung der Objekte verwendeten Wasser kleine Infusorien, einzellige Algen, Pilzsporen, Staubteilchen, Insektenschüppchen und manche andere Gegenstände finden, mit auf den Objektträger gebracht werden und so in das Gesichtsfeld gelangen.

Läfst sich auch ein erfahrener Beobachter durch derartige Vorkommnisse nicht im mindesten beirren, so hat doch der Anfänger alle diese kleinen Objekte, ehe er zu wirklichen Untersuchungen schreitet, sorgfältig unter dem Mikroskope zu beobachten und ihre Formen dem Gedächtnisse einzuprägen, damit er sie, vorkommendenfalls, als das zu erkennen vermag, was sie in Wirklichkeit sind.

Eine weitere, namentlich den Neuling oft genug belästigende Erscheinung bilden die M o u c h e s v o l a n t e s. Es sind dies vielfach durchschlungene, bandartige, schwach konturierte Gebilde, die plötzlich im Gesichtsfelde erscheinen und deren entoptischer Charakter leicht dadurch erkannt wird, dafs sie allen Wendungen des Auges folgen, und trotz der Änderung der Einstellung mit gleicher Deutlichkeit im Gesichtsfelde auftreten. Wer diese Mouches volantes bei sich wahrnimmt, und wahrscheinlich ist dies bei allen in mehr oder weniger hohem Grade der Fall, der braucht sich übrigens, wie Harting ganz richtig bemerkt, deshalb nicht zu ängstigen; am allerwenigsten aber darf er ihr Auftreten aus dem Gebrauch des Mikroskopes ableiten und dasselbe vielleicht deshalb beiseite stellen; sie werden durch das Mikroskopieren weder veranlafst, noch vermehren sie sich dadurch. Allerdings können dieselben bei schwierigen Beobachtungen hinderlich werden, indem sie störend auf die Sichtbarkeit feiner Einzelnheiten, namentlich sehr kleiner Körperchen, wirken. Um dieselben wenigstens vorübergehend zum Verschwinden zu bringen, braucht man nur das Auge rasch nach oben zu richten, damit jene Körperchen in der hinteren Augenkammer, welche diese Erscheinung veranlassen, aus der Augenachse kommen und nach unten sinken.

Weitere störende Erscheinungen treten auf, wenn die Oberflächen der verwendeten Objektträger und Deckgläschen nicht vollkommen rein und fehlerfrei sind, namentlich die kleinen, mit unbewaffnetem Auge kaum sichtbaren feinen Streifchen und Fleckchen stören hier am meisten. Man sei daher in der Auswahl seiner Gläser vorsichtig und lasse namentlich nicht die Billigkeit beim Kaufe derselben ausschlaggebend sein. Übrigens ist es unter allen Umständen erforderlich, die vollkommen gereinigten Oberflächen seiner Objektträger und Deckgläschen vor dem Gebrauche unter dem Mikroskop zu untersuchen.

Aus den bei der Untersuchung der Erscheinungen an Luftblasen und Öltropfen gewonnenen Wahrnehmungen hat Welcker für die Beobachtung von gewölbten oder hohlen Körperchen unter dem Mikroskope folgende Regeln für die sichere Erkennung der Oberflächengestaltung dieser Körperchen aufgestellt:

Bei zentraler Beleuchtung zeigen gewölbte Körperchen und Erhabenheiten, sobald das auf den Umfang eingestellte Mikroskop höher geschraubt wird, eine stärkere Erhellung des Mittelteiles, und das Umgekehrte beobachtet man bei hohlen Körperchen und Vertiefungen.

Bei schiefer Beleuchtung sind gewölbte Körperchen und Erhabenheiten an der vom Lichte abgewendeten Seite dunkel, hohle Körperchen und Vertiefungen dagegen an der dem Lichte zugekehrten Seite.

Allgemein verbreitete oder zufällige Bewegungserscheinungen können bei einem Anfänger gleichfalls irrige Auffassungen erzeugen. Die in einer zu untersuchenden Flüssigkeit durch mechanische Einwirkungen hervorgerufenen Bewegungen lassen sich allerdings meist sofort als das, was sie sind, richtig erkennen. Etwas schwieriger richtig zu deuten sind die Bewegungen, welche durch die Vermengung zweier ungleichartiger Flüssigkeiten entstehen, namentlich wenn eine davon sehr flüchtig ist. Die Bewegung hält jedoch in diesem Falle nur solange an, bis die Vermengung der beiden Flüssigkeiten vollständig erfolgte, oder bis der flüchtige Bestandteil ganz verdunstet ist.

Eine weitere Bewegung, welche sowohl bei organischen als unorganischen Stoffen dann auftritt, wenn dieselben in Form von hinreichend kleinen Teilchen in einer Flüssigkeit schweben, ist die sogenannte Molekularbewegung. Wer mikroskopische Untersuchungen vornehmen will, muſs sich bald mit dieser Erscheinung bekannt machen, denn man ist nur zu gerne geneigt, darin eine eigentümliche organische Bewegung zu suchen, während dieselbe doch nur als eine allgemeine Eigenschaft der Materie anzusehen ist. Diese Molekularbewegung hat etwas Zitterndes, indem die kleinen Körperchen bald oscillieren, bald anscheinend um ihre Achse rotieren und dabei bald vor- bald rückwärts schreiten. Bei organischen Körperchen ist sie in der Regel am stärksten und hält am längsten an. Harting konnte diese Bewegung, nachdem die Möglichkeit der Verdunstung der Flüssigkeit beseitigt worden war, Monate lang ungeschwächt verfolgen. Sehr günstige Objekte zur Beobachtung der Molekularbewegung bei organischen Substanzen bildet bei mittelstarker Vergröfserung der Inhalt der Pollenkörner, welcher aus der gesprengten Hülle ausgetreten ist, bei starker Vergröfserung der Inhalt der Speichelzellen, sowie die platten nadelförmigen Krystalle, aus denen der metallglänzende Überzug der Iris und anderer Teile der Fische besteht, welche, bei auffallendem Lichte in einem Tropfen Wasser beobachtet, ein anhaltendes Flimmern wie von gelben, grünen oder roten Fünkchen zeigen, welche von der Oberfläche dieser Krystalle reflektiert werden.

Auch die Geschwindigkeit, mit welcher sich ein Körper im Gesichtsfelde bewegt, wird in der Regel weit überschätzt, indem man aufser Acht läfst, dafs sie sich in dem Mafse vergröfsert, als die Vergröfserung des Mikroskopes zunimmt. Bewegungen, die bei einer 200 bis 300fachen Vergröfserung schon als in rasender Eile ausgeführt erscheinen, reduzieren sich in Wirklichkeit auf ein sehr geringes Mafs, welches man nur dann richtig zu bestimmen im stande ist, wenn man den wirklich im Gesichtsfelde zurückgelegten, durch mikrometrische Messung zu ermittelnden Weg mit der hierzu verwendeten Zeit in Vergleich bringt. Bei einer der oben genannten Vergröfserungen beträgt der Durchmesser des Gesichtsfeldes eines sehr guten Mikroskopes höchsten 1 bis 1,5 mm. Wird nun dieser Weg von einem in Bewegung befindlichen Körper in einer halben Sekunde zurückgelegt, so ist die Geschwindigkeit desselben 3 mm per Sekunde oder 180 mm per Minute, welche Geschwindigkeit man, aufserhalb eines Mikroskopes wahrgenommen, gewifs nicht als eine bedeutende bezeichnen wird.

Anhang.

Verzeichnis der bei mikroskopischen Untersuchungen zur Verwendung gelangenden Reagentien, Tinktions- und Imprägnationsmittel, Einbettungs- und Verschlufsmittel, mit Angabe ihrer Herstellungsweise beziehungsweise Zusammensetzung und ihrer speziellen Verwendung.

Äther, Schwefeläther (Aether sulphuricum). Derselbe dient vorzugsweise als Auflösungsmittel für Harze, Fette und Öle in mikroskopischen Präparaten sowohl des Tier- als Pflanzenreiches; dann als Lösungsmittel für Kanadabalsam, Mastix und ähnliche als Einschlufsmasse zur Verwendung gelangende Harze. — Zum Töten von Insekten, um aus letzteren nachträglich Präparate herzustellen, eignet er sich nicht gut, weil dadurch mancherlei Störungen in der Präparation hervorgerufen werden.

Alkohol. Der Alkohol ist sowohl in absolutem Zustande als in den verschiedensten Graden von Wasserhaltigkeit für den Mikroskopiker eine der wichtigsten Flüssigkeiten. In demselben können nicht nur die verschiedensten und meisten Organe des Tierreiches, sowie ganze Tiere dauernd aufbewahrt werden, um zu beliebiger Zeit als Untersuchungs- und Präparationsmaterial dienen zu können, sondern auch die allerweichsten Organe, mit Ausnahme des Zentralnervensystems und der Gefühlsorgane, werden in demselben im Laufe der Zeit so erhärten, dafs man von ihnen ohne jede weitere Präparation die feinsten Schnitte anfertigen kann, wobei die feineren Strukturverhältnisse keinerlei störende Veränderung erleiden. Infolge seiner wasserentziehenden Eigenschaft wird derselbe auch überall angewendet, wo es sich darum handelt, Präparaten, die später in Kanadabalsam oder einem anderen Harze eingeschlossen werden sollen, ihren Wassergehalt zu entziehen. Aufserdem bildet er vielfach den wichtigsten Bestandteil der verschiedensten Mischungen von Reagentien.

Zum Zwecke des Erhärtens der Präparate empfiehlt es sich, diese zuerst in ein Gemenge von gewöhnlichem Alkohol und Wasser, dann in gewöhnlichen Alkohol von 30 bis 40%, später in stärkeren, und endlich, wenn die gewünschte Erhärtung schon nahezu erreicht ist, kurze Zeit in absoluten Alkohol zu legen. In den seltensten Fällen ist der käufliche absolute Alkohol genügend wasserfrei, es ist daher zweckmäfsig, sich denselben selbst herzustellen. Zu diesem Zwecke erhitzt man gewöhnlichen Kupfervitriol (Cuprum sulphuricum) auf einem Eisenbleche so lange, bis derselbe den gröfsten Teil seines Krystallwassers verloren hat, was man daran erkennt, dafs er seine blaue Farbe verliert und zu einem weifsgrauen Pulver zerfällt. Sofort nach dem Erkalten bringt man den entwässerten Kupfervitriol in die Flasche, welche den absoluten Alkohol aufzunehmen bestimmt ist, und füllt dieselbe etwa zu Eindrittel damit an, worauf die Flasche mit möglichst starkem Alkohol, mindestens von 95%, gefüllt, verschlossen und tüchtig durchschüttelt wird. Der entwässerte Kupfervitriol entzieht dem Alkohol die letzten Reste seines Wassers und verwandelt denselben nach kurzer Zeit in absoluten Alkohol. Es ist nicht nötig, den Alkohol von dem Bodensatze abzufiltrieren, da letzterer in keiner Weise stört, vielmehr vorteilhaft wirkt, da er längere Zeit hindurch dem Alkohol das allenfalls aus der Luft aufgenommene Wasser wieder entzieht.

Eine weitere Verwendung endlich findet der Alkohol noch als Auflösungsmittel für verschiedene Tinktionsmaterialien, namentlich für Anilinfarben, dann in verdünntem Zustande zum Reinigen der Linsen des Mikroskopes, sowie der Objektträger und Deckgläschen.

Ameisensäure. Diese wird von Ranvier empfohlen zur Reduktion der Goldpräparate.

Ammoniak. Dasselbe wird als gesättigte Lösung zur Auflösung des Karmins verwendet. In verdünntem Zustande wirkt es wie Kali- und Natronlauge, jedoch weniger intensiv.

Anilinfarben. Dieselben haben in neuester Zeit in der Mikroskopie als Tinktionsmittel eine ausgedehnte Anwendung gefunden. Sie kommen im Handel teils als ausschliefslich in Wasser, teils als ausschliefslich in Alkohol, teils als sowohl in Wasser, wie auch in Alkohol lösliche Präparate vor. Die in der Mikroskopie meist benutzten Farben sind: Fuchsin, Safranin, Rose de Naphtalin, Parme soluble, Bleu soluble, Blue black anilin und Krystallgrün. Die Anilinfarben erzeugen ausnahmslos sehr schöne Tinktionen, doch sind die Farben im allgemeinen leider wenig haltbar, namentlich wenn sie nicht sorgfältig gegen Sonnenlicht geschützt werden. — Fuchsin, Safranin und Rose de Naphtalin werden in destilliertem Wasser unter Zusatz von Alkohol gelöst und die Lösungen vor dem jeweiligen Gebrauch entsprechend mit Wasser und Alkohol verdünnt. Sie färben schön ohne die geringste Veränderung Linse, Glaskörper, Glaskörperhaut, Epithelgebilde, junge Knochen, elastische Fasern, Drüsenzellen, Nervenzellen, Knorpel, die Flimmerfortsätze während der Bewegung, die Zellen (Thanhoffer), die roten Blutzellen, wenn sie früher in Alkohol waren (Ranvier), die Nervenachsencylinder (Neumann), die Radula der Mollusken, namentlich die zarter Tiere, kleine Polypenquallen und Polypen (Bachmann). Bei Überfärbung dienen einige Tropfen Alkohol zur Aufhellung. — Parme soluble und Bleu soluble, beide wasserlösliche Färbemittel, von denen ersteres schön violett, letzteres blau färbt, eignen sich besonders zur Tinktion von Rückenmarkspräparaten, der Lymphdrüsen, des Darmes und der Milz. Haltbar ist übrigens die Färbung nur, wenn die Präparate in Glyceringelatine eingeschlossen werden. — Blue black anilin (Anilinschwarz) färbt den Zellkern der Gehirn- und Rückenmarkschnitte schwarz, die Zellkörper und Fortsätze der Zellen purpurrot, die übrigen Gewebselemente blafs-bläulichpurpurfarben. Die Zellfortsätze und Nervenfasern sind dabei sehr scharf zu sehen und können auf 6 bis 12 mm verfolgt werden (O. Sankey). Die Schnitte bleiben etwa 12 Stunden lang im Tinktionsmittel und werden, nachdem sie mit Wasser gewaschen wurden, so lange auf einer Glasplatte getrocknet, bis sie eine käsige Konsistenz erlangt haben. Ist dies geschehen, so schneidet man die oberste ungleich oder mittlere nicht gut gefärbte Partie ab und schliefst den genügend dünnen Schnitt in Kanadabalsam oder Damarlack ein. — Krystallgrün in wässeriger Lösung unter Zusatz von etwas Alkohol färbt Röhrenzellen jüngerer Pflanzenteile, sowie die verzweigten Haarzellen im Innern mehrerer Pflanzen, wie namentlich der Nymphaea-Arten schön grün (Bachmann).

Anisöl. Dient wie das Nelkenöl zur Aufhellung einer Reihe mikroskopischer Schnittpräparate, doch verdient das Nelkenöl wegen seines Verhaltens gegen wasserhaltige Präparate den Vorzug. Anisöl bildet ferner einen Bestandteil einer der Abbe'schen Immersionsflüssigkeiten für homogene Immersion.

Arsenige Säure. Sie wird mit Glycerin und Wasser vermengt zur Untersuchung eingetrockneter Blutkörperchen benutzt und ist für diesen Zweck, namentlich bei forensischen Untersuchungen, ein sehr geschätztes Reagens. Zur Bereitung dieser Flüssigkeit wird reines Wasser unter überschüssiger Beigabe von gepulverter arseniger Säure eine Stunde lang gekocht, so dafs eine gesättigte wässerige Lösung dieser Säure entsteht, hierauf wird filtriert und mit Glycerin auf das dreifache Volumen verdünnt. — Aufserdem bildet arsenige Säure auch einen wesentlichen Bestandteil der Farrants'schen Mischung und der Wickersheimer-schen Flüssigkeit.

Asphaltlack. Derselbe wird zum Einschlufs von Präparaten, namentlich von solchen, welche in Flüssigkeiten liegen, gebraucht. Ist derselbe zu dick, so wird er mit einigen Tropfen Terpentinöl verdünnt. Am zweckmäfsigsten soll nach Thanhoffer die von Neumann und Sohn (Berlin, Taubenstrafse No. 51) bereitete Asphaltlösung sein. Ich habe aus

Reinlichkeitsgründen schon seit mehreren Jahren dem Asphaltlack den Abschied gegeben und benutze statt dessen ausschliefslich Maskenlack von Kaiser oder Klönne & Müller in Berlin.

Bastian'sche Flüssigkeit. Dieselbe dient zum Einschlufs ungefärbter tierischer Gewebe, die eine starke Aufhellung zu ertragen vermögen, und besteht aus 15 Gewichtsteilen reinen Glycerins und 1 Gewichtsteil krystallisierter Karbolsäure. Dieselbe ist eine ganz gute Aufbewahrungsflüssigkeit, doch bemerkt Frey ganz richtig, dass von Karbolsäure auch viel weniger genügen würde. Einen Vorteil dieser Einschlufsflüssigkeit gegenüber der weit bequemer zu benutzenden Glyceringelatine vermag ich jedoch durchaus nicht aufzufinden.

Beale'sche Flüssigkeit. Sie wird in zwei verschiedenen Zusammensetzungen angewendet. Nach der ersten besteht sie aus 30 g Wasser, 60 g Alkohol, 30 g Glycerin, 2 g Salpetersäure, 2 g Essigsäure (Thanhoffer); diese Mischung ist vorteilhaft bei Untersuchung von Epithelien, da sie aufhellend und erhärtend wirkt. Nach der zweiten besteht sie aus 4 g Alkohol mit Zusatz von 8 bis 10 Tropfen kaustischem Natron, und dient vorzugsweise zum Erkennen embryonaler Verknöcherung.

Benzin. Man benutzt dasselbe zum Aufhellen des Fettgewebes, nachdem das betreffende Präparat zuvor kurze Zeit in Alkohol gelegt wurde. Benzin wird ferner noch zum Lösen und Verdünnen von Kanadabalsam, sowie zum Töten von Insekten verwendet.

Blutlaugensalz (gelbes), Kaliumeisencyanür. Dieses Salz wird in mittelstarken Lösungen als Tinktionsmittel bei Untersuchung von Knochen- und Zahnschliffen angewendet. Man bringt die Präparate erst eine bis mehrere Stunden in eine Lösung dieses Salzes, wäscht sodann in Wasser sauber aus und übergiefst sie mit einem Tropfen irgend einer Eisenoxydsalzlösung, wodurch die Färbung augenblicklich eintritt. Besonders schön zeigt sich hiebei die blaue Farbe in den Knochenzellen und an den Rändern der konzentrischen Knochenlamellen.

Chloroform. Man verwendet dasselbe als geeignetstes Lösungsmittel für Kanadabalsam und andere in der Mikroskopie benutzte Harze, sowie als Verdünnungsmittel für Harze. Ferner gebraucht man dasselbe zur Demonstration der Saftwege des Knorpels. Die Knorpelschnitte werden zu diesem Zwecke in Chloroform untersucht. Wenn die Schnitte einzutrocknen anfangen, werden die Saftkanäle, welche die Knorpelzellen mit einander verbinden, schön sichtbar.

Chlorcalciumlösung. Eine Lösung dieses Salzes aus 1 Teil Chlorcalcium und 3 Teilen destilliertem Wasser bestehend, ist eine vorzügliche Einschlufsflüssigkeit für zarte botanische Objekte. Um das nicht selten auftretende Auskrystallisieren von salzsaurem Kalk zu verhindern, ist es zweckmäfsig, der Lösung einige Tropfen Salzsäure zuzusetzen. Früher wurde die gleiche Lösung auch zum Aufquellen der Schnitte des Rückenmarkes verwendet, doch leistet sie in dieser Richtung keine besonderen Dienste.

Chromsäure. Diese, sowie einige chromsaure Salze, sind ein vorzügliches Mittel zur raschen Erhärtung tierischer Organe, besonders des Zentralnervensystemes und der Embryonen. Es ist hierbei zweckdienlich, die Präparate anfangs in ganz schwache Lösungen, etwa von 0,1 % zu bringen und diese dann nach ein bis zwei Tagen durch 0,2 bis 0,5, ja selbst bis zu 1 % starke und darüber zu ersetzen. Um die allzu grofse Erhärtung und dadurch hervorgerufene leichte Zerbrechlichkeit der Präparate zu verhindern, ist es zweckmäfsig, der Chromsäure gleich anfangs etwas Glycerin zuzusetzen.

Wird der Chromsäure etwas Salzsäure zugesetzt, so ist dieselbe ein geeignetes Mittel, um Knochen zu erweichen, was in zwei bis drei Wochen erreicht wird. Die Knochen werden dadurch so sehr erweicht, dafs man von denselben Schnitte mit dem Rasirmesser herstellen kann. Die in den

Knochen enthaltenen Gebilde werden von der genannten Mischung in keiner Weise alterirt, lediglich gelb gefärbt, was nur von Vorteil ist (Thanhoffer).

Clarke's Flüssigkeit. Dieselbe besteht aus 3 Teilen Alkohol und 1 Teil Essigsäure und hellt in wenigen Stunden Schnitte des Rückenmarkes auf.

Collodium. Es eignet sich besonders gut zur raschen Demonstration der Nervenachsencylinderfaser (Pflüger). Ein Stückchen eines Nerven wird zerzupft, ein Tropfen Collodium zugesetzt und das Präparat, mit einem Deckgläschen bedeckt, untersucht.

Damarharz. Dieses Harz wurde, in Terpentinöl gelöst, als Einschlufsmittel für wasserfreie Präparate statt des Kanadabalsam vielfach empfohlen. Ich kann dieses Einschlufsmittel in keiner Weise empfehlen; denn auf Grund wiederholter Erfahrungen kann ich die Behauptung aussprechen, dafs die in diese Lösung eingelegten Präparate selbst nach Verlauf von 6 Monaten noch eine ganz bequeme Verschiebung des Deckglases zuliefsen und durch die Lösung der Lackring erweicht und unbrauchbar wurde. Kanadabalsam verdient zweifellos den Vorzug.

Doppelt chromsaures Kali. Dieses Salz wird in konzentrierten Lösungen zum Erhärten tierischer Organe, namentlich des Zentralnervensystemes verwendet und wirkt ebenso wie reine Chromsäure, nur langsamer. In der Müller'schen Augenflüssigkeit bildet es den Hauptbestandteil.

Eiweifs. Dasselbe dient, mit Kochsalz gemengt, zur Untersuchung frischer Gewebe, zur Bereitung des Jodserum und als Einbettungsmasse. Für den letzteren Zweck werden nach Bunge 24 ccm frisches Eiweifs in einem Reagensgläschen mit 2,5 ccm Sodalösung von 10 % Stärke eine Zeit lang durchschüttelt und dann stehen gelassen. In einem zweiten Gläschen werden 9 ccm Talg geschmolzen und in den flüssigen Talg die obige Lösung langsam und vorsichtig eingegossen, wobei besonders darauf zu achten ist, dafs keine Luftblasen entstehen, was durch Hin- und Herbewegen des Glases erreicht wird. Aus dieser Mischung wird nun ein Teil in ein Papiertrögchen gegossen und nach dem Abkühlen das Präparat daraufgelegt, erforderlichenfalls mit Nadeln befestigt und sodann ganz übergossen. Nach vollkommener Abkühlung wird das Papiertrögchen abgelöst und das eingebettete Präparat einige Tage in Alkohol gebracht, worauf es schnittreif ist.

Eosin. Es ist dies, wie die früher genannten Anilinfarben, gleichfalls ein Nitrobenzolprodukt und wurde in neuester Zeit von Fischer und Schiefferdecker in vielseitigen Zusammensetzungen für einfache und doppelte Tinktion mit Erfolg in Gebrauch genommen. In 0,5 bis 1% alkoholischer Lösung verleiht Eosin namentlich dem Bindegewebe, den Epithelialgebilden, Nerven und Gefäfsen prächtige Farben. Die Präparate werden am besten in Glyceringelatine aufbewahrt. Will man statt derselben reines Glycerin nehmen, so ist es gut, demselben etwas Kochsalz oder Alaun zuzusetzen, weil reines Glycerin einen Teil des Farbstoffes auszieht. Schöne Doppelfärbungen werden erzielt, wenn die bereits mit Eosin tingierten Präparate in einer wässerigen Lösung von Anilinviolett oder Anilingrün wiederholt gefärbt werden. Das Eosin tingiert dabei zumeist die Zellkörper, während das zweite Färbemittel vornehmlich die Zellkerne färbt. So gefärbte Präparate werden in Nelkenöl aufgehellt und in Kanadabalsam eingeschlossen. Das Nelkenöl soll aber dabei mit Löschpapier aus dem Präparate aufgesaugt werden, da aufserdem die Färbung bald abblafst.

Um die Entwicklung der Blutgefässe zu studieren, ist eine Doppeltinktion der betreffenden Objekte erst mit Eosin und sodann mit Hämatoxylin sehr zu empfehlen (Wissotzky). Die Präparate werden in eine schwache Eosinlösung so lange gelegt, bis sie rosafarben sind, sodann werden sie gewaschen und mit Hämatoxylin tingiert. Diejenigen Zellen, aus denen sich die Wandungen der Blutgefäfse bilden, sowie die weifsen Blutkörperchen werden hierdurch blau gefärbt, während diejenigen, aus welchen rote Blutzellen entstehen, orangerot erscheinen. Man hat also in dem Eosin ein gutes Reagens auf Hämoglobin.

Essigsäure. Hierunter ist in der Mikroskopie immer das Acidum aceticum glaciale (Eisessig) der Apotheken zu verstehen. Sie spielt in der tierischen Gewebelehre eine wichtige Rolle und kommt entweder allein oder mit andern Flüssigkeiten gemengt zur Anwendung. Die Essigsäure dient zur Aufhellung der Gewebe der Bindesubstanz, zur Untersuchung der Endigung der Muskelnerven, zur Demonstration der Zellkerne, Zellenhüllen und Nervenganglien, zum Isolieren der glatten Muskelzellen und zur Mazeration entomologischer chitinfreier Objekte. Mit Ausnahme des letzteren Zweckes wird sie meist in 1 bis 1,5 prozentigen Lösungen angewendet. Der Umstand, dafs Eisessig die meisten Präparate im Laufe der Zeit verdirbt, beschränkt seine Anwendung auf Präparate, welche zu sofortiger Untersuchung besimmt sind. Dauerpräparate lassen sich von Objekten, welche mit Eisessig behandelt wurden, nur in den wenigsten Fällen herstellen.

Entomologische Objekte, welche durch Behandlung mit Glycerin allein noch nicht genügend aufgehellt werden können, müssen zuerst eine Zeit lang mit Eisessig behandelt werden. Rodrich stellt sich zu diesem Zwecke sechs verschiedene Verdünnungen desselben her, deren schwächste 10 % und deren stärkste 50 % Eisessig enthält, und bringt die zu untersuchenden Insektenweichteile oder, bei feineren Insekten oder deren Larven, die ganzen Tiere, nacheinander, dem Bedürfnisse entsprechend, erst in die schwächste, dann in die folgenden stärkeren Mischungen, bis der erforderliche Grad von Klarheit erreicht ist. Sollen aus so behandelten Objekten Dauerpräparate angefertigt werden, dann sind die Objekte mit gröfster Sorgfalt so lange in reinem Wasser auszuwaschen, bis blaues Lackmuspapier nicht mehr gerötet wird.

Farrants'sche Mischung. Dieselbe besteht aus gleichen

Gewichtsteilen Gummi arabicum, Glycerin und konzentrierter wässeriger Lösung von arseniger Säure, und wird statt Glyceringelatine noch vielfach zum Einschlufs von Pflanzenpräparaten, namentlich für niedere Pilze, angewendet. Einen Vorteil vermag ich jedoch in diesem Einschlufsmittel gegenüber der mehrerwähnten Glyceringelatine nicht zu erkennen.

Glycerin. Diese stark lichtbrechende Flüssigkeit ist teils rein, teils mit Wasser verdünnt oder mit anderen Stoffen vermengt ein sehr schätzbares Reagens in der Tier- wie Pflanzenhistologie. Bei der Untersuchung frischer Präparate wird es zwar selten benutzt, weil es infolge seines starken Lichtbrechungsvermögens die Präparate zu sehr aufhellt, wodurch feinere Strukturverhältnisse nicht wahrgenommen werden können, desto vorteilhafter wirkt es aber bei Untersuchung und Aufbewahrung erhärteter, sowie gefärbter Präparate. Seine Hauptrolle spielt indes das Glycerin, rein oder mit anderen Substanzen gemengt, als Einschlufsflüssigkeit. Was der Kanadabalsam für wasserfreie Objekte ist, das ist das Glycerin für wasserhaltige.

Die Verdünnung des Glycerins geschieht mit destilliertem Wasser, Kampherwasser oder Chloroformwasser.

Um Kampherwasser herzustellen bringt man in eine mit destilliertem Wasser gefüllte Flasche einige Stücke festen Kampher und läfst die Flasche, gut verkorkt, einige Wochen stehen, nach Verlauf welcher Zeit sich etwas Kampher in dem Wasser gelöst hat, mit welchem nun das Glycerin verdünnt wird. Will man bei stark verdünntem Glycerin, um Pilzbildungen auf den eingelegten Präparaten zu verhindern, dem Glycerin etwas mehr Kampher zusetzen, so bringt man zu dem Glycerin einige Tropfen Kampherspiritus.

Chloroformwasser erhält man, wenn man in eine gut verschliefsbare, mit destilliertem Wasser gefüllte Glasflasche einige Tropfen Chloroform giefst, tüchtig durchschüttelt und einige Tage stehen läfst. Das Chloroform setzt sich zu

Boden und das Wasser kann abgegossen und in wohlverschlossenen Flaschen aufbewahrt werden.

Glyceringelatine. Eines der vorzüglichsten und dabei bequemsten Einschlufsmittel ist die Glycerin-Gelatine. Es können in derselben feuchte wie trockene Präparate mit gleich günstigem Erfolge eingeschlossen werden. Wer diese Einschlufsmasse einmal in Gebrauch genommen hat, wird ihre guten Eigenschaften täglich mehr schätzen lernen und dieselbe sicher nicht mehr beiseite legen. Man kann dieselbe auf verschiedene Weise zusammengesetzt käuflich erwerben, doch ist es vorzuziehen, sich dieselbe nach der hier gegebenen, vollständig verlässigen Anleitung selbst zu bereiten, weil man es dadurch bequem in der Hand hat, die Masse in der jeder Präparatengruppe am besten entsprechenden Weise abzuändern.

Ein Quantum möglichst reine und farblose Gelatine wird in reinem Wasser eingeweicht und nach erfolgtem Aufquellen im Wasserbade unter Anwendung der Siedhitze aufgelöst. Man nimmt dabei auf das Liter Wasser etwa 300 g trockene Gelatine. Hat man Präparate, welche die aufhellende Wirkung des Einschlufsmittels ohne Schaden ertragen können, oder gar dieselbe nötig haben, so geht man über das angegebene Quantum an Gelatine hinaus und verdünnt später durch erhöhten Zusatz von Glycerin, im entgegengesetzten Falle bleibt man hinter demselben etwas zurück; besondere Ängstlichkeit ist hierbei nicht nötig, weil ein zu viel oder zu wenig später ohne besondere Mühe beglichen werden kann, und die käufliche Gelatine sich nicht in allen Fällen gleich ergiebig zeigt. — Zu der so erhaltenen Lösung bringt man nun etwa das gleiche Volumen reines Glycerin, sowie 5 bis 10 Tropfen konzentrierter alkoholischer Karbolsäurelösung rührt gut durcheinander und filtriert möglichst heifs durch Flanell. Das erhaltene Filtrat wird dann in gut verschlossenen Gläsern aufbewahrt.

Man kann als Regel festhalten, dafs die Einschlufsmasse um so weniger konsistent sein darf, je zarter das einzuschliefsende Präparat ist. Erscheint eine Verdünnung angezeigt, so geschieht dieselbe, je nachdem das Lichtbrechungsvermögen der Masse erhöht werden soll oder nicht, mit Glycerin oder Wasser. Zeigt die Einschlufsmasse umgekehrt zu wenig Konsistenz, so wird dieselbe auf einer warmen Herdplatte in einer offenen Schale oder Tasse so lange stehen gelassen, bis die genügende Wassermenge verdampft ist.

Bezüglich der Anwendung hat sich das nachbeschriebene Verfahren besonders zweckmäfsig erwiesen. Man erwärmt die in einem Glase enthaltene Glyceringelatine bis sie vollkommen flüssig ist und entleert dann den Inhalt in eine mit gutschliefsendem Deckel versehene Glasdose, setzt den Deckel auf und stellt die Dose zum Gelatinieren an einen kühlen Ort. Beim Gebrauche entnimmt man der Glasdose mit einem Skalpell ein entsprechend grofses Stückchen Glyceringelatine, bringt es auf die Mitte des Objektträgers und erwärmt letzteren im Mittelteil über einer Spirituslampe. Die Einschlufsmasse schmilzt dabei und verteilt sich auf eine gröfsere Fläche, wobei mehr oder weniger Luftblasen entstehen. Nunmehr bringt man das Präparat in die Flüssigkeit und dazu noch ein etwa linsengrofses Stückchen Glyceringelatine und erwärmt nochmal, während man das Präparat mit der Einschlufsflüssigkeit innig zu durchtränken sucht. Nunmehr legt man den Objektträger mit dem Präparat auf eine dunkle Unterlage, damit die etwa vorhandenen Luftblasen deutlich sichtbar werden und zieht diese mit der Klinge eines Skalpelles in einer beliebigen Richtung nach der Seite hin, worauf man das schwach erwärmte Deckglas in der bekannten Weise aufsetzt. Man hüte sich, das Deckglas zu stark zu erwärmen, da sich in diesem Falle beim Aufsetzen des Deckglases eine Menge sehr kleiner Luftbläschen bilden, welche das Umlegen des Präparates auf einen anderen Objektträger nötig machen. Um sicher zu sein, dafs ein Präparat gründlich von der Einschlufsflüssigkeit durchtränkt ist, kann das Durchtränken auch in einem Uhrglase, in dem sich eine gröfsere Quantität Glyceringelatine befindet, vorgenommen werden (Bachmann).

Glycerinleim. Derselbe besteht aus 2 Teilen reiner Leimlösung (Gelatine) und einem Teile reinem Glycerin und ist eine vielfach für tierische wie manche pflanzliche Objekte angewandte Einbettungsmasse. Zu diesem Zwecke wird die Gelatine, die in diesem Falle nicht farblos zu sein braucht, zerschnitten und so lange in Wasser gelegt, bis sie gehörig aufgequollen ist, was nach einigen Stunden der Fall sein wird. Hierauf wird das Wasser abgegossen, statt desselben Glycerin zugesetzt und die Mischung erwärmt, bis sie flüssig wird. Die Einbettung des Präparates in die flüssige Masse erfolgt auf die gewöhnliche Weise. Die Schnitte werden mit in Glycerin getauchtem Rasiermesser hergestellt. — Ein in Weingeist erhärtetes Präparat kann samt der Einbettungsmasse 1 bis 2 Tage in Alkohol gelegt und dann leicht in Schnitte zerlegt werden (Klebs).

Statt Glycerinleim wird auch *Glyceringummi* angewendet und ist dieser namentlich für poröse Gebilde, wie Lungen etc. zu empfehlen. Die erhärteten Präparate werden in honigdicke Gummiarabikum-Glycerinlösung gelegt und bleiben in derselben so lange, bis sie darin auf den Grund sinken, was der Fall ist, wenn sie von der Einbettungsmasse gehörig durchdrungen sind. Dann werden dieselben herausgenommen und in Weingeist zum Erhärten gelegt. Die Erhärtung ist vollendet, wenn ein Teil des Gummi als weifse Masse an der Oberfläche erscheint. Geschnitten werden die Präparate mit in Weingeist getauchtem Messer. Die Entfernung der Einbettungsmasse aus dem Schnitte erfolgt durch Erweichen in Wasser (Rindfleisch).

Goadby'sche Flüssigkeit. Dieselbe war früher sehr beliebt zur Aufbewahrung undurchsichtiger Präparate. Sie besteht aus

120 g Kochsalz
60 g Alaun,
0,25 g Sublimat und
2,5 l heifsem Wasser.

Einen besonderen Vorzug vor den übrigen Einschlufsflüssigkeiten scheint dieselbe übrigens nicht zu besitzen, weshalb sie gegenwärtig wohl nur selten zur Anwendung kommt.

Goldchlorit. Es ist dieses ein wertvolles Imprägnationsmittel, namentlich zur Untersuchung der Hornhaut, der Nerven und Nervenendigungen. Gewöhnlich wird eine 0,5 bis 1 proz. Lösung dieses Salzes verwendet; einige Präparatoren benutzen aber auch weit schwächere Lösungen. Die Imprägnation selbst wird in sehr verschiedener Weise ausgeführt. E. Fischer schlug folgendes Verfahren, das nach meinen Erfahrungen sehr schöne Präparate liefert, vor. Von eben getöteten Tieren werden die Muskelpartien, in welchen man den Verlauf der motorischen Nerven untersuchen will, in einer Breite von etwa 6 mm so herausgeschnitten, dafs von den in den tieferen Lagen der Cutis und des Stratum subcutaneum mächtigeren Muskelzügen noch mit herausgehoben werden. Diese Hautstücke zerlegt man sodann der Breite nach in Scheiben von 1 bis 2 mm Dicke, die so rasch als möglich in unverdünnte, chemisch reine Ameisensäure von 1,06 spez. Gew. gebracht werden.

Nachdem die Hautstücke in der Ameisensäure aufgequollen und vollkommen durchsichtig geworden sind, werden sie direkt in eine 1 proz. Goldchloritlösung gebracht, in welcher sie etwa eine Viertelstunde lang bleiben. Hierauf werden sie in destilliertem Wasser sorgfältig ausgewaschen und sodann der reduzierenden Wirkung einer, mit dem dreifachen Volumen Wasser verdünnten Ameisensäure unter Lichtabschlufs 24 Stunden lang ausgesetzt. Nach Verlauf dieser Zeit werden die Präparate noch einmal 24 Stunden lang der Einwirkung unverdünnter Säure ausgesetzt, um auch an jenen tieferen Stellen, wo die Reduktion des Goldsalzes noch nicht genügend vorgeschritten sein sollte, noch nachträglich eine solche zu bewirken. Die nunmehr braunrot gefärbten Hautstücke werden in Alkohol erhärtet und zum Zwecke des Schneidens in Paraffin eingeschmolzen.

Die Schnitte hellt man in Nelkenöl auf und schliefst sie in Kanadabalsam ein.

Damit die Goldimprägnation gelinge, ist es unbedingt nötig, dafs die Hautteile möglichst kurze Zeit nach dem Verenden der Tiere der Präparation unterstellt werden, da aufserdem leicht eine diffuse, das Gesamtgewebe durchziehende Färbung oder eine auch über die Muskulatur verbreitete Goldablagerung stattfindet. Schwächere als einprozentige Goldlösungen haben mich noch besser zum Ziele geführt, nur mufs die Zeit der Imprägnation entsprechend verlängert werden. Die nach dieser Methode angefertigten Präparate gestatten noch eine nachträgliche Tinktion und geben mit Rose de Naphtalin oder Safranin tingiert sehr schöne Bilder.

Thanhoffer führt die Goldimprägnation anders aus. Er benutzt dazu eine ½ bis 1 proz. Lösung, die er vor dem Gebrauche mit Essig- oder Salzsäure ansäuert. In diese Lösung kommen die möglichst frischen Gewebe und werden durch Bedecken mit einer Schachtel etc. vor Einwirkung des Lichtes geschützt. Ist die Goldlösung hinlänglich tief eingedrungen, so kommen die Gewebe in 2 proz. essigsaures Wasser und werden darin in einer Schale oder einem Uhrglase ¼ Stunde bis einige Stunden dem Lichte ausgesetzt, nämlich so lange, bis die Gewebe eine strohgelbe Farbe angenommen haben. Wenn diese Farbe sich einstellt, werden die Präparate mit Wasser abgespült und in verdünnter Essigsäure einige Stunden, manchmal 24 bis 48 Stunden hindurch, in einem Gefäfse dem Lichte ausgesetzt. Das Präparat erlangt dabei eine Lilafarbe, härtet sich auch und kann mit einem Rasiermesser geschnitten werden. Am besten wird auch hier das Gold von der Nervensubstanz reduziert. Die Markscheiden der Nerven und die Nervenzellen färben sich dunkel bläulichrot, die Achsencylinder hingegen werden hellrot.

Hämatoxylin. In dieser, aus dem Kampecheholz (Lignum campechi) hergestellten Substanz haben wir ein sehr geschätztes lilablaues Färbemittel für Nerven und Nervenzellen, Gefäſse, Epithelien, ganz besonders aber für die frische Cornea, welche bei Anwendung dieses Tinktionsmittels ein besonders schönes Bild zeigt. Bemerkt sei jedoch sofort, daſs die Gegenwart einer Säure oder eines Alkali, selbst in geringen Mengen, eine Verblassung und Entfärbung bewirkt, weshalb zum Waschen solcher Präparate nur Wasser oder Alkohol benutzt werden darf; selbst zum Aufhellen ist besser Terpentinöl als Nelkenöl zu verwenden, da auch das letztere der Farbe einigermassen nachteilig ist.

Zur Bereitung dieses Färbemittels löst man etwa 1 g des im Handel vorkommenden krystallisierten Hämatoxylin in 30 g absolutem Alkohol auf. Gleichzeitig bereitet man sich eine Alaunlösung, welche 0,5 bis 1 g dieses Salzes in 30 g destillierten Wassers enthält. In diese trägt man tropfenweise die alkoholische Lösung des Hämatoxylin ein, bis man eine tiefe violettblaue Färbung erhält. Die Flüssigkeit bleibt nun einige Tage an der Luft stehen und wird sodann filtriert (Frey).

Eine andere Darstellungsweise ist die folgende: 15 g pulverisierter Alaun und 5 g Extract. ligni campech. werden in einer Reibschale gemischt und während des Mischens langsam 25 ccm destilliertes Wasser zugesetzt und dann filtriert. Der filtrierten Flüssigkeit wird 5 g Alkohol zugesetzt. Die auf dem Filter zurückbleibenden Teile werden in einem Mörser mit 15 ccm Wasser gemischt, filtriert, mit 2 g Alkohol versetzt und dann mit der früheren Mischung vermengt (Klein).

Hat man überfärbt, so kann man durch mehrstündiges Einlegen in eine Alaunsolution nachträglich ein helleres, und zwar ganz hübsches, nur mehr blaues Kolorit erzielen.

Höllenstein (Argentum nitricum). Man verwendet gewöhnlich eine 1, 2, ja selbst 3 proz. wässerige Lösung, in einzelnen Fällen, so namentlich beim Imprägnieren von Alkoholpräparaten, auch eine alkoholische Lösung desselben.

Die möglichst frisch vom Tiere genommenen durchscheinenden Gewebe werden in eine Glas- oder Porzellanschale gebracht, mit der genannten Silberlösung übergossen und, zum Schutze gegen die Einwirkung des Lichtes, mit einer Schachtel etc. bedeckt. Die Objekte bleiben so lange in der Lösung, bis sie eine weifse Farbe angenommen haben, was nach 10 bis 15 Minuten erreicht ist. Nun werden dieselben aus der Lösung herausgenommen und unter Einwirkung von zweiprozentigem essigsaurem Wasser dem Lichte ausgesetzt. Man bringt zu diesem Zwecke die Objekte in ein Uhrglas und träufelt mittels eines Pinsels von Zeit zu Zeit etwas essigsaures Wasser auf dieselben, damit sie unter Einwirkung der Sonne und des Höllensteines nicht verbrennen. Hierbei ist es für eine gleichmäfsige Imprägnierung von Vorteil, wenn das Uhrglas derart bewegt wird, dafs die Objekte abwechlungsweise trocken liegen oder vom angesäuerten Wasser umspült werden, weil bei ständigem Verweilen der Objekte in der Flüssigkeit, letztere leicht die noch nicht reduzierte Metallösung verdrängt, demnach die Imprägnation aus Mangel an Metallösung nicht so gleichmäfsig und befriedigend sein kann, als bei Beobachtung der angegebenen Vorsichtsmafsregel. Auch hüte man sich davor, die Objekte während der Imprägnation mit Metallen (Skalpellen, Nadeln etc.) zu berühren, weil auch dadurch die gleichmäfsige Reduktion des Silbers Störungen erleidet (Thanhoffer). Die mit Höllenstein imprägnierten Präparate werden in Glycerin untersucht und können in diesem wie auch in Glyceringelatine dauernd aufbewahrt werden. Eine nachträgliche Färbung derselben mit Karmin oder Hämatoxylin läfst die Präparate noch deutlicher erscheinen.

Statt in essigsaurem Wasser können die Objekte auch in Kochsalzlösung der Einwirkung des Lichtes ausgesetzt werden. In diesem Falle füllen sich die sternförmigen Lymphräumchen des Bindegewebes mit Chlorsilberkörnchen, welche die violetten Strahlen reflektieren und dem Objekte diese Farbe erteilen, während das Grundgewebe ungefärbt bleibt (His).

Auf solche Weise behandelt gewährt namentlich die

Cornea ein besonders schönes Bild, da der Chlorsilberniederschlag hier nicht nur in den sternförmigen Räumchen, sondern auch in den gröfseren, Nerven tragenden Kanälen sich bildet, und aufserdem auch die in den Kanälen befindlichen Nerven sich färben (Thanhoffer).

Da weder die Höllensteinlösung noch das Licht in tiefere Schichten der Gewebe gleichmäfsig einzudringen vermögen, so eignen sich zur Imprägnation mit Höllenstein, ebenso wie bei der Goldimprägnation, nur dünne, häutige Gebilde wie die Gefäfse, Nerven, die Hornhaut, das Mesenterium, die glatten Muskelzellen der Froschlunge, die Gedärme kleinerer Tiere und ähnliche Objekte.

Holzessig (Acetum pyrolignosum rectificatum). Derselbe eignet sich besonders zur Konservierung der mikroskopischen Wasserorganismen, wie Infusorien, Rhizopoden, Flagellaten, Ciliaten, Acineten, Daphnien- und Cyclops-Arten, Chlorophyllaceen, Diatomaceen, Desmidien etc.

Um Dauerpräparate von den in Rede stehenden Organismen anzufertigen, bringt man mittels einer Pipette oder einer als Heber benutzten Glasröhre innerhalb eine, auf dem Objektträger angebrachte, noch nicht völlig erhärtete Lackzelle einige Tropfen der Flüssigkeit, in welcher die zu konservierenden Tiere oder Pflanzen leben, legt das Deckglas auf und gibt an den Rand des letzteren ein paar Tropfen Holzessig derart, dafs sich derselbe allmählich unter das Deckglas saugen kann. Es erfolgt dies ohne jede weitere Nachhilfe infolge der Diffusion beider Flüssigkeiten ganz leicht, wenn man nur das Deckglas nicht an die Lackzelle andrückt. Das Resultat wird das sofortige Absterben aller Organismen sein, ohne dafs eine Veränderung in Form oder Beschaffenheit derselben eintritt. Man hat nun nichts weiter zu thun, als das Deckglas fest gegen die Lackzelle zu drücken, die überschüssige Flüssigkeit mit Löschpapier behutsam abzuwischen und durch einen weiteren Lackring das Präparat dauernd abzuschliefsen. Sollte der Holzessig durch längeres Stehen in der Farbe sehr dunkel geworden sein, so muls derselbe vor dem Gebrauche filtriert werden.

Mit der beschriebenen Konservierungsmethode läſst sich übrigens sehr leicht auch eine Tinktion der Objekte mittels Anilin verbinden, was in vielen Fällen von groſsem Vorteil sein kann. Man stellt sich zu diesem Zwecke eine Lösung von einem Gewichtsteil einer in Wasser löslichen Anilinfarbe (am besten Rose de Naphtalin) in 200 Gewichtsteilen destill. Wasser her, und setzt zu dieser filtrierten Lösung 800 Gewichtsteile Holzessig. Mit der so erhaltenen Flüssigkeit verfährt man genau so, wie mit dem reinen Holzessig, nur muſs man die Flüssigkeit mehrere Stunden auf die Organismen einwirken lassen, nach Verlauf welcher Zeit die Objekte eine völlig gleichmäſsige Färbung angenommen haben. Ehe der Einschluſs vorgenommen wird, ist der gefärbte Holzessig durch farblosen zu ersetzen.

Injektionsmassen. Solche sind im Laufe der Zeit in groſser Anzahl in Vorschlag gebracht worden, von denen sich jedoch einzelne nicht bewährt haben, andere wieder nur in ganz speziellen Fällen angewendet werden können. Ich verzeichne hier nur jene Zusammensetzungen, welche sich vollständig bewährt haben und von den Forschern allgemein in Gebrauch genommen wurden.

Kalte Injektionsmassen.

Beale's feine blaue Masse, nach den Verbesserungen von Frey:

10 Tropfen Eisenchloridlösung*) werden mit 15 g Glycerin vermengt; in einem anderen Gefässe werden 0,18 g gelbes Blutlaugensalz (Kaliumeisencyanür) in wenig Wasser gelöst und mit 18 g Glycerin verdünnt. Hieraut werden beide Lösungen vorsichtig unter starkem Schütteln vereinigt und dem Ganzen noch 15 g Wasser und 3 Tropfen starke Salzsäure beigegeben.

*) Tincture of sesquichloride of iron, nach der englischen Pharmakopöe bereitet, kann von jedem geschickten Apotheker angefertigt werden.

Müller's Blau.

Dieser bereitet sich in einfacher Weise eine kaltflüssige blaue Masse durch das Ausfällen einer konzentrierten Solution des käuflichen löslichen Berlinerblaus mit 90 prozentigem Alkohol, wodurch der Farbstoff in äufserster Feinheit ausfällt.

Richardson'sches Blau.

0,62 g reines schwefelsaures Eisenoxydul werden in 30 ccm destilliertem Wasser gelöst; in einem zweiten Gefäfse 2 g rotes Blutlaugensalz (Kaliumeisencyanid) in gleichfalls 30 ccm Wasser. Unter starkem Schütteln werden beide Lösungen vereinigt, wobei ein schönes grünlich schimmerndes Blau entsteht, in welchem der Farbstoff sehr fein zerteilt ist. Hierauf setzt man unter beständigem Umrühren ein Gemenge von 60 g Wasser, 30 g Glycerin und 30 g starken Alkohol bei.

Beale'sches Karmin.

0,31 g käufliches Karmin werden mit einigen Tropfen Wasser versetzt, sodann in 5 bis 6 Tropfen starkem Ammoniak gelöst, und die Lösung unter beständigem Schütteln mit 15 g Glycerin verdünnt. In einem zweiten Gefäfse werden weitere 15 g Glycerin mit 8 bis 10 Tropfen konzentrierter Salz- oder Essigsäure angesäuert und der Karminlösung unter starkem Schütteln langsam zugesetzt. Dadurch fällt das Karmin höchst feinkörnig aus und das Ganze nimmt eine hellere Färbung an. Zur Verdünnung dient ein Gemenge bestehend aus 15 g Glycerin, 7,5 g gewöhnlichem Alkohol und 22,5 g Wasser.

Frey's weifse Masse.

Aus 120 g kaltgesättigter Chlorbaryumlösung wird das Salz durch langsames, tropfenweises Zubringen von englischer Schwefelsäure ausgeschieden. Der Niederschlag setzt sich in einem hohen Glascylinder nach etwa 12 bis 20 Stunden vollständig ab. Nun wird ungefähr die Hälfte der klaren Flüssigkeit abgegossen und der Rest mit 30 g Alkohol und ebenso viel Glycerin gemengt.

Müller's rotbraune Masse.

Dieselbe wird durch das Digerieren von chromsaurem Kupferoxyd mit einer äquivalenten Menge schwefelsauren Kupferoxyds und chromsauren Kalis gewonnen. Der hierbei entstandene Satz wird ausgewaschen und in überschüssiger Menge von Chromsäure aufgelöst, aus welcher Lösung dann mittels gelben Blutlaugensalzes braunrotes Ferrocyankupfer ausgeschieden wird, welches sodann mit der entstandenen doppeltchromsauren Kalilösung zur Injektion benutzt wird.

Höllensteinlösung.

Seit einiger Zeit wird, um die Endothelzellen sichtbar zu machen, eine Lösung des salpetersauren Silberoxydes zu Injektionen verwendet. Man läfst hierbei das Tier durch Verbluten absterben, spritzt in die Gefäfse zunächst eine 0,25, 0,5 oder 1 prozentige Höllensteinlösung ein, welcher man alsbald einen Strom Wasser nachsendet. Nachdem man die Gefäfse zerschnitten hat, setzt man sie dem Lichte aus und erhärtet nachträglich in Alkohol.

Um die Gefäfse gespannt zu erhalten, kann man die Höllensteinlösung auch mit flüssiger Gelatine vermischen.

Zum Nachweis der in den Wänden der Gefäfse vorkommenden Safträume benutzt Thanhoffer eine reine oder auch mit Gelatine vermischte Höllensteinlösung. Bei solcher Behandlung, einem bestimmten Drucke und nachdem sie eine Zeit lang gestanden, zeigen sich an den Flächenschnitten der Gefäfshäute die Lymphräume (Saftkanälchen Recklinghausen's).

Warme Injektionsmassen.

Aufser den entsprechenden Farbstoffen wird in allen Fällen Leim zur Injektion verwendet. Man benutzt hierzu die reine durchsichtige Gelatine, wie sie im Handel zu haben ist, schneidet sie in Stücke und läfst sie in wenig

Wasser aufquellen. Nach dem Aufquellen kommt die Gelatine in frisches Wasser und wird, unter Beigabe von etwas Glycerin, im Wasserbade so lange erwärmt, bis das Ganze flüssig geworden ist. Nun wird die Flüssigkeit mit den schon vorher im Porzellanmörser mit Wasser sorgfältig verriebenen und filtrierten Farbstoffen behutsam vermengt. Kommt Karmin zur Verwendung, so wird dieser in Ammoniak gelöst und die Lösung der flüssigen Gelatine zugesetzt. Wenn sich die Farbstoffe nicht sehr fein zerreiben lassen, so mufs man sich dieselben durch vorsichtige Präzipitation aus verdünnten Lösungen herstellen.

Rote Masse. Zinnobermasse.

Sie besteht aus einer Mischung von Leim, Zinnober und etwas Karmin. Man hüte sich davor, zu wenig Zinnober zu nehmen, da sonst in dem fertigen Präparate die Farbekörnchen getrennt und zerstreut erscheinen. Wegen der bedeutenden Schwere des Zinnobers ist die Masse unmittelbar vor dem Gebrauch tüchtig umzurühren (Frey).

Gelbe Masse.

125 g Bleizucker (essigsaures Bleioxyd) werden in soviel Wasser gelöst, dafs das Ganze ein Volumen von 480 ccm hat. In einem zweiten Gefäfse werden 65,5 g doppeltchromsaures Kali in soviel Wasser gelöst, dafs das Ganze ein Volumen von 960 ccm erreicht. Zur Präzipitation des Chromgelbes verwendet man 1 Raumteil der Bleizuckerlösung und 2 Raumteile der Solution des doppeltchromsauren Kali. Das erhaltene Chromgelb setzt man unter fleifsigem Umrühren zu 2 Raumteilen Leimlösung. Da das Chromgelb sich bei längerem Stehenbleiben leicht zusammenballt und grobkörnig wird, so soll die Injektion möglichst bald nach Bereitung der Masse verwendet werden.

Weifse Masse.

125 g Bleizucker werden in Wasser gelöst, so dafs die Lösung ein Volumen von 480 ccm erreicht. In einem zweiten Gefäfse werden 95,5 g kohlensaures Natron in soviel Wasser

gelöst, dafs das Ganze gleichfalls ein Volumen von 480 ccm hat. Zur Präzipitation des kohlensauren Bleioxydes (Bleiweifs) verwendet man 1 Raumteil der ersten und 2 Raumteile der zweiten Solution, und vereinigt das Bleiweifs mit 2 Raumteilen Leimlösung (Harting).

Transparent warme Injektionsmassen.

Thiersch's Blau mit Oxalsäure.

Man bereitet sich zunächst folgende vier Lösungen: 1) eine kalt gesättigte Lösung von schwefelsaurem Eisenoxydul; 2) eine gleiche von Kaliumeisencyanid (rotem Blutlaugensalz); 3) eine gesättigte Lösung von Oxalsäure; 4) eine warme Lösung von 1 Gewichtsteil feinem Leim in 2 Gewichtsteilen Wasser. Nun mischt man in einer Porzellanschale 15 g der Leimlösung mit 6 ccm der ersten Solution und in einer zweiten Schale 30 g der Leimlösung mit 12 ccm der zweiten Solution, zu welch letzterer nachträglich noch 12 ccm der Oxalsäurelösung kommen.

Ist die Masse in beiden Schalen auf etwa 25 bis 30° abgekühlt, so trägt man tropfenweise und unter beständigem Umrühren den Inhalt der ersten Schale zu der Mischung der zweiten ein. Die hierdurch gebildete tiefblaue Masse wird sodann unter beständigem Umrühren auf 70° bis 100° erhitzt und schliefslich durch Flanell filtriert. Das etwas tiefblaue Kolorit dieser vorzüglichen Injektionsmasse kann durch Beigabe einer gröfseren Menge der Leimlösung auf Wunsch bequem heller gemacht werden. Das im Handel weniger verbreitete rote Blutlaugensalz kann übrigens auch durch das leichter käufliche gelbe Blutlaugensalz ersetzt werden.

Gerlach's Karminmasse.

5 g feines Karmin werden in 4 g Wasser und 0,5 g Ammoniak gelöst. Die Lösung bleibt in einem offenen Gefäfse einige Tage lang stehen, damit das überschüssige Ammoniak entweichen kann, und wird sodann mit einer warmen Solution von 6 g Gelatine in 8 g Wasser versetzt. Schliefslich

werden dem Gemenge noch einige Tropfen Essigsäure zugesetzt. Die Injektion erfolgt bei einer Temperatur von 40 bis 45°. Diese Injektionsmasse läfst sich auch konservieren, wenn man das zur Lösung des Leimes bestimmte Wasser mit Karbolsäure versetzt.

Thiersch's transparentes Gelb.

Man bereitet sich eine Lösung von 1 g einfach chromsaurem Kali in 11 g Wasser und eine ebenso starke Lösung von salpetersaurem Bleioxyd.

In einer Schale vermischt man nun die Lösung des chromsauren Kalis mit einer aus 20 g Gelatine und 80 g Wasser bereiteten Leimsolution, und in einer zweiten Schale die Lösung des salpetersauren Bleioxyds mit einer aus 40 g Gelatine und 80 g Wasser bestehenden Leimsolution.

Der Inhalt beider Schalen wird nun bei einer Temperatur von 25° bis 30° vorsichtig und langsam unter beständigem Umrühren vereinigt und sodann mindestens eine halbe Stunde lang auf dem Wasserbade erwärmt und in einer Temperatur von 70° bis 100° erhalten. Endlich wird durch Flanell filtriert.

Ludwig's braune Masse.

Dieselbe besteht in Asphalt, welcher in Äther aufgelöst wird. Die injicierten Gefäfse werden dadurch schön braun. Der Asphalt scheidet sich dabei in sehr feinen Körnchen aus. Die Erhärtung erfolgt in Alkohol.

Jod.

Jod wird entweder als Jodtinktur (Tinctura jodina) oder als Jodkalium gelöst in Wasser angewendet. Es ist ein gutes Reagens für Amylumkörperchen sowie für Cellulose und amyloide Substanz. Zum Nachweis von Amylum genügt die Anwendung alkoholischer oder wässeriger Jodtinktur allein, wodurch Amylum blau gefärbt wird; zum Nachweis von Cellulose und amyloider Substanz ist noch der nachträgliche Zusatz von etwas Schwefelsäure erforderlich, worauf die gleiche Färbung eintritt. In der animalen

Histologie wird Jod gegenwärtig nur selten angewendet, wogegen in der Pflanzenhistologie namentlich das Chlorzinkjod in wässeriger Lösung ein wichtiges Reagens auf Cellulose bildet. Zur Bereitung dieser Flüssigkeit gibt Radlkofer folgende Vorschrift:

Man bereitet sich bei gewöhnlicher Temperatur eine gesättigte Lösung von Zink in Salzsäure. Diese wird nun im Wasserbade bis zu einem spezifischen Gewichte von 2,0 eingedampft. Diese syrupartige Masse wird nunmehr mit reinem Wasser bis zu einem spezifischen Gewichte von 1,8 verdünnt, wozu auf 100 Teile der Chlorzinklösung 12 Teile Wasser erforderlich sind. In 100 Teilen dieser Flüssigkeit löst man nun 6 Teile Jodkalium und Jod bis zur Sättigung bei gelinder Temperatur auf. Zum Gebrauch stellt man sich verschiedene Verdünnungen her, da die Wirkung eine nach dem Grade der Konzentration verschiedene ist.

Kalilauge.

In 30prozentiger Lösung zerstört dieselbe alle tierischen Bindesubstanzen und wird daher zur Isolierung von Nerven-, Muskel-, Flimmer- und Riechzellen und der Drüsen verwendet. Unter Einwirkung von Kalilauge werden ferner schon zur Ruhe gekommene Cilien des Flimmerepithels wieder erregt, und quellen eingetrocknete Blutkörperchen auf.

Bei entomologischen Präparationen verwendet man Kalilauge als ein sehr brauchbares Mazerationsmittel, teils kalt, teils warm, doch ist in allen Fällen ein gründliches Auswaschen der betreffenden Objekte, nötigenfalls unter Benutzung von, mit einigen Tropfen Essigsäure angesäuertem Wasser erforderlich.

Auch für vegetabilische Gewebe ist Kalilauge ein vortreffliches Mazerationsmittel, da es auch hier die, die einzelnen Gewebe mit einander vereinigenden Kittsubstanzen löst, ohne die Gewebe merklich anzugreifen; doch ist hier in der Regel ein kürzeres oder längeres Kochen der Gewebe in der Lauge nötig. In verdünntem Zustande, etwa 5 bis 10 %, ist Kalilauge ein sehr gutes Mittel, um geschichtete

Zellstoffhüllen aufquellen und dadurch die Schichtung deutlicher zu machen.

Von grofser Bedeutung ist die Kalilauge als analytisches Reagens für die Pflanzenhistologie, da sie in Verbindung von schwefelsaurem Kupferoxyd sowohl zum Nachweis von Eiweifssubstanzen als auch verschiedener Kohlenhydrate vorzügliche Dienste leistet.

Kalkwasser.

Es verursacht in einigen Tagen den fibrillären Zerfall der meisten Bindesubstanzen.

Kanadabalsam.

Dient als Einschlufsmittel für wasserfreie Präparate, welche Aufhellung unbeschadet ertragen können. Als bestes Lösungs- und Verdünnungsmittel dient Chloroform.

Karbolsäure.

Dieselbe dient im reinen Zustande in wässerigen oder glycerinhaltigen Lösungen als Zusatz zu Tinktions- und Einschlufsmittel, um Schimmelbildung zu vermeiden.

Karmin.

Dieser Farbstoff findet als Tinktionsmittel allein sowie mit mannigfaltigen Stoffen gemengt eine ausgedehnte Anwendung.

Die w ä s s e r i g e o d e r i n d i f f e r e n t e K a r m i n l ö s u n g erhält man dadurch, dafs man 1 g Karmin in einem Porzellanmörser mit einigen Tropfen Ammoniak gut zerreibt. Hierzu werden unter fortgesetztem Umrühren 40 ccm Wasser gegossen und hierauf filtriert. Das Filtrat bleibt nun in einem unbedeckten Gefässe einige Tage der Luft ausgesetzt, damit das überschüssige Ammoniak vollständig entweichen kann, worauf abermals filtriert wird. Da sich die so erhaltene Karminlösung im Laufe der Zeit wieder trübt, oder Flocken absetzt, so soll dieselbe von Zeit zu Zeit wieder filtriert werden.

Frey stellt seine Glycerin-Karmin-Lösung in gleicher Weise dar, nur setzt er derselben nach dem Filtrieren unter ununterbrochenem Umrühren 40 ccm Glycerin und 4 ccm absoluten Alkohol zu.

Ein sehr rasch und gleichmäfsig färbendes Mittel ist das Schultze'sche karminsaure Ammoniak. Man löst zu dessen Herstellung 1 Teil Karmin in 1 Teil Ammoniak und 3 Teilen destilliertem Wasser auf. Von dieser Lösung mischt man 1 Raumteil mit 8 Raumteilen einer Oxalsäurelösung, welche man aus 1 Teil krystallisierter Oxalsäure und 22 Teilen Wasser bereitet hat, fügt 12 Raumteile absoluten Alkohol hinzu und filtriert. Das Filtrat kann nach Belieben durch Zusatz von Oxalsäure dem Orangeroten, durch Zusatz von Ammoniak dem Violetten genähert werden, und beide Nuancen dienen gleich gut zur Tinktion. Fallen bei Zusatz von Oxalsäurelösung Krystalle von oxalsaurem Ammoniak nieder, so können diese entweder durch Filtrieren entfernt, oder durch Zusatz von einigen Tropfen Ammoniak wieder gelöst werden.

Diese Mischung färbt schon nach Verlauf weniger Minuten. Will man langsam färben, so verdünnt man die Lösung mit Weingeist und entfernt das dabei etwa auskrystallisierende oxalsaure Ammoniak durch Filtrieren.

Ranvier's Karminlösung wird dadurch hergestellt, dafs Karmin mit Ammoniak zerrieben und die Mischung in einem unbedeckten Gefässe so lange stehen gelassen wird, bis Fäulnis und Eintrocknen eintritt. Nun wird diese Mischung in der dreifachen Menge destillierten Wassers aufgelöst und 1 g Karbolsäure in 100 ccm Wasser gelöst beigesetzt. Hierauf wird filtriert. Zum Verdünnen wird Wasser oder stark gewässertes Glycerin verwendet. Nach Thanhoffer's Erfahrungen sollen die Präparate mit diesem Tinktionsmittel sehr schön gefärbt werden.

Csokor's wässerige Karminlösung besteht nach Thanhoffer aus 3 g Cochenille (kleine Spezies), 100 g destilliertem Wasser und 0,5 g Alaun.

Diese Substanzen werden im Mörser gerieben, eine halbe Stunde lang gekocht und nach dem Abkühlen filtriert.

Die auf diese Weise hergestellte Karminlösung färbt die in Chromsäure oder chromsaurem Kali erhärteten Präparate ebenso intensiv wie die Präparate aus Alkohol; erstere erfordern allerdings eine bedeutend längere Zeit. Die Kerne werden stärker gefärbt als die übrigen Gewebsteile. Die Schnitte des in Chromsäure oder chromsaurem Kali erhärteten Rückenmarkes werden gut gefärbt, die Kerne nahezu violett, der übrige Teil kirschrot. Die gefärbten Präparate werden in Wasser oder sehr schwacher Essigsäurelösung gewaschen. Die von Thanhoffer konstatierte rasche Schimmelbildung auf der Tinktionsmasse wird nach meinem Dafürhalten nicht eintreten, wenn dem zur Bereitung verwendeten Wasser etwas reine Karbolsäure hinzugesetzt wird. Die tingierende Wirkung dürfte dadurch nicht im geringsten alteriert werden.

Thiersch's lilafarbige Karminlösung wird erhalten, wenn man 1 Teil Karmin und 4 Teile Borax in 56 Teilen Wasser auflöst und einen Teil dieser Lösung mit 2 Teilen absolutem Alkohol verdünnt und dann filtriert. Die so erhaltene Lösung färbt indes nur langsam.

Koch's Methode der Bakterienfärbung.

Um Spaltpilze im Sputum oder in menschlichen und tierischen Geweben aufzufinden, hat Dr. Koch in Wien ein eigenes Tinktionsverfahren angewendet.

Man bringt nämlich von der bakterienhaltigen Masse etwas in einem Tropfen auf ein Deckglas, breitet darauf den Tropfen zu einer möglichst dünnen Schichte aus und läſst die Masse auf dem Deckglase, allenfalls unter Einwirkung eines mäſsigen Wärmegrades, eintrocknen. Durch das Eintrocknen wird die Form und Gröſse der meisten Spaltpilze nur wenig verändert, weil dieselben stets von einer zarten Gallerthülle umgeben erscheinen; dagegen erreicht man hierbei auſser der Fixierung zugleich eine Lagerung der

Elemente in derselben Ebene. Hierauf legt man das Deckglas mit der aufgetrockneten Masse in eine Farblösung.

Als Färbemittel verwendet man fast ausschliefslich Anilinfarben, doch können auch in manchen Fällen Jod und Pikrinschwefelsäure mit Erfolg angewendet werden.

Die Koch'sche Tinktionsmasse, welche derselbe namentlich für das von ihm aufgefundene Bacterium Tuberculosis Koch (Tuberkelpilz) benutzte, und die für alle übrigen bekannten Spaltpilze gleich sichere Resultate liefert, hat folgende Zusammensetzung:

200 ccm destilliertes Wasser werden mit 1 ccm konzentrierter alkoholischer Methylblaulösung vermischt, umgeschüttelt und erhalten sodann unter wiederholtem Schütteln noch einen Zusatz von 0,2 ccm einer 10 prozentigen Kalilauge. Die Mischung darf selbst nach tagelangem Stehen keinen Niederschlag geben.

Die zu färbenden Objekte bleiben in derselben 20 bis 24 Stunden. Durch das Erwärmen des Färbemittels auf 40° C. im Wasserbad kann diese Zeit auf $\frac{1}{2}$ bis 1 Stunde abgekürzt werden. Die Deckgläser werden hierauf mit einer konzentrierten wässerigen Lösung von Anilinbraun (Vesuvin), welche vor dem jedesmaligen Gebrauch zu filtrieren ist, übergossen und nach einer bis zwei Minuten mit destilliertem Wasser abgespült.

Nunmehr zeigen sich alle Bestandteile der Gewebe braun gefärbt, die Spaltpilzstäbchen aber erscheinen blau.

In gleicher Weise können auch in Alkohohl erhärtete Schnitte von bakterienhaltigen Geweben behandelt werden.

Will man auch die Gallerthülle der Spaltpilze, welche durch Anilinfarben nicht tingiert werden, färben, so verwendet man hierzu eine konzentrierte wässerige Lösung von Kampecheholz-Extrakt.

Zum Zwecke der Konservierung schliefst man die gefärbten Präparate in Glycerin oder Glyceringelatine ein und stellt den Verschlufs in der gewöhnlichen Weise her.

Die Untersuchung der Bakterien unter dem Mikroskope erfordert starke Objektivsysteme mit möglichst grofser numerischer Apertur, am zweckmäfsigsten Systeme für homogene Immersion und die Anwendung des Abbe'schen Beleuchtungsapparates.

Kochsalz.

In der Tierhistologie dient eine 10 prozentige Lösung dieses Salzes zur Isolierung der Epithelialgebilde, namentlich der zwischen den Epithelzellen vorkommenden sogenannten Riffzellen. In der Pflanzenhistologie wird es benutzt, um die Zellhaut (Primordialschlauch) von der Zellstoffhülle zurückzuziehen und dieselbe dadurch innerhalb der Gewebe zur Anschauung zu bringen.

Königswasser.

Krausz verwendet diese Mischung von Salpetersäure und Salzsäure zur raschen und deutlichen Demonstration des Achsencylinders der Nerven und zur leichten und schnellen Isolierung der Nervenzellen, Knorpelzellen, Knochenkörperchen, Linsenfasern und glatten Muskeln. Nach Thanhoffer sollen dadurch sehr schöne Präparate erhalten werden.

Labarracque'sche Flüssigkeit (Liquor Natri chlorati).

Man bereitet sich diese Flüssigkeit, indem man 20 g Chlorkalk in eine Flasche bringt, dazu 100 ccm Wasser giefst und längere Zeit unter öfterem Umschütteln stehen läfst. In einer zweiten Flasche übergiefst man 25 g rohes krystallisiertes kohlensaures Natron mit 50 ccm Wasser und wartet bis die letztere Lösung sich vollzogen hat. Nun bringt man beide Lösungen zusammen, verschliefst die Flasche gut und läfst die Masse einige Stunden stehen, worauf man die klare Flüssigkeit vom Bodensatze abgiefst und in gut verschlossenen Gefässen, möglichst gegen Lichteinwirkung geschützt, aufbewahrt. Beim Gebrauche wird die Flüssigkeit, dem Bedürfnisse entsprechend mit dem 5 bis 10 fachen Volumen Wasser verdünnt.

Man benutzt dieselbe zur Entfernung des Chlorophylls um die Gewebselemente von Pflanzenblättern zu studieren.

Man legt die frischen Blätter erst kurze Zeit in destilliertes Wasser, sodann ebenso lange in stark verdünnten Alkohol, worauf man sie in eine weithalsige Flasche bringt und mit der verdünnten Labarracque'schen Flüssigkeit übergiefst, gut verkorkt und von Zeit zu Zeit sanft schüttelt.

Nachdem das Chlorophyll vollständig verschwunden ist, was je nach der Natur der Blätter 1 bis 24 Stunden dauern kann, wäscht man sie in reichlichen Quantitäten kalten Wassers gründlich aus, worauf man sie mehrere Stunden in gewöhnlichen Spiritus bringt. Hierauf kann die Tinktion derselben vorgenommen werden.

Maskenlack.

Man benutzt denselben zur Anfertigung der Verschlufsringe an Dauerpräparaten und bezieht denselben am besten von Dr. E. Kaiser's Institut für Mikroskopie (Berlin N. W. Albrechtstrafse 18) oder von Klönne & Müller (Berlin S. Prinzenstrafse 69). Derselbe ist von tiefschwarzer Farbe, kittet ausgezeichnet, trocknet in etwa 24 Stunden und wird mit der Zeit nicht rissig. Ein dreimaliges Auftragen des Lackes in Zwischenräumen von je einem Tage verschliefst die Präparate mit der wünschenswerten Sicherheit. Ist die Konsistenz des Lackes durch längeres Stehen zu dick geworden, so verdünnt man denselben mit starkem, oder noch besser absolutem Alkohol.

Methylalkohol.

Diese Bezeichnungsweise ist aus den Vorschriften englischer Forscher in die deutsche Mikroskopie unrichtig übertragen worden. Man versteht in England unter der dort geläufigen Bezeichnung »methyladet spirits« keineswegs Methylalkohol, es ist dies vielmehr unser gewöhnlicher Alkohol (Aethylalkohol), der zur Ersparung des sehr hohen englischen Einfuhrzolls für trinkbaren Alkohol durch eine kleine Zugabe von Kreosot als Getränke unbrauchbar gemacht wurde und dortselbst ausschliefslich für technische Zwecke verwendet wird.

Moleschott'sche Flüssigkeit.

Dieselbe besteht aus Eisessig, Alkohol und Wasser und ist lediglich eine Modifikation der Clarke'schen Flüssigkeit. Sie wird in zweierlei Stärken angewendet.

Die starke Mischung besteht aus 1 Volumen starker Essigsäure (spez. Gew. 1,07), 1 Volumen Alkohol (spez. Gew. 0,815) und 4 Volumen destilliertem Wasser. Die schwache Lösung besteht aus 1 Volumen Essigsäure, 25 Volumen Alkohol und 50 Volumen destilliertem Wasser.

Die starke Mischung wird von Balogh zur Untersuchung der Dünndärme, der Riech- und Jakobsohn'schen Organe des Schafes empfohlen.

Monobrom-Naphtalin.

Diese Flüssigkeit wird ihres starken Brechungsvermögens wegen in neuester Zeit von dem berühmten Diatomeen-Präparator Möller zum Einschlufs seiner Testobjekte sowie seiner Typen- und Probeplatten verwendet. Die Streifung der darin präparierten Diatomeen sieht man fast ebenso stark als an in Luft präparierten Exemplaren, dabei weit eleganter. Die Herstellung dieses neuen Einschlufsmittels ist mir leider nicht bekannt geworden, doch ist dasselbe per Flacon zu 2 *M.* von J. D. Möller in Wedel (Holstein) zu beziehen.

Müller'sche Augenflüssigkeit.

Dieselbe empfiehlt sich namentlich zur Erhärtung des Auges, eignet sich übrigens auch gut zur Erhärtung und Konservierung anderer Organe, wie der Schleimhäute, der Flimmerzellen, der Drüsen, ja selbst von Embryonen. Sie besteht in ihrer schwächsten Wirkung aus 2 g doppeltchromsaurem Kali, 1 g schwefelsaurem Natron und 100 g destilliertem Wasser. Bei derben Geweben kann die Wirkung durch vermehrten Zusatz von doppeltchromsaurem Kali erhöht und beschleunigt werden.

Natronlauge.

Sie wird von manchen Mikroskopikern statt der Kalilauge zu denselben Zwecken wie diese verwendet, nur nimmt man von ihr eine etwas schwächere Lösung. Einen Vorzug vor ersterer verdient sie übrigens keineswegs, wohl aber ist ihre Aufbewahrung schwieriger als die der Kalilauge, weil sie Glas weit stärker angreift und selbst polierte und mit Paraffin überzogene Glaspfropfen in kurzer Zeit so festkittet, daſs man den Hals der Flasche abschlagen muſs, um zu dem Inhalte zu gelangen.

Nelkenöl (Oleum Caryophyllorum).

Dieses flüchtige Öl wird sowohl in der Pflanzenhistologie als auch in der tierischen Gewebelehre zur Aufhellung wenig durchsichtiger Gewebe benutzt. Es hat die vorteilbietende Eigenschaft, daſs es sich sowohl mit Alkohol als mit Kanadabalsam leicht und in jedem Verhältnisse mischt, wodurch man bei dem Einschlieſsen der betreffenden Präparate mancher Zwischenarbeit enthoben ist. Auch wasserhaltige Präparate hellt das Nelkenöl, wenn auch langsam, auf. Man wendet es in der Art an, daſs man die aufzuhellenden Präparate kürzere oder längere Zeit in einigen Tropfen dieses Öles liegen läſst.

Oxalsäure.

Die kalte, gesättigte Lösung dieser Säure (1 Teil kryst. Säure und 15 Teile Wasser) macht die Bindesubstanz aufquellen und hellt sie auf. Aus Eiweiſssubstanzen bestehende Elemente erhärten in derselben und lassen sich isolieren. Die Retina und die Fasern der Geruchsnerven können in derselben gut konserviert werden. Thannhoffer hat dieses Reagens auch bei Untersuchung der gestreiften Muskelröhren mit Erfolg verwendet. Statt in Wasser wird diese Säure zu den gleichen Zwecken auch in Alkohol gelöst benutzt.

Pacini'sche Flüssigkeit.

Man löst 1 Teil Sublimat und
2 Teile reines Chlornatrium in
13 Teilen reinem Glycerin und
113 Teilen destilliertem Wasser.

Diese Mischung bleibt mindestens 2 Monate lang stehen, worauf zum Gebrauche 1 Teil derselben mit 3 Teilen destilliertem Wasser verdünnt und filtriert wird.

Diese Flüssigkeit eignet sich vorzüglich zur Konservierung der roten Blutkörperchen, dann auch für Nerven, Ganglien, Krebszellen, Retina und ähnliche Objekte.

Pacini stellte auch eine zweite Mischung dar, bestehend aus 1 Teil Sublimat
2 Teilen Essigsäure
43 Teilen Glycerin und
215 Teilen destilliertem Wasser.

In dieser Mischung sollen die roten Blutkörperchen zu Grunde gehen, die weifsen aber unversehrt bleiben.

Paraffin.

Dasselbe wird mit anderen Substanzen wie Wachs, Stearin, Schweinefett, Talg, Spermazet, Glycerin etc. als Einbettungsmasse verwendet.

Phosphor.

In neuester Zeit präpariert Möller in Wedel seine Testobjekte, Typen- und Probeplatten von Diatomeen in Phosphor, der wahrscheinlich in einer stark lichtbrechenden Flüssigkeit gelöst ist, wodurch dieselben unter dem Mikroskope ein besonders schönes Aussehen erhalten. Die Zusammensetzung dieser Einschlufsflüssigkeit scheint übrigens als Geheimnis bewahrt zu werden.

Pikranilin.

100 Teile wässerige gesättigte Pikrinsäurelösung werden mit 3 bis 4 Teilen gesättigter Anilinblaulösung gemischt und als Tinktionsmittel benutzt. Die Kerne werden dadurch grün gefärbt (Tafani).

Pikrinsäure.

Sie wird teils allein, teils mit anderen Stoffen gemischt als Tinktionsmittel benutzt. Manche Gewebe erhärten in ihr rasch und werden gelb gefärbt, doch ist ihre Anwendung in letzterer Richtung keine verbreitete.

Pikrokarmin.

Dasselbe ist ein vorzügliches Mittel für Doppelfärbung.

Man bereitet sich zunächst eine Lösung von Karmin in Wasser und Ammoniak. Zu derselben gieſst man das gleiche Volumen einer konzentrierten Lösung von Pikrinsäure in Wasser, schüttelt gehörig durcheinander und filtriert nach längerem Stehenlassen, worauf die Lösung ohne weiteres angewendet werden kann. Besonders schön färben sich in derselben Neugebilde der Epithelien, Krebse, Magen und Gedärme.

Pyrogallol.

Es wird nach Boret wegen seiner fäulniswidrigen Eigenschaft in 1 bis 1½ proz. Lösungen verwendet, um tierische oder pflanzliche Gewebe vor Zersetzung zu schützen.

In 2 bis 3% starken Lösungen verhindert es die Alkoholgärung und jede Schimmelbildung.

Platinchlorid.

Dasselbe erhärtet die Gewebe und färbt sie zugleich gelblich. Eine Mischung von gleichen Teilen Platinchloridlösung und Lösung von Chromsäure, beide in einer Verdünnung von 1 : 400 hergestellt, dient zur Demonstration des Gerüstes der Netzhaut.

Salpetersäure.

Man benutzt die gewöhnliche käufliche Salpetersäure, und verwendet sie entweder für sich allein oder in Verbindung mit Ammoniak zum Nachweise von stickstoffhaltigen Substanzen der Tier- und Pflanzengewebe. Für sich allein dient sie unter Erwärmen zum Ausziehen der sogenannten inkrustierenden Substanzen der Zellstoffhüllen verholzter Pflanzenzellen, sowie zur Isolierung dieser letzteren, der glatten Muskelzellen, der Bindegewebskörperchen, Zahnröhrchen und Knochenkörperchen. In 20 bis 35 proz. Lösung verwendet sie Brücke zur Erweichung der Knochen.

Die mazerierende Wirkung dieser Säure wird bedeutend gesteigert durch einen Zusatz von chromsaurem Kali.

Salzsäure.

Dieselbe wird für sich allein zur Lösung von Stärkekörnern (Schacht) und in Verbindung mit Ätzkali und konzentrierter Schwefelsäure zur Isolierung der tertiären Verdickungsschicht verholzter Zellstoffhüllen von Laubhölzern benutzt (Kabsch).

In der Zoohistologie leistet die konzentrierte Salzsäure sehr gute Dienste zur Isolierung der Bindegewebskörperchen und, mit Wasser verdünnt, zur Darstellung des Knorpelgerüstes der Knochen, indem sie die Knochenerde löst.

Schultze'sches Mazerationsmittel.

Man bringt zu Salpetersäure einige Körnchen chlorsaures Kali und erhitzt vorsichtig. Dadurch wird nach kurzer Zeit das Bindegewebe zerstört und die Muskelfasern isoliert. In gleicher Weise wird dieses Mittel verwendet zur Lockerung stark verholzter Zellen.

Schwefelsäure.

Man gibt etwa 3 bis 4 Tropfen englische Schwefelsäure auf 30 g Wasser. In dieser Verdünnung eignet sie sich besonders gut zur Untersuchung der Horngebilde, Nägel und namentlich der Haare. Läſst man Haare eine bis mehrere Stunden, unter Umständen selbst einen ganzen Tag, in dieser Flüssigkeit, so schwellen die linienartigen, plattgedrückten Zellen derselben an, lösen sich los und erscheinen als Epithelialzellen.

Jendrássik hat bei seinen Arbeiten die Schwefelsäure zur Untersuchung des mit Blut gefüllten Thymus angewendet. Hierbei koaguliert das Blut der Blutgefäſse und dieselben können somit ohne Injektion untersucht werden. Klug empfiehlt das gleiche Verfahren bei den Untersuchungen der mit Blut gefüllten Kranzarterien des Herzens.

In der Pflanzenhistologie verwendet man konzentrierte Schwefelsäure bei den Untersuchungen des Pollens und der Sporen und als Aufquellungsmittel für Zellstoffhüllen. Verdünnungen von 100 Teilen Säure mit 20 bis 60 Teilen

Wasser dienen in Verbindung mit Jod als Reagens auf Zellstoff, und in Verbindung mit Zuckerlösung zum Nachweis eiweifshaltiger Substanzen.

Stearin.

Dasselbe wird mit Talg, Öl und Wachs zusammengeschmolzen als Einbettungsmasse verwendet.

Terpentinöl.

Man verwendet dasselbe zum Auflösen und Flüssigmachen verschiedener Harze und Lacke. Auch zum Aufhellen der in Alkohol erhärteten Präparate leistet es gute Dienste, doch ist es für diesen Zweck nur dann zu gebrauchen, wenn es in offenen Gefäfsen, allerdings gegen etwa eindringende Verunreinigungen geschützt, mindestens ein Jahr lang gestanden hat und unter dem Einflusse des Sauerstoffes der Luft eine dickflüssige Konsistenz erlangt hat.

Transparentseife.

Sie wird als sehr brauchbare Einbettungsmasse gebraucht und bietet hier, vermöge ihres hyalinen Zustandes den Vorteil vor den übrigen Einbettungsmassen, dafs man die Lage des Präparates in der Masse erkennen kann. Man löst zur Herstellung derselben einen Teil Seife in der Hälfte oder dem dritten Teil Weingeist im Wasserbade auf. Die gelöste Masse kann sofort verwendet werden. Nach 1 bis 2 Tagen ist das eingebettete Präparat trocken und schnittreif. Durch Abspülen in Wasser werden die Schnitte von der anhängenden Seife befreit. Die Präparate werden in Glycerin oder Glyceringelatine aufbewahrt.

Überosmiumsäure.

Diese Säure ist seit neuerer Zeit ein wichtiges Hilfsmittel geworden zur Demonstration von Nerven, Nervennetzen, Epithelialgebilden und deren Kittsubstanz. Man verwendet dieselbe meist in einprozentiger Lösung. Organische Substanzen reduzieren nämlich diese Säure, ohne dafs dieselben direkt dem Lichte auszusetzen sind, wodurch eine dunkel schwarzblaue Färbung entsteht. Die Reduktion erfolgt im Gewebe nicht als körniger Niederschlag, vielmehr behalten frisch eingelegte Gewebe ihre ihnen im Leben zukommende Durchsichtigkeit und Struktur. Die Färbung erfolgt bei verschiedenen Substanzen verschieden schnell, und hierin liegt ein weiterer Vorteil der Methode. Besonders vorteilhaft ist die Anwendung dieser Säure bei Muskeluntersuchungen. Ganz kleine Tiere, Froschlarven oder die Füsse gröſserer Käfer werden lebend oder direkt vom lebenden Tiere kommend ganz kurze Zeit, etwa eine Minute, in eine Lösung dieser Säure gebracht, worauf sich die Muskelfasern in Glycerin isolieren lassen, so daſs ihre Struktur deutlich erkannt werden kann.

Man verwendet diese Säure ferner in einprozentiger Lösung zur Demonstration der unter dem Epithel der Hornhaut gelegenen Nervennetze, sowie zum Färben und Isolieren der Ganglienzellen (Thanhoffer) und der Netzhautstäbchen (Schultze). Fettzellen werden in Überosmiumsäure schwarz gefärbt, während die Achsencylinder der Nerven graubraun gefärbt werden. Langsamer als die vorgenannten Substanzen färben sich die eiweiſshaltigen Elementargebilde wie Protoplasmazellen, rote Blutkörperchen, die Linsenfasern; am langsamsten die Interzellularsubstanz des Bindegewebes, Zellulose, Amylon und die wässerige Interzellularflüssigkeit vieler Pflanzen (Schultze).

Der Hauptwert dieser Methode beruht in der Eigenschaft der Überosmiumsäure, die zartesten, vergänglichsten, gegen Reagentien empfindlichsten Gewebsteile in einem dem lebendigen ähnlichen Zustande dauernd zu konservieren.

Die Dämpfe der Überosmiumsäure sind übrigens den Atmungsorganen wie den Augen sehr nachteilig, weshalb man sich vor denselben sorgfältig in Acht zu nehmen hat.

Wachs.

Dasselbe wird mit anderen Substanzen zusammengeschmolzen als Einbettungsmasse verwendet. Gudden empfiehlt, namentlich für das Schneiden mit Mikrotomen, folgende ganz zweckmäfsige Zusammensetzung. 12 Teile Schweinefett, 15 Teile Stearin und 1 Teil Wachs. Die Schnitte können in Terpentinöl oder Nelkenöl von der anhaftenden Einbettungsmasse befreit werden.

Wickersheimer'sche Flüssigkeit.

Diese patentierte, von dem Deutschen Reiche behufs freier Anfertigung und Verwendung innerhalb seiner Grenzen käuflich erworbene Flüssigkeit ist ein vorzügliches Konservierungsmittel für alle Arten tierischer Organe, ja selbst ganzer Leichname. Die Leichname von Menschen und Tieren behalten in derselben vollkommen ihre Form, Farbe und Biegsamkeit. Nach Jahren können an denselben noch wissenschaftliche oder kriminalgerichtliche Sektionen vorgenommen werden. Die Fäulnis und der dadurch verursachte üble Geruch fällt ganz weg; das Muskelfleisch zeigt beim Einschneiden ein Verhalten wie bei frischen Leichen; die aus einzelnen Teilen gefertigten Präparate, wie Bänderskelette, Lungen, Gedärme und andere Weichteile, behalten ihre Weiche und Biegsamkeit, so dafs Hohlteile selbst aufgeblasen werden können. Käfer, Krebse, Würmer etc. bleiben ohne Herausnahme der Eingeweide beweglich, die Farben bleiben vollkommen erhalten.

Diese Konservierungsflüssigkeit wird folgendermassen bereitet: In 3000 g kochendem Wasser werden gelöst

100 g Alaun
25 g Kochsalz
12 g Kalisalpeter
60 g Potasche
10 g arsenige Säure.

Die Lösung wird nach dem Abkühlen filtriert.

Zu 10 l der neutralen farb- und geruchlosen Flüssigkeit werden 4 l Glycerin und 1 l Metylalkohol zugesetzt.

Die zum Werke benutzte Literatur.

Harting. Das Mikroskop. Theorie und allgemeine Beschreibung des Mikroskopes. 2. Aufl. Braunschweig 1866.

Dippel L. Das Mikroskop und seine Anwendung. 1. Aufl. Braunschweig 1872 und I. Band 2. Aufl. ebenda 1882.

Nägeli und Schwendener. Das Mikroskop. 2. Aufl. 1877.

Carpenter W. B. The Mikroskop and its Revelation. London 1875.

Merkel. Das Mikroskop und seine Anwendung. München 1875.

Pelletan J. Le microscope, son emploi et son application. Paris 1876.

Vogel J. Das Mikroskop und die Methoden der mikroskopischen Untersuchung. 3. Aufl. Berlin 1879.

Frey. Das Mikroskop und die mikroskopische Technik. Leipzig 1877.

Willkomm M. Die Wunder des Mikroskopes. Leipzig 1878.

Abbe E. Über Stephenson's System der homogenen Immersion bei Mikroskopobjektiven. Sitzgs.-Ber. d Jenaischen Ges. f. Medizin u. Naturwissenschaft. Jahrg. 1879.

— Über Blutkörperzählung. Ebenda.

Journal de Micrographie. Jahrg. 1878 und 1879.

Journal of the Royal Microscopical Society. 1880.

Zeitschrift für Mikroskopie. Jahrg. I, II und III.

Thanhoffer L. v. Das Mikroskop und seine Anwendung. Stuttgart 1880.

Schacht. Das Mikroskop und seine Anwendung. 3. Aufl. 1862.

Zeitschrift für Instrumentenkunde. Berlin, Jahrg. 1881 u. 1882.

Henry van Heurck. Le microscope, sa construction, son maniement et son application. Brüssel 1878.

Schulze L. R. Das Buch der physikalischen Erscheinungen. Leipzig 1877.

Jenaische Zeitschrift. Band XIV.

Archiv für mikroskopische Anatomie. Band IX.

Zopf Jos. Die Spaltpilze. Breslau 1883.

Sach- und Namenregister.

A.

B.

C.

D.

H.

I und J.

K.

L.

O.

P.

Q.

R.

S.

Corrigenda.

Seite	IV	Zeile	14 v. o.	lies	„e" u. „i"	statt	„s" u. „l"
„	17	letzte Zeile		„	Linse	„	Linsen
„	26	Zeile	15 v. o.	„	Fokalabstand	„	Vokalabstand
„	105	„	15 v. o.	„	und er fliegt	„	und fliegt
„	155	„	5 v. u.	„	gewöhnt	„	gewohnt
„	227	„	5 v. u.	„	Spektralapparate	„	Spektralapparaten
„	244	„	17 v. u.	„	Anatom	„	Anatome
„	253	„	9 v. o.	„	vertauscht	„	vertaucht
„	265	„	11 v. o.	„	welcher	„	welche.

www.ingramcontent.com/pod-product-compliance
Lightning Source LLC
LaVergne TN
LVHW090000031026
849161LV00020B/296